上海现代建筑设计（集团）有限公司

建筑工程设计专业图库

电气专业

上海现代建筑设计（集团）有限公司　　编

中国建筑工业出版社

图书在版编目(CIP)数据

上海现代建筑设计（集团）有限公司建筑工程设计专业图库．电气专业／上海现代建筑设计（集团）有限公司编．－北京：中国建筑工业出版社，2006

ISBN 7-112-08646-9

I．上… II．上… III．①建筑设计－图集②房屋建筑设备：电气设备－建筑设计－图集 IV．①TU206 ②TU85-64

中国版本图书馆CIP数据核字(2006)第106378号

责任编辑：徐纺 邓卫

上海现代建筑设计（集团）有限公司建筑工程设计专业图库 电气专业

上海现代建筑设计（集团）有限公司 编

*

中国建筑工业出版社出版、发行（北京西郊百万庄）

新华书店经销

上海恒美印务有限公司制版

北京中科印刷有限公司印刷

*

开本：889毫米×1194毫米 1/16 印张：11 字数：348千字

2006年12月第一版 2006年12月第一次印刷

印数：1-5000册 定价：87.00元

ISBN 7-112-08646-9

(15310)

（邮政编码 100037）

本社网址：http://www.cabp.com.cn

网上书店：http://www.china-building.com.cn

编制委员会

主　　任：盛昭俊
副 主 任：高承勇 黄磊 杨联萍 田炜
成　　员：建　筑：许一凡 舒薇蔷 范太珍 傅彬 王文治 马骞（技术中心）
结　构：顾嗣淳 李亚明 陈绩明 王平山 邱枕戈 唐维新 冯芝粹
沈海良 余梦麟 蔡慈红 周春 陆余年 梁继恒（上海院）
给排水：余勇（现代都市）徐燕（技术中心）
暖　通：寿炜炜 张静波（上海院）郦业（技术中心）
电　气：高坚榕（现代华盖）李玉劲（现代都市）谭密 王兰（技术中心）
动　力：刘毅 钱翠雯（华东院）崔岚（技术中心）
执行主编：许一凡
执行编辑：王文治
档案资料：向临勇 张俊 葛伟长
装帧设计：上海唯品艺术设计有限公司

电气专业
Electrical

集团技术负责人：盛昭俊 高承勇
技术审定人（技委会）：陈众励 赵济安
分册主编：高坚榕（强电）李玉劲（弱电）
编制成员：谭密（强电）王兰（弱电）

前言

从上世纪90年代中期开始，我国进入了基本建设的高速发展期，中国已成为世界最大的建筑工程设计市场。作为国内建筑工程设计的龙头企业，上海现代建筑工程设计（集团）有限公司（以下简称“集团”），十年多以来承接了上海及全国各地数千项建筑工程项目，许多工程项目建成后，不仅成为该工程项目所在地区的标志性建筑，而且还充分代表了当今中国乃至世界建筑技术的最高水平。在前所未有的建设大潮下，集团的建筑工程设计水平得到空前的提高，同时也受到前所未有的挑战，真所谓：机遇与挑战并存。

集团领导居安思危，为了提高集团建筑工程设计效率和水平，控制设计质量，做好技术积累总结工作，实现集团工程设计的资源共享，从而进一步提高集团建筑工程设计的综合竞争力，于2003年下半年决定由集团组织各专业的专家组成编制组，开始编制《建筑工程设计专业图库》。

编制组汇集了集团近十年来完成的几百项大中型建筑工程项目中万余个各专业实用的节点详图、系统图和参考图，通过大量的筛选、修改、优化等编制工作，不断听取各专业设计人员的意见及建议，并经过了集团技术委员会反复评审，几易其稿，于2006年3月完成了第一版的编制工作并通过了专家组的评审。

《建筑工程设计专业图库》的编制采用了现行的国家规范和标准，涵盖建筑、结构、给排水、暖通、电气、动力等六个设计专业，取材于许多已建成的重大工程项目，具有一定的实用性和典型性，适用于各类民用建筑的施工图设计。编制组为了使之更具代表性，结构、动力、暖通、电气专业引用了部分国标图集。

《建筑工程设计专业图库》的出版，集中反映了集团十多年来在建筑工程设计实践中所积累的技术和成果，也体现出编制人员的无私奉献的精神和聪明卓越的才智。评审委员会认为《建筑工程设计专业图库》不仅是集团建筑工程设计技术的积累和提高，而且对提高设计效率和水平、控制设计质量将有极大帮助，具有很好的参考意义，是建筑工程设计人员从事施工图设计的好助手。

《建筑工程设计专业图库》是供建筑工程施工图设计参考的资料性图库，其编制工作是一项长期的基础性技术工作，也是设计技术逐步积累和提高的过程。《建筑工程设计专业图库》的第一版，重点还只能满足量大面广的基础性设计的需求，随着日新月异的建筑设计技术的发展，还必须不断地更新、修改、充实和完善。《建筑工程设计专业图库》的成功与否，关键在于其内容是否实用，是否符合建筑设计的需求。为此，编制组希望《建筑工程设计专业图库》在推广应用的基础上，能充分得到国内同行的批评指正，吸取广大建筑工程设计的意见，以便不断地积累和完善，同时也能不断体现出设计和施工的最新技术，进一步提高新版本的水平及参考价值。

为了更好地让《建筑工程设计专业图库》被广大设计人员应用，编制组在编制的同时，推出了相应的使用软件，所有图形都有基于AutoCAD软件的DWG文件，编制组为了规范和统一集团的CAD应用标准，提高CAD应用水平，所有DWG文件都是按照集团《工程设计CAD制图标准》编制，并配套开发了检索软件，软件采用先进的软件技术和良好的用户界面，设计人员可在AutoCAD环境下，通过图形菜单方便地检索到所需的图形文件，供设计人员直接调用。同时，《建筑工程设计专业图库》的推广应用可以为设计院建立一个工程设计的技术交流平台，在这个平台上，《建筑工程设计专业图库》的内容可以不断地被设计人员充实、更新、完善，更有利于建筑设计技术的不断积累和提高。

几点说明：

1. 《建筑工程设计专业图库》中的节点详图、系统图和参考图，取材于实际工程的施工图，其优点是源自工程，具有很强的参考性和实用性，缺点是由于项目的特殊性，详图缺乏一定的通用性，不一定适用于其他项目。因此，《建筑工程设计专业图库》不是标准图集，其定位是建筑工程设计实用的参考图库，设计人员务必要根据工程项目的条件、要求和特点参考选用，绝对不能盲目调用。作为工程设计的参考图集，《建筑工程设计专业图库》不承担工程设计人员因调用本图集而引起的任何责任。
2. 《建筑工程设计专业图库》取材于上海现代建筑设计（集团）有限公司完成的工程项目，其中的图集有可能不适合其他地区的工程设计，图纸的表达方式也可能与其他地区存在一定的差异。
3. 由于编制人员的水平有限，各专业存在内容不系统和不全面的问题，也存在各专业不平衡、部分内容不适用、参考价值不高的情况。

值此《建筑工程设计专业图库》出版之际，谨向所有关心、支持本书编写工作的集团及各子分公司的领导、各专业总师和设计人员，尤其是负责评审的集团技术委员会所有为此发扬无私奉献精神、付出辛勤工作的专家，在此表示最诚挚的谢意。

《建筑工程设计专业图库》编制委员会

2006年10月18日

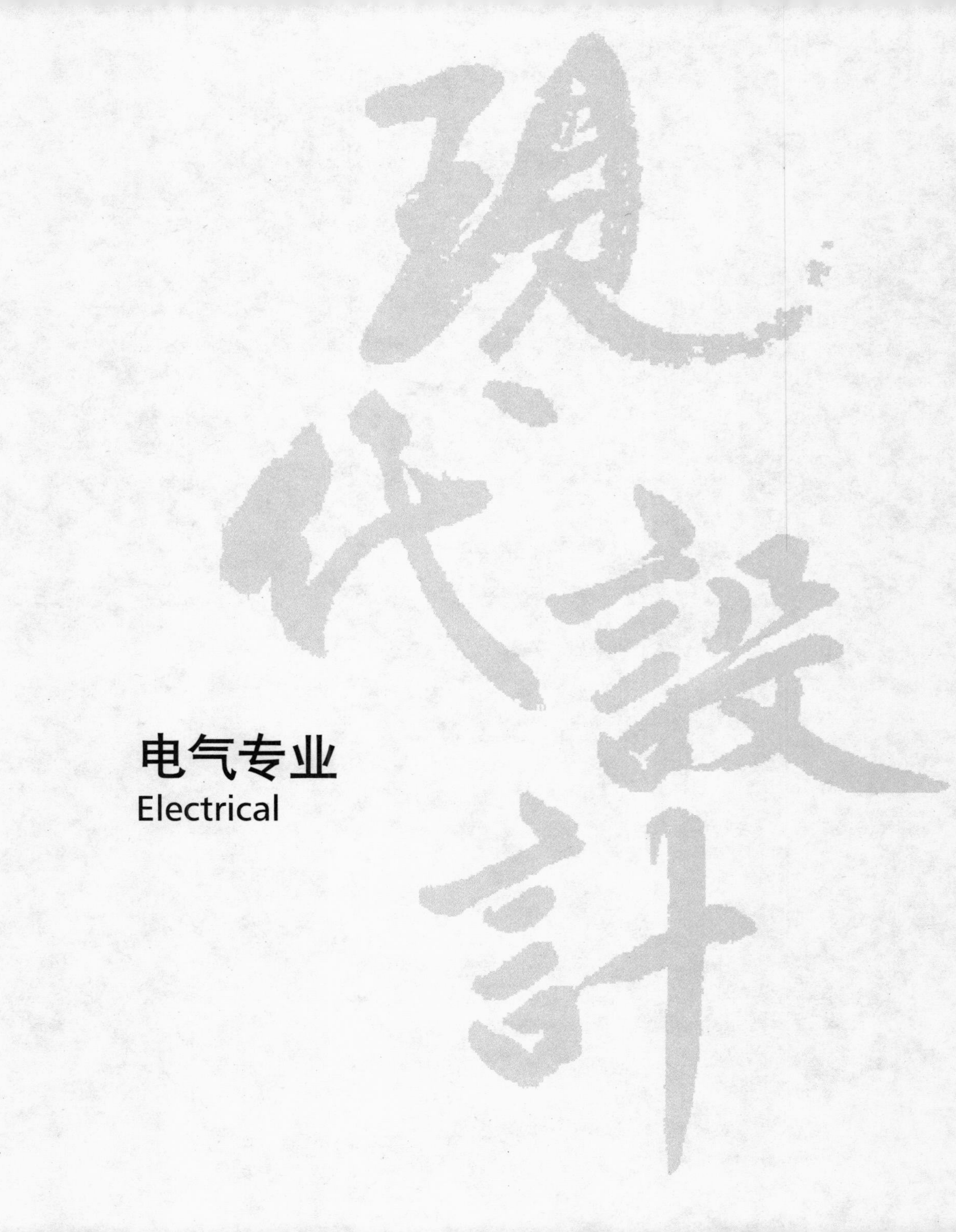

电气专业

Electrical

目录

目录

目录

灯具

序号	图例	名称	型号及规格	备注
1		灯具一般符号		
2		节能筒灯	220V 18W	用户自理
3		线吊灯头		
4		搪瓷伞灯罩		
5		弯灯		
6		隔爆灯		
7		吸顶灯		
8		安全灯		
9		壁灯	220V 40W	
10		投光灯		
11		混光灯		
12		防水防尘灯	220V	
13		墙上灯座	220V	
14		球形灯		
15		顶装防潮瓷灯座	220V	
16		壁装防潮瓷灯座	220V	
17		镜灯		
18		带镉镍电池吸顶灯	220V 32W	
19		节能灯		
20		花灯	220V 5X11W	
21		深照型灯		
22		广照型灯		
23		带声控开关的吸顶灯	220V 25W/40W	
24		带声控底座白炽灯	220V 25W/40W	
25		在专用电路上的事故照明灯		
26		自带电源的事故照明灯		
27		障碍灯、危险灯		
28		带镉镍电池单管荧光灯	220V 1X36W （应急时间>90min）	
29		带镉镍电池双管荧光灯	220V 2X36W （应急时间>90min）	
30		黑板灯	220V 1X36W	
31		荧光灯镜灯	220V 2X36W	
32		单管荧光灯	220V 1X36W	
33		双管荧光灯	220V 2X36W	
34		三管荧光灯	220V 3X36W	
35		单管荧光灯具	220V 1X36W	
36		双管荧光灯具	220V 2X36W	
37		三管荧光灯具	220V 3X36W	
38		三管荧光灯具	220V 3X18W	
39		隔爆荧光灯		
40		玻璃罩吸顶灯	220V 18W	
41		嵌入式格栅荧光灯具	600X600 3X18W	

插座

序号	图例	名称	型号及规格	备注
1		插座一般符号		
2		单相二加三极插座（10A）		
3		单相三极插座（10A）		离地300
4		单相三极插座（10A）		离地2400 换气扇用
5		单相三极插座（16A）		离地300 柜式空调用
6		单相三极插座（10A、16A）		离地2200 壁挂式空调用
7		单相三极插座（10A）		离地2200 脱排油烟机用
8		单相带开关三极插座（10A）		
9		具有隔离变压器插座		离地1500 电动剃刀用
10		三相插座		
11		单相三极防水插座		
12		插座箱		
13		地插座		
14		烘手器插座（16A）		
15		单相二极连三极暗插座		地下室、厨房及卫生间（防溅型）
16		单相二极二只连三极暗插座		卧室及厅
17		单相三极带开关暗插座		排油烟机及洗衣机（防溅型）
18		三相四极插座		
19		单相二极三极带开关插座		
20				
21				
22				
23				
24				
25				
26				
27				
28				
29				
30				
31				
32				
33				
34				
35				
36				
37				
38				
39				
40				
41				
42				

开关

序号	图例	名称	型号及规格	备注
1		开关一般符号		
2		单联单控开关		
3		双联单控开关		
4		三联单控开关		
5		四联单控开关		
6		双控开关		
7		单极限时开关		
8		声光控开关		
9		带指示灯开关		
10		单极拉线开关		
11		调光器		
12		多拉开关		
13		风扇调速开关		
14		空调调速开关		
15		风机盘管调速开关		
16		钥匙开关		
17		单联单控防水开关		
18		防爆开关		
19		带指示灯单联单控开关		
20		带指示灯双联单控开关		
21				
22				
23				
24				
25				
26				
27				
28				
29				
30				
31				
32				
33				
34				
35				
36				
37				
38				
39				
40				
41				
42				

配电箱

序号	图例	名称	型号及规格	备注
1		事故照明配电箱		
2		双电源自切箱		
3		控制箱		
4		电动机启动器		
5		电动机启动器一般符号		
6	ALE	应急照明配电箱		
7	AL	照明配电箱		
8	APE	应急动力配电箱		
9	AP	动力配电箱		
10		电表箱		
11		住户配电箱或照明配电箱		
12		空调配电箱		
13		电力配电箱		
14		电力双电源配电箱		
15		照明自切箱		
16	R	开关箱(电热水器专用)		
17	K	开关箱(空调器专用)		
18		空调双电源切换箱		
19				
20				
21				
22				
23				
24				
25				
26				
27				
28				
29				
30				
31				
32				
33				
34				
35				
36				
37				
38				
39				
40				
41				
42				

系统

序号	图例	名称	型号及规格	备注
1		熔断器开关		
2	⊗	信号灯		
3		停止按钮		
4		启动按钮		
5		中间继电器		
6		时间继电器		
7		控制变压器		
8		热继电器		
9		交流接触器		
10		低压断路器		
11		热继电器		
12				
13				
14				
15				
16				
17				
18				
19				
20				
21				
22				
23				
24				
25				
26				
27				
28				
29				
30				
31				
32				
33				
34				
35				
36				
37				
38				
39				
40				
41				
42				

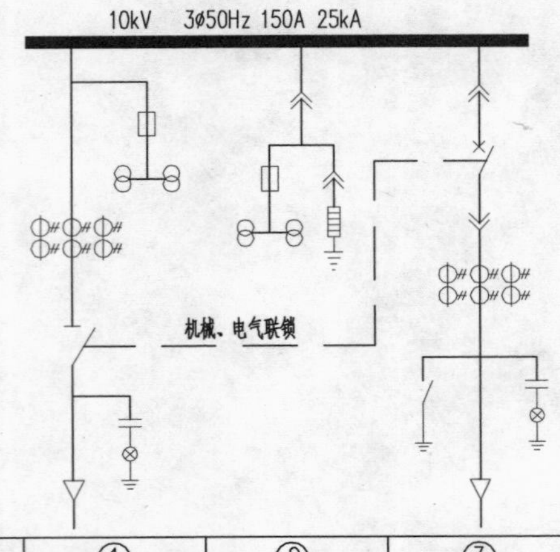

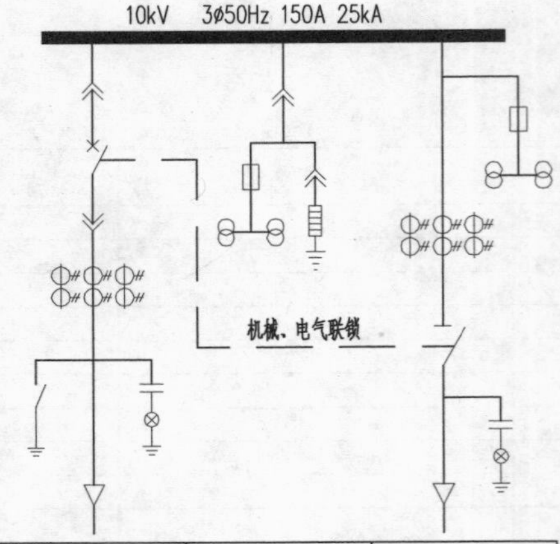

	开关柜编号	①	②	③	④	⑤	⑥
	开关柜型号	KYN28A-12	KYN28A-12	KYN28A-12	KYN28A-12	KYN28A-12	KYN28A-12
柜内一次设备	断路器型号			630A 25kA	630A 25kA		
	操作机构	手动操作机构		AC~220V	AC~220V		手动操作机构
	电流互感器规格	由供电部门决定		AS12 50/5	AS12 50/5		由供电部门决定
	电压互感器规格	由供电部门决定	RZL(JDZ)10/0.1kV			RZL(JDZ)10/0.1kV	由供电部门决定
	刀开关型号	10kV 630A					10kV 630A
	熔断器型号	3xRN2-10 0.5A	3xRN2-10 0.5A			3xRN2-10 0.5A	3xRN2-10 0.5A
	避雷器规格		HY5WS2			HY5WS2	
	电压监视装置	1		1	1		1
	接地开关			EK6	EK6		
	开关柜尺寸(宽x深x高)	1200x1650x2300	800x1650x2300	800x1650x2300	800x1650x2300	800x1650x2300	1200x1650x2300
	用途	量电柜	PT及避雷器	配出到B1变压器	配出到B2变压器	PT及避雷器	量电柜
	容量			630kVA	630kVA		
	备注	进线		配吸收装置	配吸收装置		进线

①	②	③	④	⑤	⑥

操作面

继电保护

1. 总断路器设速断及反时限过流保护.
2. 配出断路器设(速断, 过流)保护, 及变压器温度保护(高温报警, 超温跳闸).
3. 继电保护采用综合继电保护装置或微机式继电器.
4. 继电保护的确定以市供电部门文件为准.
5. 供电部门计量表及(电压,电流)互感器由供电部门确定.

配电装置标准

1. 应符合(IEC-298,GB-3906,IEC-56)等标准
2. 运行条件: a) 额定运行电压: 10kV
   b) 最高运行电压: 12kV
   c) 额定断开电流: ≥25kA(全分断100次)
   d) 短时耐受电流: 25kA-3sec
   e) 额定频率: 50Hz
   f) 中性点接地方法: 小电阻接地
3. 绝缘水平: a) 工频耐压: ≥42kV (1min)
   b) 冲击电压: ≥75kV
   c) 耐弧型中置式移开型金属铠装封闭柜
4. 防护等级: IP40
5. 配电柜为下进下出

备注:

进出线方式另有下进上出、上进上出、上进下出,采用上进或上出线方式, 柜深增加200mm.

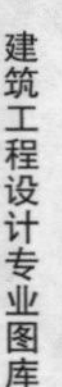

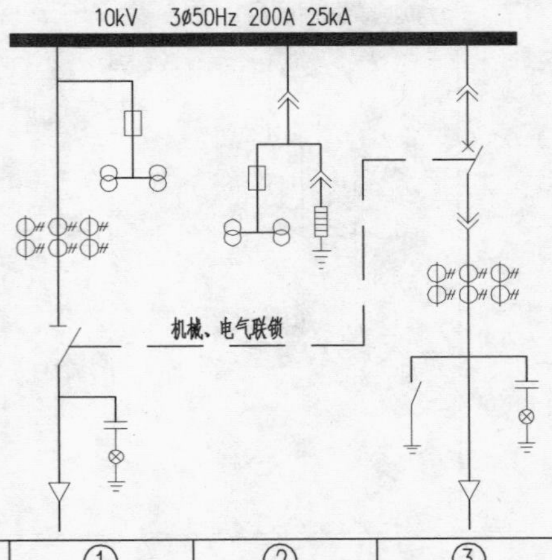

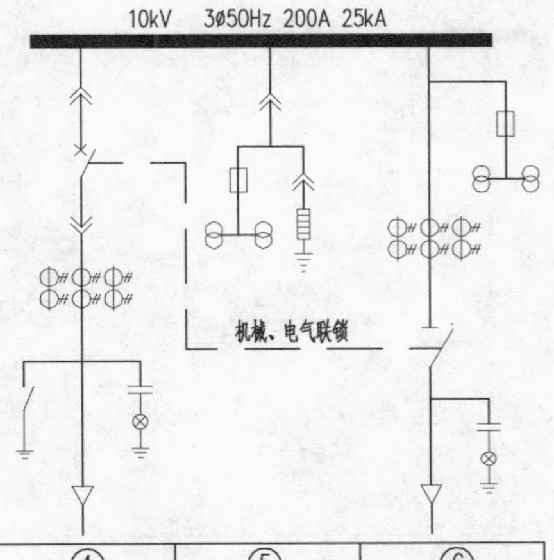

开关柜编号		①	②	③	④	⑤	⑥
开关柜型号		KYN28A-12	KYN28A-12	KYN28A-12	KYN28A-12	KYN28A-12	KYN28A-12
柜内一次设备	断路器型号			630A 25kA	630A 25kA		
	操作机构	直流操作机构		DC-110V	DC-110V		直流操作机构
	电流互感器规格	由供电部门决定		AS12 150/5	AS12 150/5		由供电部门决定
	电压互感器规格	由供电部门决定	RZL(JDZ)10/0.1kV			RZL(JDZ)10/0.1kV	由供电部门决定
	刀开关型号	10kV 630A					10kV 630A
	熔断器型号	3xRN2-10 0.5A	3xRN2-10 0.5A			3xRN2-10 0.5A	3xRN2-10 0.5A
	避雷器规格		HY5WS2			HY5WS2	
	电压监视装置	1		1	1		1
	接地开关			EK6	EK6		
	开关柜尺寸(宽x深x高)	1200x1650x2300	800x1650x2300	800x1650x2300	800x1650x2300	800x1650x2300	1200x1650x2300
用途		量电柜	PT及避雷器	配出到B1变压器	配出到B2变压器	PT及避雷器	量电柜
容量				1250kVA	1250kVA		
备注		进线		配吸收装置	配吸收装置		进线

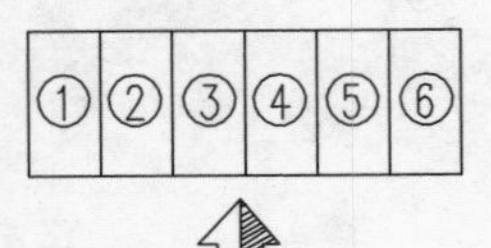

继电保护

1. 总断路器设速断及反时限过流保护.
2. 配出断路器设(速断、过流)保护，及变压器温度保护(高温报警，超温跳闸).
3. 继电保护采用综合继电保护装置或微机式继电器.
4. 继电保护的确定以市供电部门文件为准.
5. 供电部门计量表及(电压,电流)互感器由供电部门确定.

配电装置标准

1. 应符合(IEC-298,GB-3906,IEC-56)等标准
2. 运行条件：
   a) 额定运行电压：10kV
   b) 最高运行电压：12kV
   c) 额定断开电流：≥25kA(全分断100次)
   d) 短时耐受电流：25kA-3sec
   e) 额定频率：50Hz
   f) 中性点接地方法：小电阻接地
3. 绝缘水平：
   a) 工频耐压：≥42kV (1min)
   b) 冲击电压：≥75kV
   c) 耐弧型中置式移开型金属铠装封闭柜
4. 防护等级：IP40
5. 配电柜为下进下出

备注：

进出线方式另有下进上出、上进上出、上进下出，采用上进或上出线方式，柜深增加200mm.

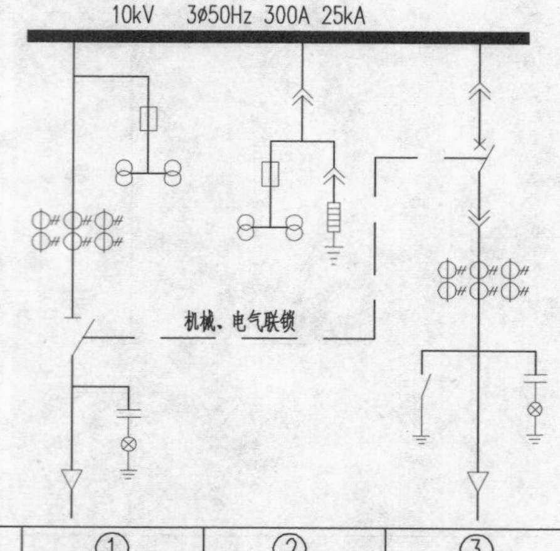

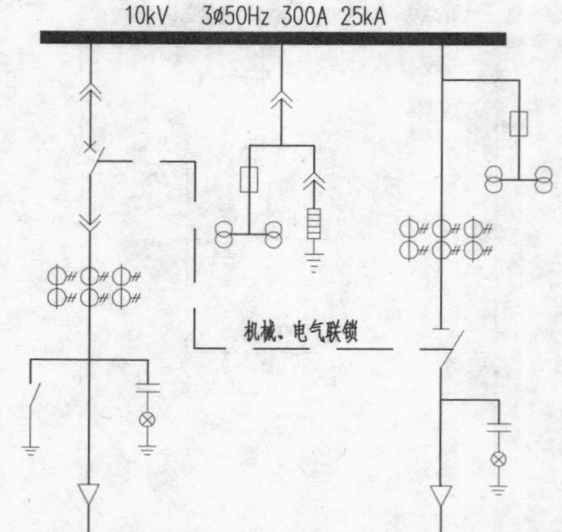

开关柜编号		①	②	③	④	⑤	⑥
开关柜型号		KYN28A-12	KYN28A-12	KYN28A-12	KYN28A-12	KYN28A-12	KYN28A-12
柜内一次设备	断路器型号			630A 25kA	630A 25kA		
	操作机构	直流操作机构		DC-110V	DC-110V		直流操作机构
	电流互感器规格	由供电部门决定		AS12 200/5	AS12 200/5		由供电部门决定
	电压互感器规格	由供电部门决定	RZL(JDZ)10/0.1kV			RZL(JDZ)10/0.1kV	由供电部门决定
	刀开关型号	10kV 630A					10kV 630A
	熔断器型号	3xRN2-10 1A	3xRN2-10 1A			3xRN2-10 1A	3xRN2-10 1A
	避雷器规格		HY5WS2			HY5WS2	
	电压监视装置	1		1	1		1
	接地开关			EK6	EK6		
	开关柜尺寸(宽x深x高)	1200x1650x2300	800x1650x2300	800x1650x2300	800x1650x2300	800x1650x2300	1200x1650x2300
用途		量电柜	PT及避雷器	配出到B1变压器	配出到B2变压器	PT及避雷器	量电柜
容量				2000kVA	2000kVA		
备注		进线		配吸收装置	配吸收装置		进线

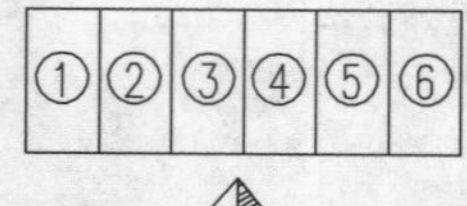

继电保护

1. 总断路器设速断及反时限过流保护.
2. 配出断路器设(速断, 过流)保护, 及变压器温度保护(高温报警, 超温跳闸).
3. 继电保护采用综合继电保护装置或微机式继电器.
4. 继电保护的确定以市供电部门文件为准.
5. 供电部门计量表及(电压,电流)互感器由供电部门确定.

配电装置标准

1. 应符合(IEC-298,GB-3906,IEC-56)等标准
2. 运行条件: a) 额定运行电压: 10kV
   b) 最高运行电压: 12kV
   c) 额定断开电流: ≥25kA(全分断100次)
   d) 短时耐受电流: 25kA-3sec
   e) 额定频率: 50Hz
   f) 中性点接地方法: 小电阻接地
3. 绝缘水平: a) 工频耐压: ≥42kV (1min)
   b) 冲击电压: ≥75kV
   c) 耐弧型中置式移开型金属铠装封闭柜
4. 防护等级: IP40
5. 配电柜为下进下出

备注:

进出线方式另有下进上出、上进上出、上进下出,采用上进或上出线方式,柜深增加200mm.

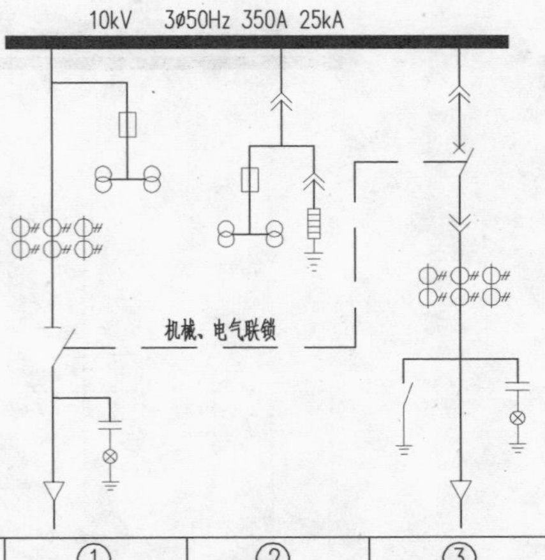

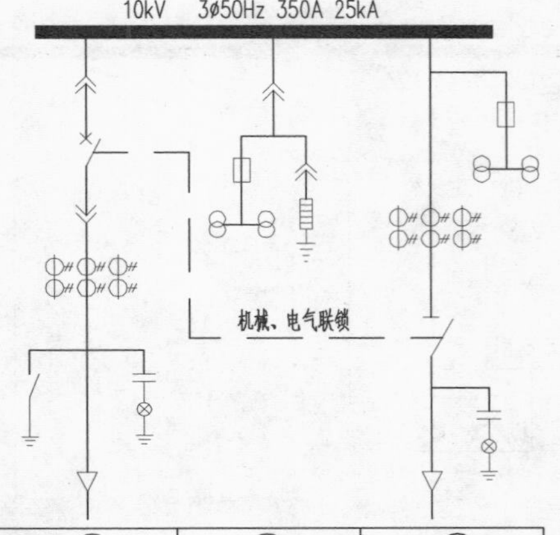

	开关柜编号	①	②	③	④	⑤	⑥
	开关柜型号	KYN28A-12	KYN28A-12	KYN28A-12	KYN28A-12	KYN28A-12	KYN28A-12
柜内一次设备	断路器型号			630A 25kA	630A 25kA		
	操作机构	直流操作机构		DC-110V	DC-110V		直流操作机构
	电流互感器规格	由供电部门决定		AS12 250/5	AS12 250/5		由供电部门决定
	电压互感器规格	由供电部门决定	RZL(JDZ)10/0.1kV			RZL(JDZ)10/0.1kV	由供电部门决定
	刀开关型号	10kV 630A					10kV 630A
	熔断器型号	3xRN2-10 1A	3xRN2-10 1A			3xRN2-10 1A	3xRN2-10 1A
	避雷器规格		HY5WS2			HY5WS2	
	电压监视装置	1		1	1		1
	接地开关			EK6	EK6		
	开关柜尺寸(宽x深x高)	1200x1650x2300	800x1650x2300	800x1650x2300	800x1650x2300	800x1650x2300	1200x1650x2300
用途		量电柜	PT及避雷器	配出到B1变压器	配出到B2变压器	PT及避雷器	量电柜
容量				2500kVA	2500kVA		
备注		进线		配吸收装置	配吸收装置		进线

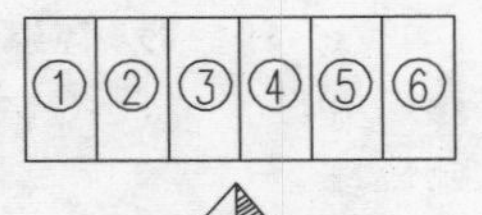

继电保护

1. 总断路器设速断及反时限过流保护.
2. 配出断路器设(速断, 过流)保护, 及变压器温度保护(高温报警, 超温跳闸).
3. 继电保护采用综合继电保护装置或微机式继电器.
4. 继电保护的确定以市供电部门文件为准.
5. 供电部门计量表及(电压,电流)互感器由供电部门确定.

配电装置标准

1. 应符合(IEC-298,GB-3906,IEC-56)等标准
2. 运行条件:
   - a) 额定运行电压: 10kV
   - b) 最高运行电压: 12kV
   - c) 额定断开电流: ≥25kA(全分断100次)
   - d) 短时耐受电流: 25kA-3sec
   - e) 额定频率: 50Hz
   - f) 中性点接地方法: 小电阻接地
3. 绝缘水平:
   - a) 工频耐压: ≥42kV (1min)
   - b) 冲击电压: ≥75kV
   - c) 耐弧型中置式移开型金属铠装封闭柜
4. 防护等级: IP40
5. 配电柜为下进下出

备注:

进出线方式另有下进上出、上进上出、上进下出, 采用上进或上出线方式, 柜深增加200mm.

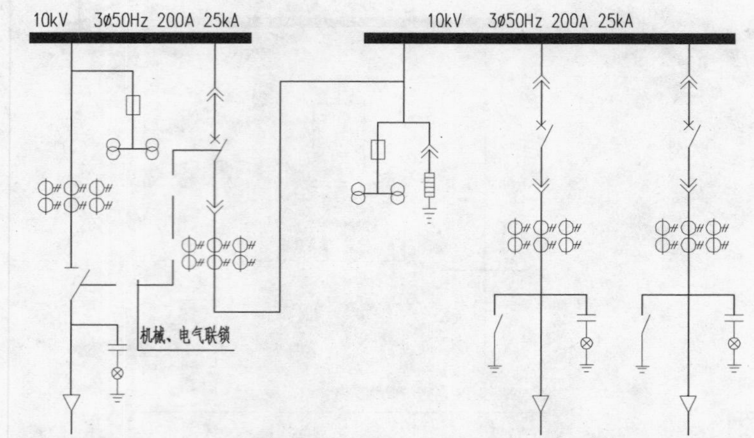

10kV 3ø50Hz 200A 25kA

10kV 3ø50Hz 200A 25kA

机械、电气联锁

开关柜编号		①	②	③	④	⑤	⑥	⑦	⑧	⑨	⑩
开关柜型号		KYN28A-12	KYN28A-12	KYN28A-12	KYN28A-12	KYN28A-12	KYN28A-12	KYN28A-12	KYN28A-12	KYN28A-12	KYN28A-12
柜内一次设备	断路器型号		630A 25kA		630A 25kA	630A 25kA	630A 25kA	630A 25kA		630A 25kA	
	操作机构	手动操作机构	DC-110V		DC-110V	DC-110V	DC-110V	DC-110V		DC-110V	手动操作机构
	电流互感器规格	由供电部门决定	150/5		AS12 50/5	AS12 50/5	AS12 50/5	AS12 50/5		150/5	由供电部门决定
	电压互感器规格	由供电部门决定		RZL(JDZ)10/0.1kV					RZL(JDZ)10/0.1kV		由供电部门决定
	刀开关型号	10kV 630A									10kV 630A
	熔断器型号	3xRN2-10 1A		3xRN2-10 1A					3xRN2-10 1A		3xRN2-10 1A
	避雷器规格			HY5WS2					HY5WS2		
	电压监视装置	1			1	1	1	1			1
	接地开关				EK6	EK6	EK6	EK6			
	开关柜尺寸(宽x深x高)	1200x1650x2300	800x1650x2300	800x1650x2300	800x1650x2300	800x1650x2300	800x1650x2300	800x1650x2300	800x1650x2300	800x1650x2300	1200x1650x2300
用途		量电柜	总开关	PT及避雷器	配出到B1变压器	配出到B2变压器	配出到B3变压器	配出到B4变压器	PT及避雷器	总开关	量电柜
容量					630kVA	630kVA	630kVA	630kVA			
备注					配吸收装置	配吸收装置	配吸收装置	配吸收装置			

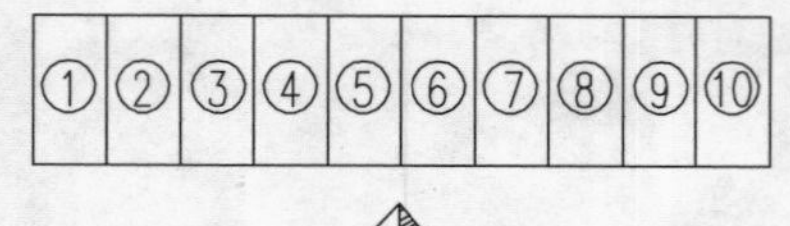

继电保护

1. 总断路器设速断及反时限过流保护.
2. 配出断路器设(速断, 过流)保护, 及变压器温度保护(高温报警, 超温跳闸).
3. 继电保护采用综合继电保护装置或微机式继电器.
4. 继电保护的确定以市供电部门文件为准.
5. 供电部门计量表及(电压,电流)互感器由供电部门确定.

配电装置标准

1. 应符合(IEC-298,GB-3906,IEC-56)等标准
2. 运行条件: a) 额定运行电压: 10kV
   b) 最高运行电压: 12kV
   c) 额定断开电流: ≥25kA(全分断100次)
   d) 短时耐受电流: 25kA-3sec
   e) 额定频率: 50Hz
   f) 中性点接地方法: 小电阻接地
3. 绝缘水平: a) 工频耐压: ≥42kV (1min)
   b) 冲击电压: ≥75kV
   c) 耐弧型中置式移开型金属铠装封闭柜
4. 防护等级: IP40
5. 配电柜为下进下出

备注:

进出线方式另有下进上出、上进上出、上进下出, 采用上进或上出线方式, 柜深增加200mm.

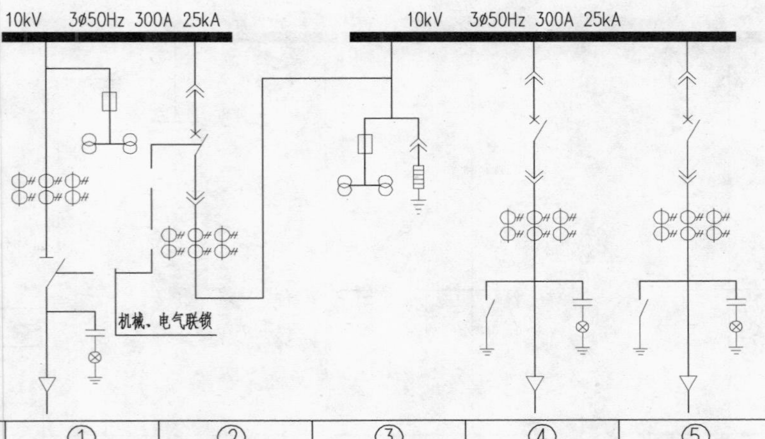

10kV 3ø50Hz 300A 25kA

10kV 3ø50Hz 300A 25kA

机械、电气联锁

开关柜编号		①	②	③	④	⑤	⑥	⑦	⑧	⑨	⑩
开关柜型号		KYN28A-12	KYN28A-12	KYN28A-12	KYN28A-12	KYN28A-12	KYN28A-12	KYN28A-12	KYN28A-12	KYN28A-12	KYN28A-12
柜内一次设备	断路器型号		630A 25kA		630A 25kA	630A 25kA	630A 25kA	630A 25kA		630A 25kA	
	操作机构	手动操作机构	DC-110V		DC-110V	DC-110V	DC-110V	DC-110V		DC-110V	手动操作机构
	电流互感器规格	由供电部门决定	200/5		AS12 50/5	AS12 50/5	AS12 50/5	AS12 50/5		200/5	由供电部门决定
	电压互感器规格	由供电部门决定		RZL(JDZ)10/0.1kV					RZL(JDZ)10/0.1kV		由供电部门决定
	刀开关型号	10kV 630A									10kV 630A
	熔断器型号	3xRN2-10 1A		3xRN2-10 1A					3xRN2-10 1A		3xRN2-10 1A
	避雷器规格			HY5WS2					HY5WS2		
	电压监视装置	1			1	1	1	1			1
	接地开关				EK6	EK6	EK6	EK6			
	开关柜尺寸(宽x深x高)	1200x1650x2300	800x1650x2300	800x1650x2300	800x1650x2300	800x1650x2300	800x1650x2300	800x1650x2300	800x1650x2300	800x1650x2300	1200x1650x2300
用途		量电柜	总开关	PT及避雷器	配出到B1变压器	配出到B2变压器	配出到B3变压器	配出到B4变压器	PT及避雷器	总开关	量电柜
容量					1000kVA	1000kVA	1000kVA	1000kVA			
备注					配吸收装置	配吸收装置	配吸收装置	配吸收装置			

操作面

继电保护

1. 总断路器设速断及反时限过流保护.
2. 配出断路器设(速断, 过流)保护, 及变压器温度保护(高温报警, 超温跳闸).
3. 继电保护采用综合继电保护装置或微机式继电器.
4. 继电保护的确定以市供电部门文件为准.
5. 供电部门计量表及(电压,电流)互感器由供电部门确定.

配电装置标准

1. 应符合(IEC-298,GB-3906,IEC-56)等标准
2. 运行条件:
   a) 额定运行电压: 10kV
   b) 最高运行电压: 12kV
   c) 额定断开电流: ≥25kA(全分断100次)
   d) 短时耐受电流: 25kA-3sec
   e) 额定频率: 50Hz
   f) 中性点接地方法: 小电阻接地
3. 绝缘水平:
   a) 工频耐压: ≥42kV (1min)
   b) 冲击电压: ≥75kV
   c) 耐弧型中置式移开型金属绝装封闭柜
4. 防护等级: IP40
5. 配电柜为下进下出

备注:

进出线方式另有下进上出、上进上出、上进下出, 采用上进或上出线方式, 柜深增加200mm.

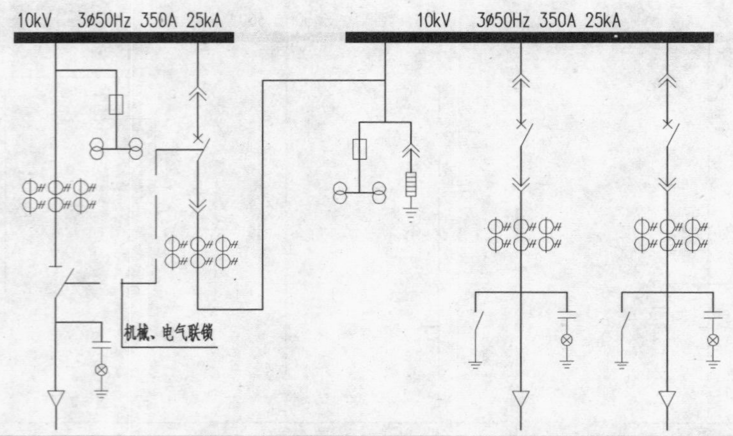

10kV 3φ50Hz 350A 25kA

10kV 3φ50Hz 350A 25kA

机械、电气联锁

开关柜编号	①	②	③	④	⑤	⑥	⑦	⑧	⑨	⑩
开关柜型号	KYN28A-12	KYN28A-12	KYN28A-12	KYN28A-12	KYN28A-12	KYN28A-12	KYN28A-12	KYN28A-12	KYN28A-12	KYN28A-12
柜内一次设备 断路器型号		630A 25kA		630A 25kA	630A 25kA	630A 25kA	630A 25kA		630A 25kA	
操作机构	直流操作机构	DC-110V		DC-110V	DC-110V	DC-110V	DC-110V		DC-110V	直流操作机构
电流互感器规格	由供电部门决定	250/5		AS12 150/5	AS12 150/5	AS12 150/5	AS12 150/5		250/5	由供电部门决定
电压互感器规格	由供电部门决定		RZL(JDZ)10/0.1kV					RZL(JDZ)10/0.1kV		由供电部门决定
刀开关型号	10kV 630A									10kV 630A
熔断器型号	3xRN2-10 1A		3xRN2-10 1A					3xRN2-10 1A		3xRN2-10 1A
避雷器规格			HY5WS2					HY5WS2		
电压监视装置	1			1	1	1	1			1
接地开关				EK6	EK6	EK6	EK6			
开关柜尺寸(宽x深x高)	1200x1650x2300	800x1650x2300	800x1650x2300	800x1650x2300	800x1650x2300	800x1650x2300	800x1650x2300	800x1650x2300	800x1650x2300	1200x1650x2300
用途	量电柜	总开关	PT及避雷器	配出到B1变压器	配出到B2变压器	配出到B3变压器	配出到B4变压器	PT及避雷器	总开关	量电柜
容量				1250kVA	1250kVA	1250kVA	1250kVA			
备注				配吸收装置	配吸收装置	配吸收装置	配吸收装置			

继电保护

1. 总断路器设速断及反时限过流保护.
2. 配出断路器设(速断, 过流)保护, 及变压器温度保护(高温报警, 超温跳闸).
3. 继电保护采用综合继电保护装置或微机式继电器.
4. 继电保护的确定以市供电部门文件为准.
5. 供电部门计量表及(电压,电流)互感器由供电部门确定.

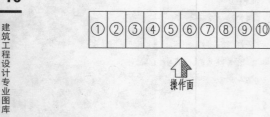

配电装置标准

1. 应符合(IEC-298,GB-3906,IEC-56)等标准
2. 运行条件: a) 额定运行电压: 10kV
   b) 最高运行电压: 12kV
   c) 额定断开电流: ≥25kA(全分断100次)
   d) 短时耐受电流: 25kA-3sec
   e) 额定频率: 50Hz
   f) 中性点接地方法: 小电阻接地
3. 绝缘水平: a) 工频耐压: ≥42kV (1min)
   b) 冲击电压: ≥75kV
   c) 耐弧型中置式移开型金属铠装封闭柜
4. 防护等级: IP40
5. 配电柜为下进下出

备注:

进出线方式另有下进上出、上进上出、上进下出, 采用上进或上出线方式, 柜深增加200mm.

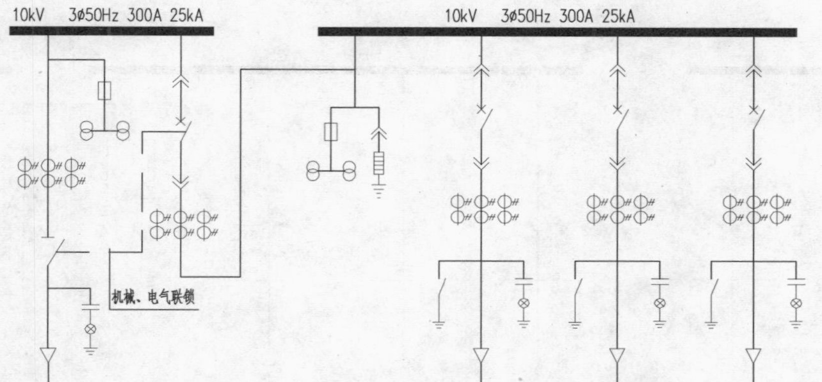

	开关柜编号	①	②	③	④	⑤	⑥	⑦	⑧	⑨	⑩	⑪	⑫
	开关柜型号	KYN28A-12	KYN28A-12	KYN28A-12	KYN28A-12	KYN28A-12	KYN28A-12	KYN28A-12	KYN28A-12	KYN28A-12	KYN28A-12	KYN28A-12	KYN28A-12
柜内一次设备	断路器型号		630A 25kA		630A 25kA	630A 25kA	630A 25kA	630A 25kA	630A 25kA	630A 25kA		630A 25kA	
	操作机构	手动操作机构	DC-110V		DC-110V	DC-110V	DC-110V	DC-110V	DC-110V	DC-110V		DC-110V	手动操作机构
	电流互感器规格	由供电部门决定	200/5		AS12 50/5	AS12 50/5	AS12 50/5	AS12 50/5	AS12 50/5	AS12 50/5		200/5	由供电部门决定
	电压互感器规格	由供电部门决定		RZL(JDZ)10/0.1kV							RZL(JDZ)10/0.1kV		由供电部门决定
	刀开关型号	10kV 630A											10kV 630A
	熔断器型号	3xRN2-10 1A		3xRN2-10 1A							3xRN2-10 1A		3xRN2-10 1A
	避雷器规格			HY5WS2							HY5WS2		
	电压监视装置	1			1	1	1	1	1	1			1
	接地开关				EK6	EK6	EK6	EK6	EK6	EK6			
	开关柜尺寸(宽x深x高)	1200x1650x2300	800x1650x2300	800x1650x2300	800x1650x2300	800x1650x2300	800x1650x2300	800x1650x2300	800x1650x2300	800x1650x2300	800x1650x2300	800x1650x2300	1200x1650x2300
用途		量电柜	总开关	PT及避雷器	配出到B1变压器	配出到B2变压器	配出到B3变压器	配出到B4变压器	配出到B5变压器	配出到B6变压器	PT及避雷器	总开关	量电柜
容量					630kVA	630kVA	630kVA	630kVA	630kVA	630kVA			
备注					配吸收装置	配吸收装置	配吸收装置	配吸收装置	配吸收装置	配吸收装置			

继电保护

1. 总断路器设速断及反时限过流保护.
2. 配出断路器设(速断, 过流)保护, 及变压器温度保护(高温报警, 超温跳闸).
3. 继电保护采用微机式继电器.
4. 继电保护的确定以市供电部门文件为准.
5. 供电部门计量表及(电压,电流)互感器由供电部门确定.

配电装置标准

1. 应符合(IEC-298,GB-3906,IEC-56)等标准
2. 运行条件: a) 额定运行电压: 10kV
   b) 最高运行电压: 12kV
   c) 额定断开电流: ≥25kA(全分断100次)
   d) 短时耐受电流: 25kA-3sec
   e) 额定频率: 50Hz
   f) 中性点接地方法: 小电阻接地
3. 绝缘水平: a) 工频耐压: ≥42kV (1min)
   b) 冲击电压: ≥75kV
   c) 耐弧型中置式移开型金属铠装封闭柜
4. 防护等级: IP40
5. 配电柜为下进下出

备注:

进出线方式另有下进上出、上进上出、上进下出, 采用上进或上出线方式, 柜深增加200mm.

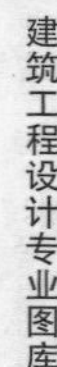

2.1.9 10kV/0.4kV 800kVA高压一次系统图(一进多出)

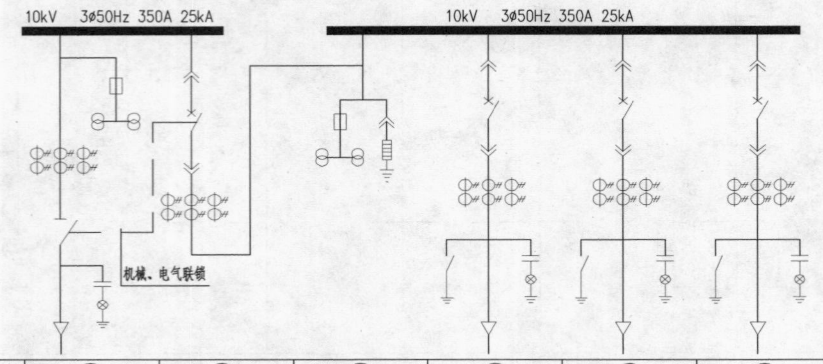

	开关柜编号	①	②	③	④	⑤	⑥	⑦	⑧	⑨	⑩	⑪	⑫
	开关柜型号	KYN28A-12	KYN28A-12	KYN28A-12	KYN28A-12	KYN28A-12	KYN28A-12	KYN28A-12	KYN28A-12	KYN28A-12	KYN28A-12	KYN28A-12	KYN28A-12
柜内一次设备	断路器型号		630A 25kA		630A 25kA	630A 25kA	630A 25kA	630A 25kA	630A 25kA	630A 25kA		630A 25kA	
	操作机构	手动操作机构	DC-110V		DC-110V	DC-110V	DC-110V	DC-110V	DC-110V	DC-110V		DC-110V	手动操作机构
	电流互感器规格	由供电部门决定	250/5		AS12 75/5	AS12 75/5	AS12 75/5	AS12 75/5	AS12 75/5	AS12 75/5		250/5	由供电部门决定
	电压互感器规格	由供电部门决定		RZL(JDZ)10/0.1kV							RZL(JDZ)10/0.1kV		由供电部门决定
	刀开关型号	10kV 630A											10kV 630A
	熔断器型号	3xRN2-10 1A		3xRN2-10 1A							3xRN2-10 1A		3xRN2-10 1A
	避雷器规格			HY5WS2							HY5WS2		
	电压监视装置	1			1	1	1	1	1	1			1
	接地开关				EK6	EK6	EK6	EK6	EK6	EK6			
	开关柜尺寸(宽x深x高)	1200x1650x2300	800x1650x2300	800x1650x2300	800x1650x2300	800x1650x2300	800x1650x2300	800x1650x2300	800x1650x2300	800x1650x2300	800x1650x2300	800x1650x2300	1200x1650x2300
	用途	量电柜	总开关	PT及避雷器	配出到B1变压器	配出到B2变压器	配出到B3变压器	配出到B4变压器	配出到B5变压器	配出到B6变压器	PT及避雷器	总开关	量电柜
	容量				800kVA	800kVA	800kVA	800kVA	800kVA	800kVA			
	备注				配吸收装置	配吸收装置	配吸收装置	配吸收装置	配吸收装置	配吸收装置			

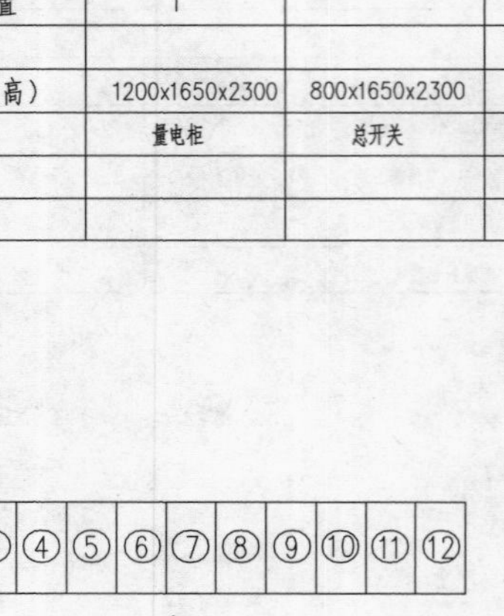

继电保护

1. 总断路器设速断及反时限过流保护.
2. 配出断路器设(速断, 过流)保护, 及变压器温度保护(高温报警, 超温跳闸)
3. 继电保护采用微机式继电器.
4. 继电保护的确定以市供电部门文件为准.
5. 供电部门计量表及(电压,电流)互感器由供电部门确定.

配电装置标准

1. 应符合(IEC-298,GB-3906,IEC-56)等标准
2. 运行条件:
   a) 额定运行电压: 10kV
   b) 最高运行电压: 12kV
   c) 额定断开电流: ≥25kA(全分断100次)
   d) 短时耐受电流: 25kA-3sec
   e) 额定频率: 50Hz
   f) 中性点接地方法: 小电阻接地
3. 绝缘水平:
   a) 工频耐压: ≥42kV (1min)
   b) 冲击电压: ≥75kV
   c) 断弧型中置式移开型金属铠装封闭柜
4. 防护等级: IP40
5. 配电柜为下进下出

备注:

进出线方式另有下进上出、上进上出、上进下出, 采用上进或上出线方式, 柜深增加200mm.

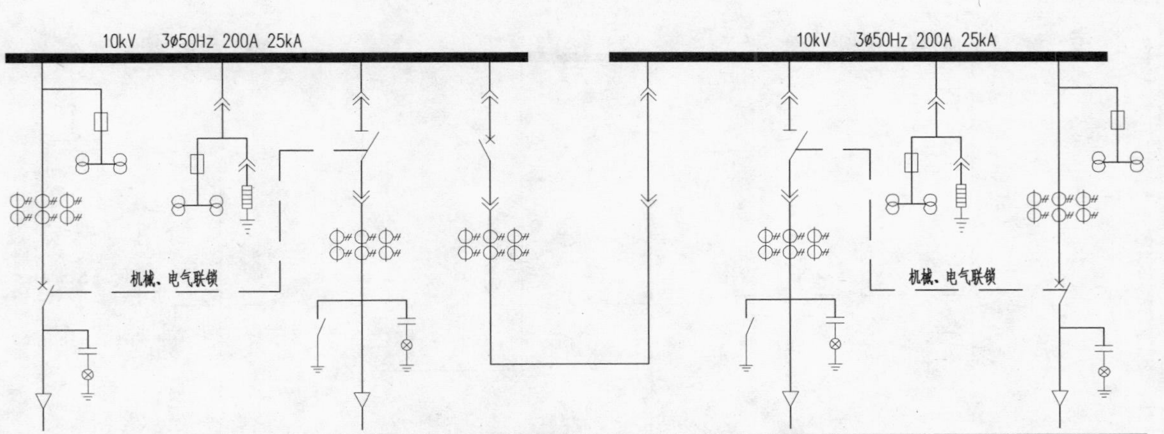

10kV 3ø50Hz 200A 25kA

10kV 3ø50Hz 200A 25kA

机械、电气联锁

机械、电气联锁

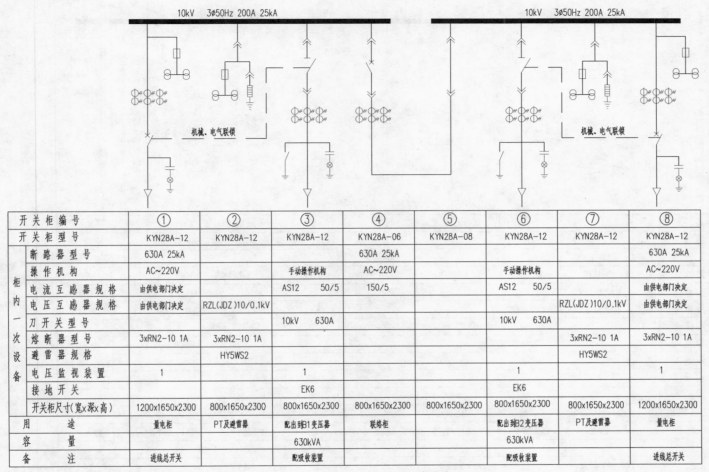

开关柜编号		①	②	③	④	⑤	⑥	⑦	⑧
开关柜型号		KYN28A-12	KYN28A-12	KYN28A-12	KYN28A-06	KYN28A-08	KYN28A-12	KYN28A-12	KYN28A-12
柜内一次设备	断路器型号	630A 25kA			630A 25kA				630A 25kA
	操作机构	AC~220V		手动操作机构	AC~220V		手动操作机构		AC~220V
	电流互感器规格	由供电部门决定		AS12 50/5	150/5		AS12 50/5		由供电部门决定
	电压互感器规格	由供电部门决定	RZL(JDZ)10/0.1kV					RZL(JDZ)10/0.1kV	由供电部门决定
	刀开关型号			10kV 630A			10kV 630A		
	熔断器型号	3xRN2-10 1A	3xRN2-10 1A					3xRN2-10 1A	3xRN2-10 1A
	避雷器规格		HY5WS2					HY5WS2	
	电压监视装置	1		1			1		1
	接地开关			EK6			EK6		
	开关柜尺寸(宽x深x高)	1200x1650x2300	800x1650x2300	800x1650x2300	800x1650x2300	800x1650x2300	800x1650x2300	800x1650x2300	1200x1650x2300
用途		量电柜	PT及避雷器	配出到B1变压器	联络柜		配出到B2变压器	PT及避雷器	量电柜
容量				630kVA			630kVA		
备注		进线总开关		配吸收装置			配吸收装置		进线总开关

继电保护

1. 总断路器设速断及反时限过流保护.
2. 配出断路器设(速断, 过流)保护, 及变压器温度保护(高温报警, 超温跳闸).
3. 继电保护采用综合继电保护装置或微机式继电器.
4. 继电保护的确定以市供电部门文件为准.
5. 供电部门计量表及(电压,电流)互感器由供电部门确定.

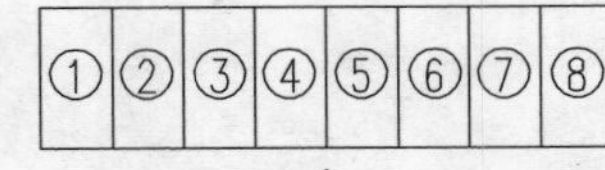

配电装置标准

1. 应符合(IEC-298,GB-3906,IEC-56)等标准
2. 运行条件:
   - a) 额定运行电压: 10kV
   - b) 最高运行电压: 12kV
   - c) 额定断开电流: ≥25kA(全分断100次)
   - d) 短时耐受电流: 25kA-3sec
   - e) 额定频率: 50Hz
   - f) 中性点接地方法: 小电阻接地
3. 绝缘水平:
   - a) 工频耐压: ≥42kV (1min)
   - b) 冲击电压: ≥75kV
   - c) 耐弧型中置式移开型金属铠装封闭柜
4. 防护等级: IP40
5. 配电柜为下进下出
6. ①、③ / ④、⑤ / ⑥、⑧ } 开关之间应加机械联锁

   ①、④、⑧ 开关之间加机械及电气联锁

   ①及⑧ 开关不得同时投入

备注:

进出线方式另有下进上出、上进上出、上进下出, 采用上进或上出线方式, 柜深增加200mm.

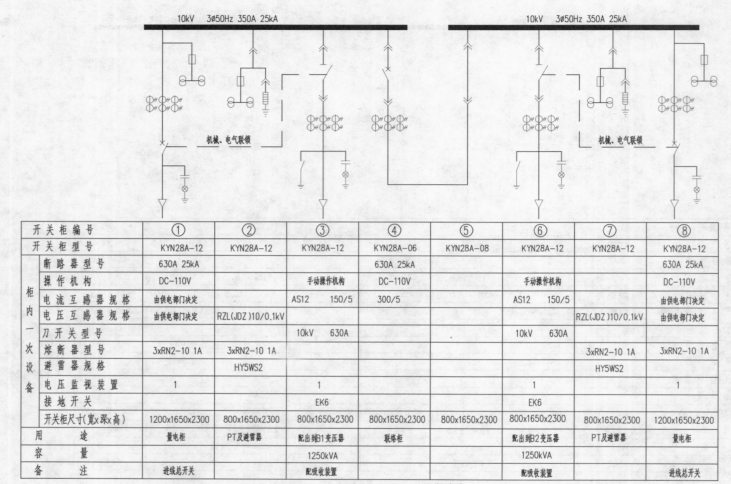

10kV 3ø50Hz 350A 25kA

10kV 3ø50Hz 350A 25kA

机械、电气联锁

机械、电气联锁

开关柜编号		①	②	③	④	⑤	⑥	⑦	⑧
开关柜型号		KYN28A-12	KYN28A-12	KYN28A-12	KYN28A-06	KYN28A-08	KYN28A-12	KYN28A-12	KYN28A-12
柜内一次设备	断路器型号	630A 25kA			630A 25kA				630A 25kA
	操作机构	DC-110V		手动操作机构	DC-110V		手动操作机构		DC-110V
	电流互感器规格	由供电部门决定		AS12 150/5	300/5		AS12 150/5		由供电部门决定
	电压互感器规格	由供电部门决定	RZL(JDZ)10/0.1kV					RZL(JDZ)10/0.1kV	由供电部门决定
	刀开关型号			10kV 630A			10kV 630A		
	熔断器型号	3xRN2-10 1A	3xRN2-10 1A					3xRN2-10 1A	3xRN2-10 1A
	避雷器规格		HY5WS2					HY5WS2	
	电压监视装置	1		1			1		1
	接地开关			EK6			EK6		
	开关柜尺寸(宽x深x高)	1200x1650x2300	800x1650x2300	800x1650x2300	800x1650x2300	800x1650x2300	800x1650x2300	800x1650x2300	1200x1650x2300
用途		量电柜	PT及避雷器	配出到B1变压器	联络柜		配出到B2变压器	PT及避雷器	量电柜
容量				1250kVA			1250kVA		
备注		进线总开关		配吸收装置			配吸收装置		进线总开关

继电保护

1. 总断路器设速断及反时限过流保护.
2. 配出断路器设(速断, 过流)保护, 及变压器温度保护(高温报警, 超温跳闸).
3. 继电保护采用综合继电保护装置或微机式继电器.
4. 继电保护的确定以市供电部门文件为准.
5. 供电部门计量表及(电压,电流)互感器由供电部门确定.

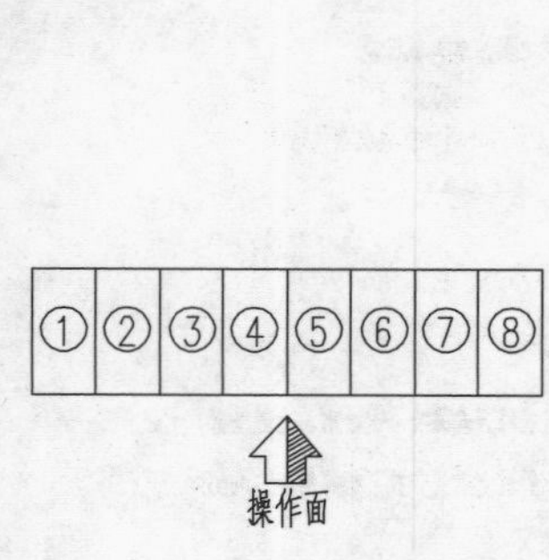

配电装置标准

1. 应符合(IEC-298,GB-3906,IEC-56)等标准
2. 运行条件:
   a) 额定运行电压: 10kV
   b) 最高运行电压: 12kV
   c) 额定断开电流: ≥25kA(全分断100次)
   d) 短时耐受电流: 25kA-3sec
   e) 额定频率: 50Hz
   f) 中性点接地方法: 小电阻接地
3. 绝缘水平:
   a) 工频耐压: ≥42kV (1min)
   b) 冲击电压: ≥75kV
   c) 耐弧型中置式移开型金属铠装封闭柜
4. 防护等级: IP40
5. 配电柜为下进下出
6. ①、③ / ④、⑤ / ⑥、⑧ 开关之间应加机械联锁

   ①、④、⑧ 开关之间加机械及电气联锁

   ①及⑧ 开关不得同时投入

备注:

进出线方式另有下进上出、上进上出、上进下出,采用上进或上出线方式,柜深增加200mm.

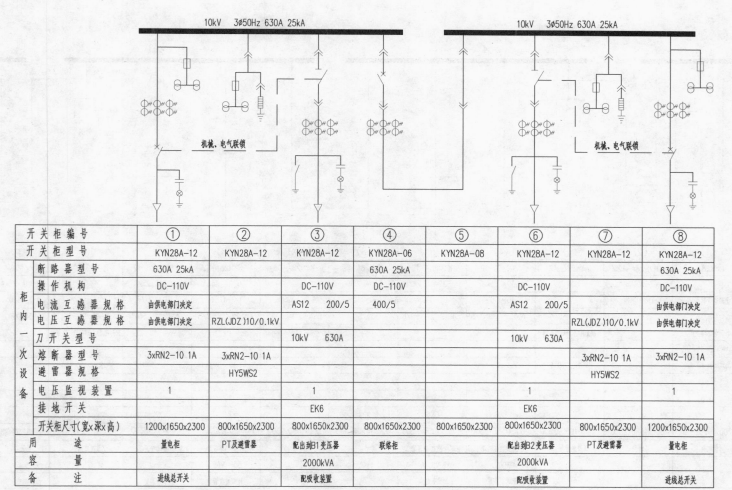

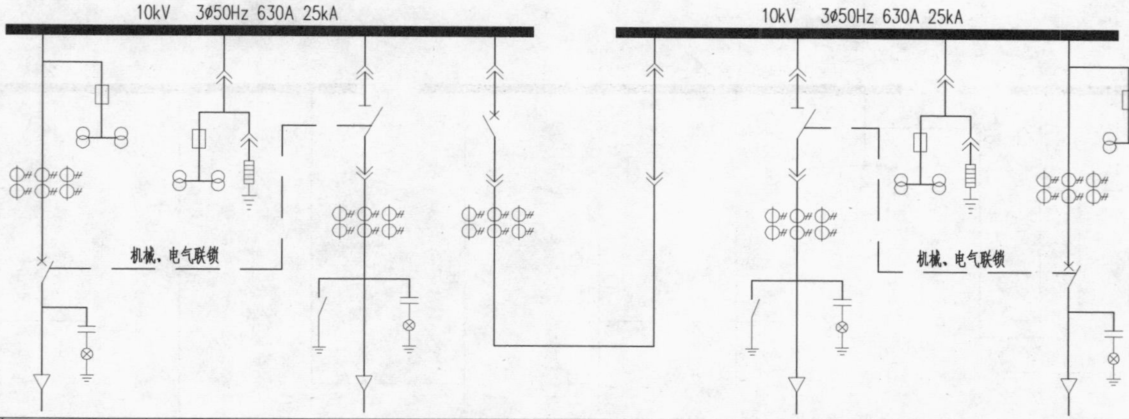

10kV 3ø50Hz 630A 25kA　　10kV 3ø50Hz 630A 25kA

机械、电气联锁　　机械、电气联锁

开关柜编号		①	②	③	④	⑤	⑥	⑦	⑧
开关柜型号		KYN28A-12	KYN28A-12	KYN28A-12	KYN28A-06	KYN28A-08	KYN28A-12	KYN28A-12	KYN28A-12
柜内一次设备	断路器型号	630A 25kA			630A 25kA				630A 25kA
	操作机构	DC-110V		DC-110V	DC-110V		DC-110V		DC-110V
	电流互感器规格	由供电部门决定		AS12 200/5	400/5		AS12 200/5		由供电部门决定
	电压互感器规格	由供电部门决定	RZL(JDZ)10/0.1kV					RZL(JDZ)10/0.1kV	由供电部门决定
	刀开关型号			10kV 630A			10kV 630A		
	熔断器型号	3xRN2-10 1A	3xRN2-10 1A					3xRN2-10 1A	3xRN2-10 1A
	避雷器规格		HY5WS2					HY5WS2	
	电压监视装置	1		1			1		1
	接地开关			EK6			EK6		
	开关柜尺寸(宽x深x高)	1200x1650x2300	800x1650x2300	800x1650x2300	800x1650x2300	800x1650x2300	800x1650x2300	800x1650x2300	1200x1650x2300
用途		量电柜	PT及避雷器	配出到B1变压器	联络柜		配出到B2变压器	PT及避雷器	量电柜
容量				2000kVA			2000kVA		
备注		进线总开关		配吸收装置			配吸收装置		进线总开关

继电保护

1. 总断路器设速断及反时限过流保护.
2. 配出断路器设(速断, 过流)保护, 及变压器温度保护(高温报警, 超温跳闸).
3. 继电保护采用综合继电保护装置或微机式继电器.
4. 继电保护的确定以市供电部门文件为准.
5. 供电部门计量表及(电压,电流)互感器由供电部门确定.

配电装置标准

1. 应符合(IEC-298,GB-3906,IEC-56)等标准
2. 运行条件: a) 额定运行电压: 10kV
   b) 最高运行电压: 12kV
   c) 额定断开电流: ≥25kA(全分断100次)
   d) 短时耐受电流: 25kA-3sec
   e) 额定频率: 50Hz
   f) 中性点接地方法: 小电阻接地
3. 绝缘水平: a) 工频耐压: ≥42kV (1min)
   b) 冲击电压: ≥75kV
   c) 耐弧型中置式移开型金属铠装封闭柜
4. 防护等级: IP40
5. 配电柜为下进下出
6. ①、③ / ④、⑤ / ⑥、⑧ 开关之间应加机械联锁
   ①、④、⑧ 开关之间加机械及电气联锁
   ①及⑧ 开关不得同时投入

备注:

进出线方式另有下进上出、上进上出、上进下出, 采用上进或上出线方式, 柜深增加200mm.

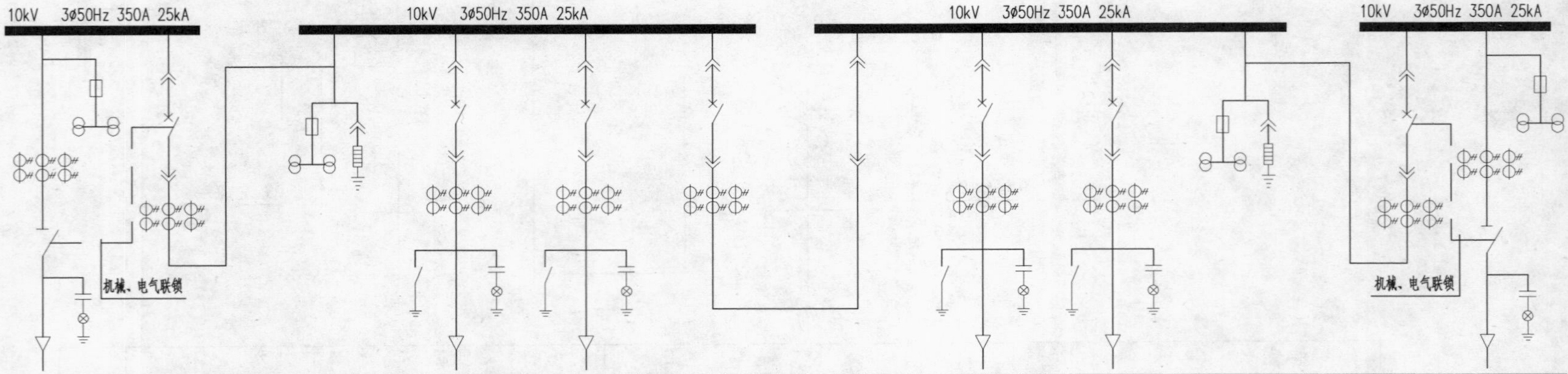

10kV 3ø50Hz 350A 25kA　　10kV 3ø50Hz 350A 25kA　　10kV 3ø50Hz 350A 25kA　　10kV 3ø50Hz 350A 25kA

机械、电气联锁　　机械、电气联锁

开关柜编号	①	②	③	④	⑤	⑥	⑦	⑧	⑨	⑩	⑪	⑫
开关柜型号	KYN28A-12	KYN28A-12	KYN28A-12	KYN28A-12	KYN28A-12	KYN28A-06	KYN28A-08	KYN28A-12	KYN28A-12	KYN28A-12	KYN28A-12	KYN28A-12
柜内一次设备 断路器型号		630A 25kA		630A 25kA	630A 25kA	630A 25kA		630A 25kA	630A 25kA		630A 25kA	
操作机构	手动操作机构	DC-110V		DC-110V	DC-110V	DC-110V		DC-110V	DC-110V		DC-110V	手动操作机构
电流互感器规格	由供电部门决定	300/5		AS12 50/5	AS12 50/5	300/5		AS12 50/5	AS12 50/5		300/5	由供电部门决定
电压互感器规格	由供电部门决定		RZL(JDZ)10/0.1kV							RZL(JDZ)10/0.1kV		由供电部门决定
刀开关型号	10kV 630A											10kV 630A
熔断器型号	3xRN2-10 1A		3xRN2-10 1A							3xRN2-10 1A		3xRN2-10 1A
避雷器规格			HY5WS2							HY5WS2		
电压监视装置	1			1	1			1	1			1
接地开关				EK6	EK6			EK6	EK6			
开关柜尺寸(宽x深x高)	1200x1650x2300	800x1650x2300	800x1650x2300	800x1650x2300	800x1650x2300	800x1650x2300	800x1650x2300	800x1650x2300	800x1650x2300	800x1650x2300	800x1650x2300	1200x1650x2300
用途	量电柜	总开关	PT及避雷器	配出到B1变压器	配出到B2变压器	联络柜		配出到B3变压器	配出到B4变压器	PT及避雷器	总开关	量电柜
容量				630kVA	630kVA			630kVA	630kVA			
备注				配吸收装置	配吸收装置			配吸收装置	配吸收装置			

继电保护

1. 总断路器设速断及反时限过流保护.
2. 配出断路器设(速断, 过流)保护, 及变压器温度保护(高温报警, 超温跳闸).
3. 继电保护采用综合继电保护装置或微机式继电器.
4. 继电保护的确定以市供电部门文件为准.
5. 供电部门计量表及(电压,电流)互感器由供电部门确定.

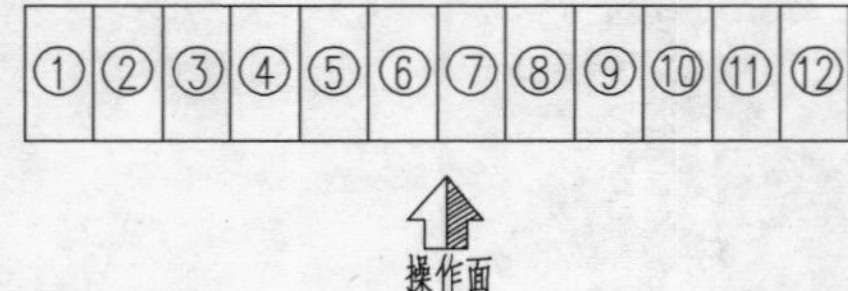

配电装置标准

1. 应符合(IEC-298,GB-3906,IEC-56)等标准
2. 运行条件: a) 额定运行电压: 10kV
   b) 最高运行电压: 12kV
   c) 额定断开电流: ≥25kA(全分断100次)
   d) 短时耐受电流: 25kA-3sec
   e) 额定频率: 50Hz
   f) 中性点接地方法: 小电阻接地
3. 绝缘水平: a) 工频耐压: ≥42kV (1min)
   b) 冲击电压: ≥75kV
   c) 耐弧型中置式移开型金属铠装封闭柜
4. 防护等级: IP40
5. 配电柜为下进下出
6. ①、②; ⑥、⑦; ⑪、⑫ 开关之间应加机械联锁
   ②、⑥、⑪ 开关之间加机械及电气联锁
   ②及⑪ 开关不得同时投入

备注:

进出线方式另有下进上出、上进上出、上进下出, 采用上进或上出线方式, 柜深增加200mm.

10kV 3ø50Hz 630A 25kA

10kV 3ø50Hz 630A 25kA

10kV 3ø50Hz 630A 25kA

10kV 3ø50Hz 630A 25kA

机械、电气联锁

机械、电气联锁

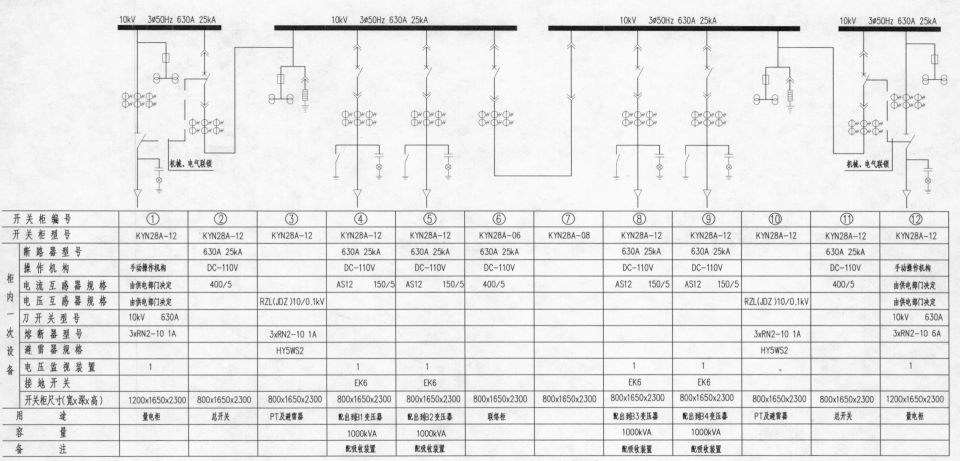

开关柜编号		①	②	③	④	⑤	⑥	⑦	⑧	⑨	⑩	⑪	⑫
开关柜型号		KYN28A-12	KYN28A-12	KYN28A-12	KYN28A-12	KYN28A-12	KYN28A-06	KYN28A-08	KYN28A-12	KYN28A-12	KYN28A-12	KYN28A-12	KYN28A-12
柜内一次设备	断路器型号		630A 25kA		630A 25kA	630A 25kA	630A 25kA		630A 25kA	630A 25kA		630A 25kA	
	操作机构	手动操作机构	DC-110V		DC-110V	DC-110V	DC-110V		DC-110V	DC-110V		DC-110V	手动操作机构
	电流互感器规格	由供电部门决定	400/5		AS12 150/5	AS12 150/5	400/5		AS12 150/5	AS12 150/5		400/5	由供电部门决定
	电压互感器规格	由供电部门决定		RZL(JDZ)10/0.1kV							RZL(JDZ)10/0.1kV		由供电部门决定
	刀开关型号	10kV 630A											10kV 630A
	熔断器型号	3xRN2-10 1A		3xRN2-10 1A							3xRN2-10 1A		3xRN2-10 6A
	避雷器规格			HY5WS2							HY5WS2		
	电压监视装置	1			1	1			1	1			1
	接地开关				EK6	EK6			EK6	EK6			
	开关柜尺寸(宽x深x高)	1200x1650x2300	800x1650x2300	800x1650x2300	800x1650x2300	800x1650x2300	800x1650x2300	800x1650x2300	800x1650x2300	800x1650x2300	800x1650x2300	800x1650x2300	1200x1650x2300
用途		量电柜	总开关	PT及避雷器	配出到B1变压器	配出到B2变压器	联络柜		配出到B3变压器	配出到B4变压器	PT及避雷器	总开关	量电柜
容量					1000kVA	1000kVA			1000kVA	1000kVA			
备注					配吸收装置	配吸收装置			配吸收装置	配吸收装置			

操作面

继电保护

1. 总断路器设速断及反时限过流保护.
2. 配出断路器设(速断, 过流)保护, 及变压器温度保护(高温报警, 超温跳闸).
3. 继电保护采用综合继电保护装置或微机式继电器.
4. 继电保护的确定以市供电部门文件为准.
5. 供电部门计量表及(电压,电流)互感器由供电部门确定.

配电装置标准

1. 应符合(IEC-298,GB-3906,IEC-56)等标准
2. 运行条件:
   a) 额定运行电压: 10kV
   b) 最高运行电压: 12kV
   c) 额定断开电流: ≥25kA(全分断100次)
   d) 短时耐受电流: 25kA-3sec
   e) 额定频率: 50Hz
   f) 中性点接地方法: 小电阻接地
3. 绝缘水平:
   a) 工频耐压: ≥42kV (1min)
   b) 冲击电压: ≥75kV
   c) 耐弧型中置式移开型金属铠装封闭柜
4. 防护等级: IP40
5. 配电柜为下进下出
6. ①、②; ⑥、⑦; ⑪、⑫ 开关之间应加机械联锁
   ②、⑥、⑪ 开关之间加机械及电气联锁
   ② 及 ⑪ 开关不得同时投入

备注:

进出线方式另有下进上出、上进上出、上进下出, 采用上进或上出线方式, 柜深增加200mm.

Ⓐ Ⓐ Ⓐ
0~1600A
L010
MT16H1/4P 1650/5
MIC5.0A
I长=1600A
I短=9.6kA
T=瞬时
用电设备
kW

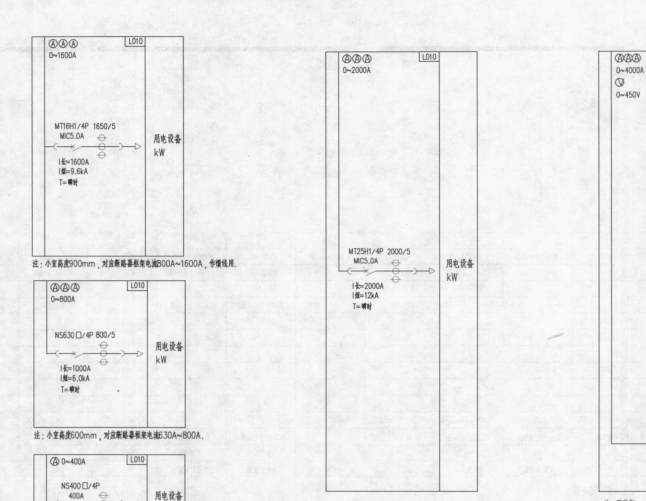

注：小室高度900mm，对应断路器框架电流800A~1600A，作横线用。

Ⓐ Ⓐ Ⓐ
0~800A
L010
NS630□/4P 800/5
I长=1000A
I短=6.0kA
T=瞬时
用电设备
kW

注：小室高度600mm，对应断路器框架电流630A~800A。

Ⓐ 0~400A
L010
NS400□/4P
400A
400/5
用电设备
kW

注：小室高度400mm，对应断路器框架电流250A~400A。

Ⓐ 0~250A
L010
NS250□/4P
250A 250/5
用电设备
kW

注：小室高度300mm，对应断路器框架电流100A~250A。

Ⓐ Ⓐ Ⓐ
0~2000A
L010
MT25H1/4P 2000/5
MIC5.0A
I长=2000A
I短=12kA
T=瞬时
用电设备
kW

L010: 电缆规格	
低压柜型号	
柜体（宽x深x高）：900x1000x2200	
	①

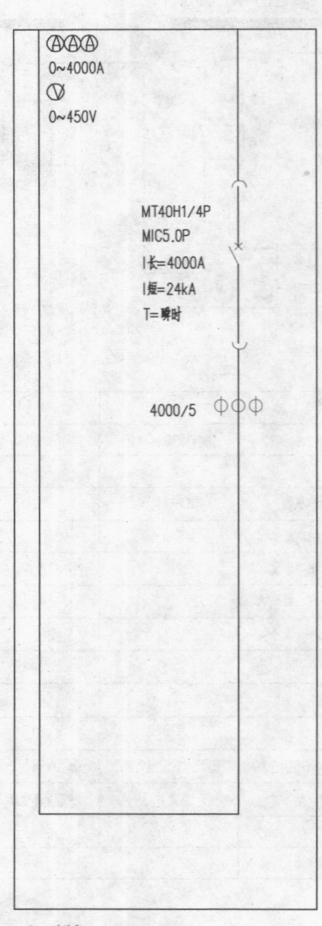

注：联络柜

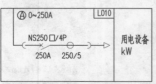

说明：

配电屏内小室采用模数化设计，模数高度采用了通用型5个模数档，具体小室高度为300mm，400mm，600mm，900mm，1800mm。图元中文字用于修改，不作仔细推敲。

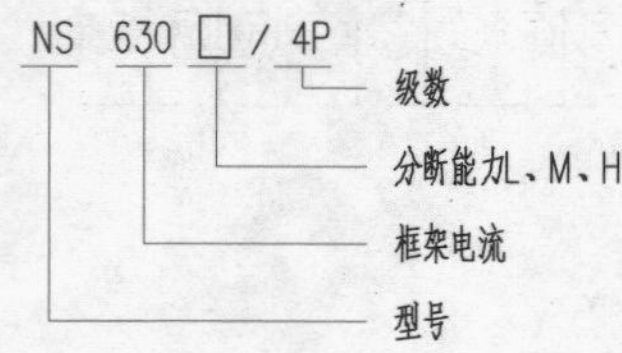

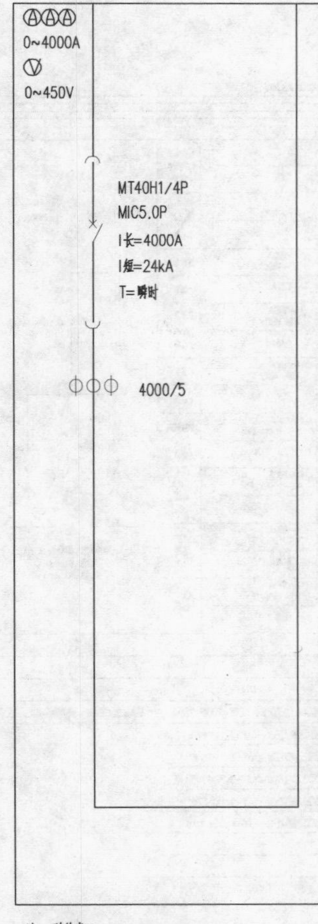
0~4000A
0~450V
MT40H1/4P
MIC5.0P
I长=4000A
I短=24kA
T=瞬时
4000/5

注：联络柜

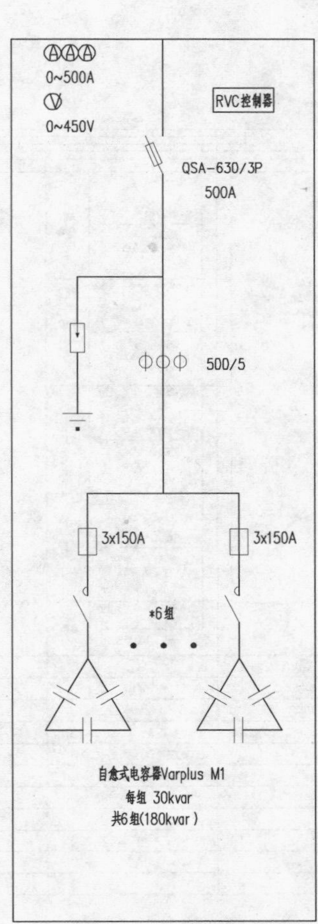
0~500A
0~450V
RVC控制器
QSA-630/3P
500A
500/5
3x150A
3x150A
*6组
自愈式电容器Varplus M1
每组 30kvar
共6组(180kvar)

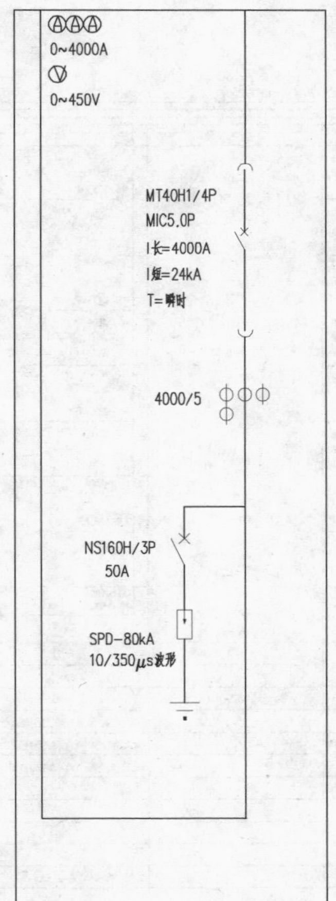
0~4000A
0~450V
MT40H1/4P
MIC5.0P
I长=4000A
I短=24kA
T=瞬时
4000/5
NS160H/3P
50A
SPD-80kA
10/350μs波形

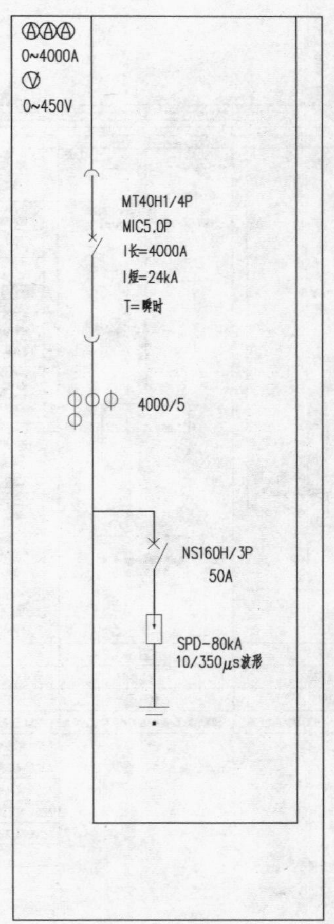
0~4000A
0~450V
MT40H1/4P
MIC5.0P
I长=4000A
I短=24kA
T=瞬时
4000/5
NS160H/3P
50A
SPD-80kA
10/350μs波形

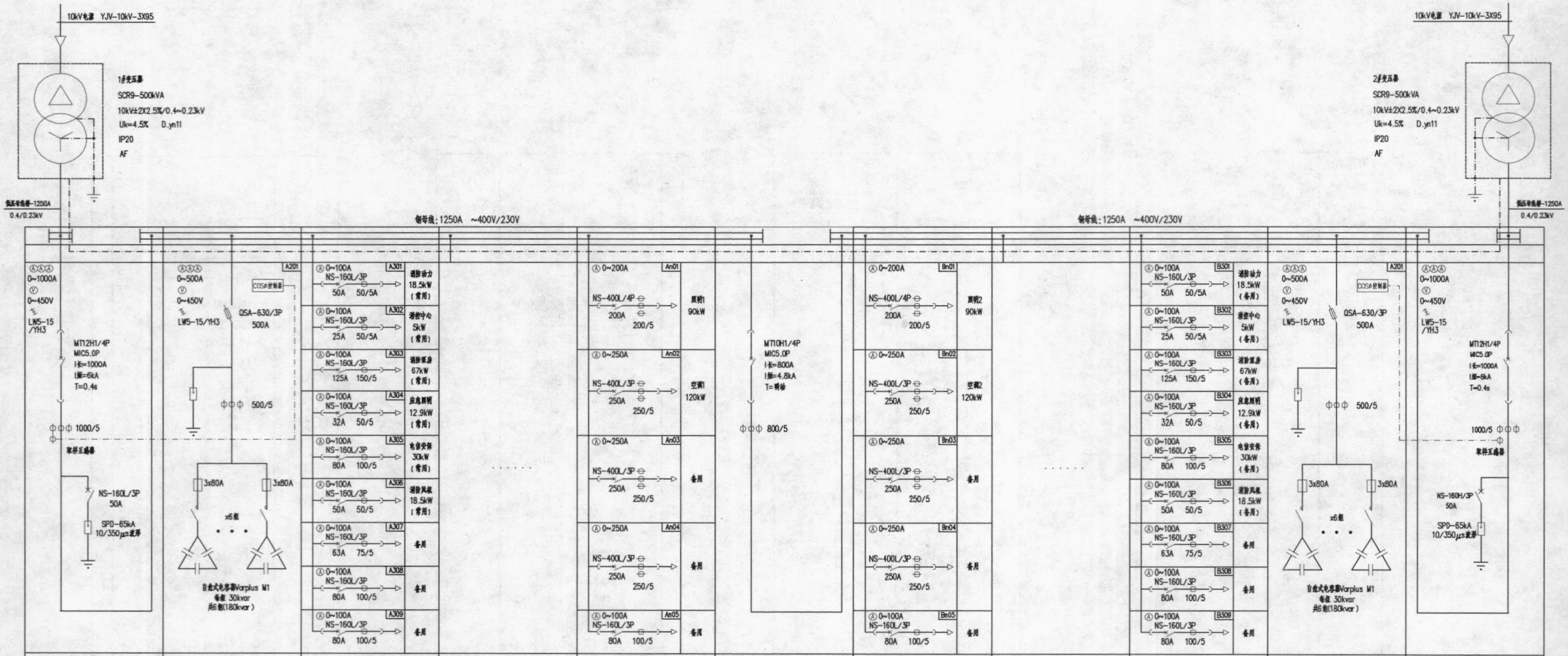

10kV电源 YJV-10kV-3X95

1#变压器 SCR9-500kVA 10kV±2X2.5%/0.4~0.23kV Uk=4.5% D.yn11 IP20 AF

2#变压器 SCR9-500kVA 10kV±2X2.5%/0.4~0.23kV Uk=4.5% D.yn11 IP20 AF

低压母线槽-1250A 0.4/0.23kV

铜母线:1250A ~400V/230V

①	②	③	④	⑤	⑥	⑦	⑧	⑨	⑩	⑪
受电柜	电容补偿柜	馈电柜		馈电柜	母联柜	馈电柜		馈电柜	电容补偿柜	受电柜
MNS	MNS	MNS	MNS	MNS	MNS	MNS	MNS	MNS	MNS	MNS
柜体(宽x深x高):800x1000x2200	柜体(宽x深x高):600x1000x2200	柜体(宽x深x高):600x1000x2200		柜体(宽x深x高):600x1000x2200	柜体(宽x深x高):800x1000x2200	柜体(宽x深x高):600x1000x2200		柜体(宽x深x高):600x1000x2200	柜体(宽x深x高):600x1000x2200	柜体(宽x深x高):800x1000x2200
		A301: WDZBN-YJY-3x16+1x10+E16		An01: WDZBN-YJY-4x95+E50		Bn01: WDZBN-YJY-4x95+E50		B301: WDZBN-YJY-3x16+1x10+E16		
		A302: WDZBN-YJY-4x6+E6		An02: WDZBN-YJY-3x120+1x70+E70		Bn02: WDZBN-YJY-3x120+1x70+E70		B302: WDZBN-YJY-4x6+E6		
		A303: WDZBN-YJY-3x70+1x35+E35						B303: WDZBN-YJY-3x70+1x35+E35		
		A304: WDZBN-YJY-4x16+E16						B304: WDZBN-YJY-4x16+E16		
		A305: WDZBN-YJY-4x35+1x16						B305: WDZBN-YJY-4x35+1x16		

馈出回路编号注释:

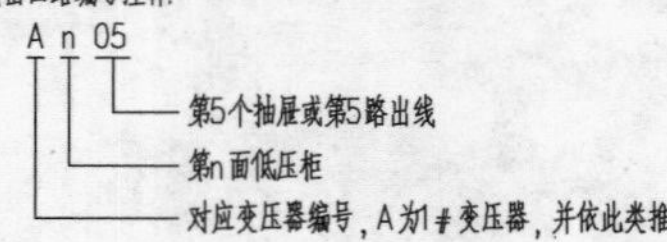

说明:

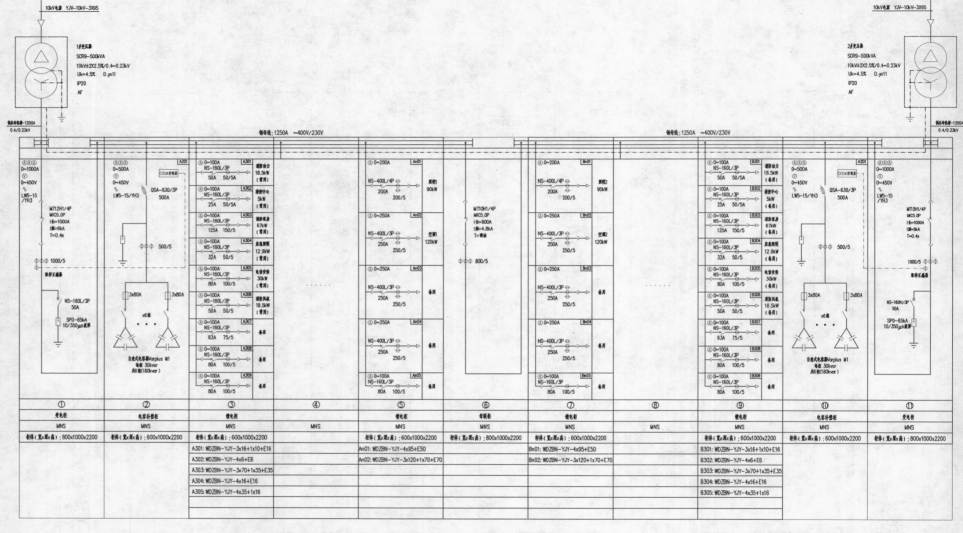

一、二台进线柜和联络柜内的断路器之间加电气联锁及机械联锁,具体要求如下:

1)①、⑪ 柜的两台电源进线开关和 ⑥ 联络柜的联络开关之间设电气联锁,任何时候都不不允许三台开关同时合闸,只能合闸其中两台开关.

2)所有开关的操作旋转手柄均安装于开关柜小室门上.

3)所有二次控制回路的直接操作元器件(如转换开关、旋转手柄、控制按钮等)也需同电流表、信号灯等显示元件一样安装于开关柜小室门上.

二、在 ①、⑪ 进线柜内的总进线处应装设电源浪涌过电压防护器,技术参数如下:设备耐压6kV;浪涌电流65kA(10/350us).电源浪涌过电压防护器的安装接线参照<<建筑物防雷设施安装>>标准图集(99D562)第122~145页中的相关内容.

三. 空气断路器分断能力均不小于25kA.(全分断100次)

四. 低压配电柜采用上进上出方式,若兼有母线出线柜深应增加200.

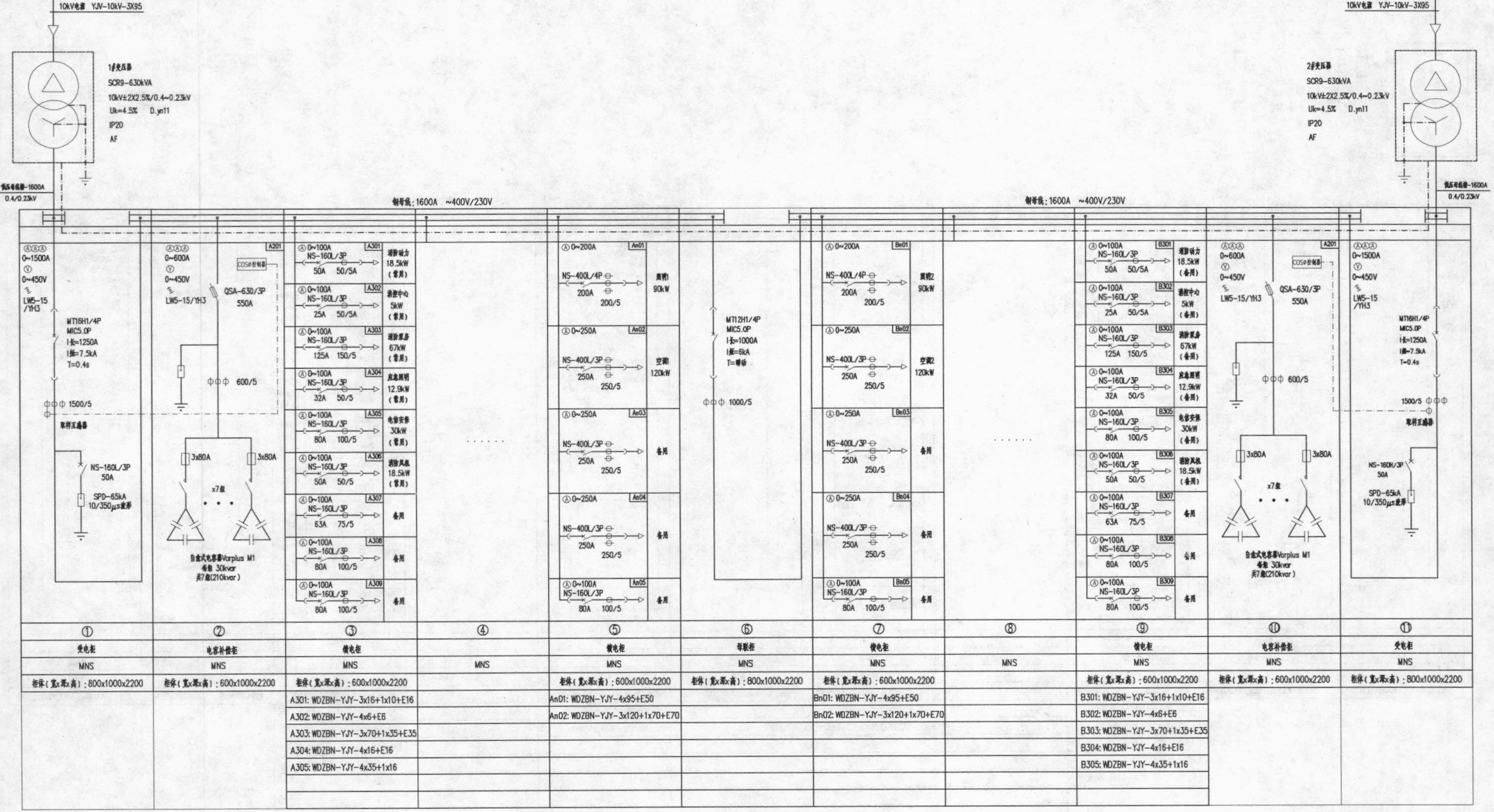

馈出回路编号注释:

A n 05

- 05：第5个抽屉或第5路出线
- n：第n 面低压柜
- A：对应变压器编号，A为1＃变压器，并依此类推.

说明:

一、二台进线柜和联络柜内的断路器之间加电气联锁及机械联锁，具体要求如下:

1）①、⑪ 柜的两台电源进线开关和 ⑥ 联络柜的联络开关之间设电气联锁，任何时候都不不允许三台开关同时合闸，只能合闸其中两台开关.

2）所有开关的操作旋转手柄均安装于开关柜小室门上.

3）所有二次控制回路的直接操作元器件（如转换开关、旋转手柄、控制按钮等）也需同电流表、信号灯等显示元件一样安装于开关柜小室门上.

二、在 ①、⑪ 进线柜内的总进线处应装设电源浪涌过电压防护器，技术参数如下：设备耐压6kV；浪涌电流65kA(10/350us)．电源浪涌过电压防护器的安装接线参照<<建筑物防雷设施安装>>标准图集(99D562)第122~145页中的相关内容.

三. 空气断路器分断能力均不小于25kA.(全分断100次)

四. 低压配电柜采用上进上出方式，若兼有母线出线柜深应增加200.

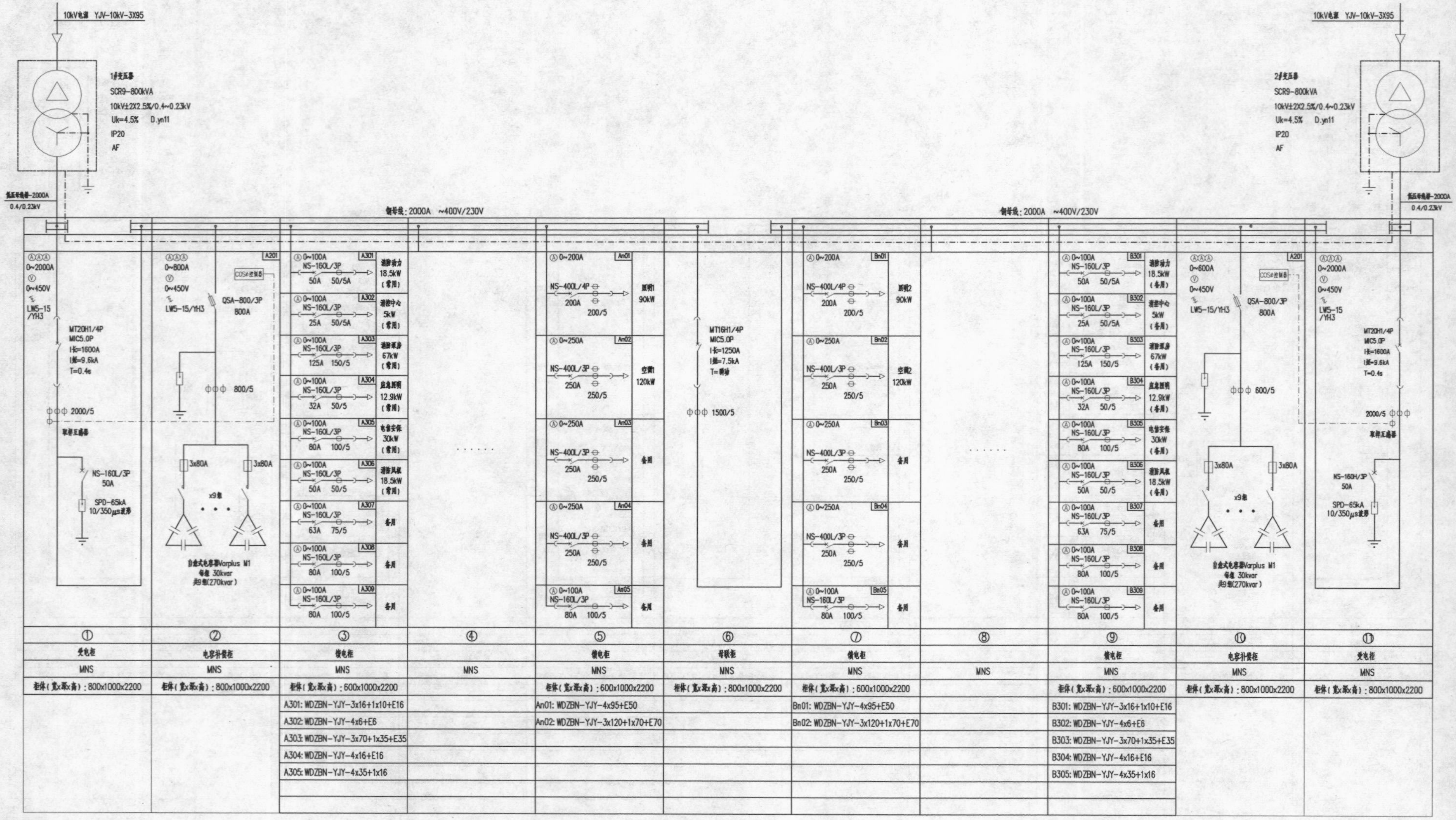

10kV电源 YJV-10kV-3X95

1#变压器
SCR9-800kVA
10kV±2X2.5%/0.4~0.23kV
Uk=4.5% D.yn11
IP20
AF

2#变压器
SCR9-800kVA
10kV±2X2.5%/0.4~0.23kV
Uk=4.5% D.yn11
IP20
AF

低压母线槽-2000A 0.4/0.23kV

铜母线:2000A ~400V/230V

①	②	③	④	⑤	⑥	⑦	⑧	⑨	⑩	⑪
受电柜	电容补偿柜	馈电柜		馈电柜	母联柜	馈电柜		馈电柜	电容补偿柜	受电柜
MNS	MNS	MNS	MNS	MNS	MNS	MNS	MNS	MNS	MNS	MNS
柜体(宽x深x高):800x1000x2200	柜体(宽x深x高):800x1000x2200	柜体(宽x深x高):600x1000x2200		柜体(宽x深x高):600x1000x2200	柜体(宽x深x高):800x1000x2200	柜体(宽x深x高):600x1000x2200		柜体(宽x深x高):600x1000x2200	柜体(宽x深x高):800x1000x2200	柜体(宽x深x高):800x1000x2200
		A301: WDZBN-YJY-3x16+1x10+E16		An01: WDZBN-YJY-4x95+E50		Bn01: WDZBN-YJY-4x95+E50		B301: WDZBN-YJY-3x16+1x10+E16		
		A302: WDZBN-YJY-4x6+E6		An02: WDZBN-YJY-3x120+1x70+E70		Bn02: WDZBN-YJY-3x120+1x70+E70		B302: WDZBN-YJY-4x6+E6		
		A303: WDZBN-YJY-3x70+1x35+E35						B303: WDZBN-YJY-3x70+1x35+E35		
		A304: WDZBN-YJY-4x16+E16						B304: WDZBN-YJY-4x16+E16		
		A305: WDZBN-YJY-4x35+1x16						B305: WDZBN-YJY-4x35+1x16		

馈出回路编号注释:

A n 05
- 第5个抽屉或第5路出线
- 第n面低压柜
- 对应变压器编号,A为1#变压器,并依此类推.

说明:

一、二台进线柜和联络柜内的断路器之间加电气联锁及机械联锁,具体要求如下:

1)①、⑪柜的两台电源进线开关和⑥联络柜的联络开关之间设电气联锁,任何时候都不不允许三台开关同时合闸,只能合闸其中两台开关.

2)所有开关的操作旋转手柄均安装于开关柜小室门上.

3)所有二次控制回路的直接操作元器件(如转换开关、旋转手柄、控制按钮等)也需同电流表、信号灯等显示元件一样安装于开关柜小室门上.

二、在①、⑪进线柜内的总进线处应装设电源浪涌过电压防护器,技术参数如下:设备耐压6kV;浪涌电流65kA(10/350us).电源浪涌过电压防护器的安装接线参照<<建筑物防雷设施安装>>标准图集(99D562)第122~145页中的相关内容.

三. 空气断路器分断能力均不小于25kA.(全分断100次)

四. 低压配电柜采用上进上出方式,若兼有母线出线柜深应增加200.

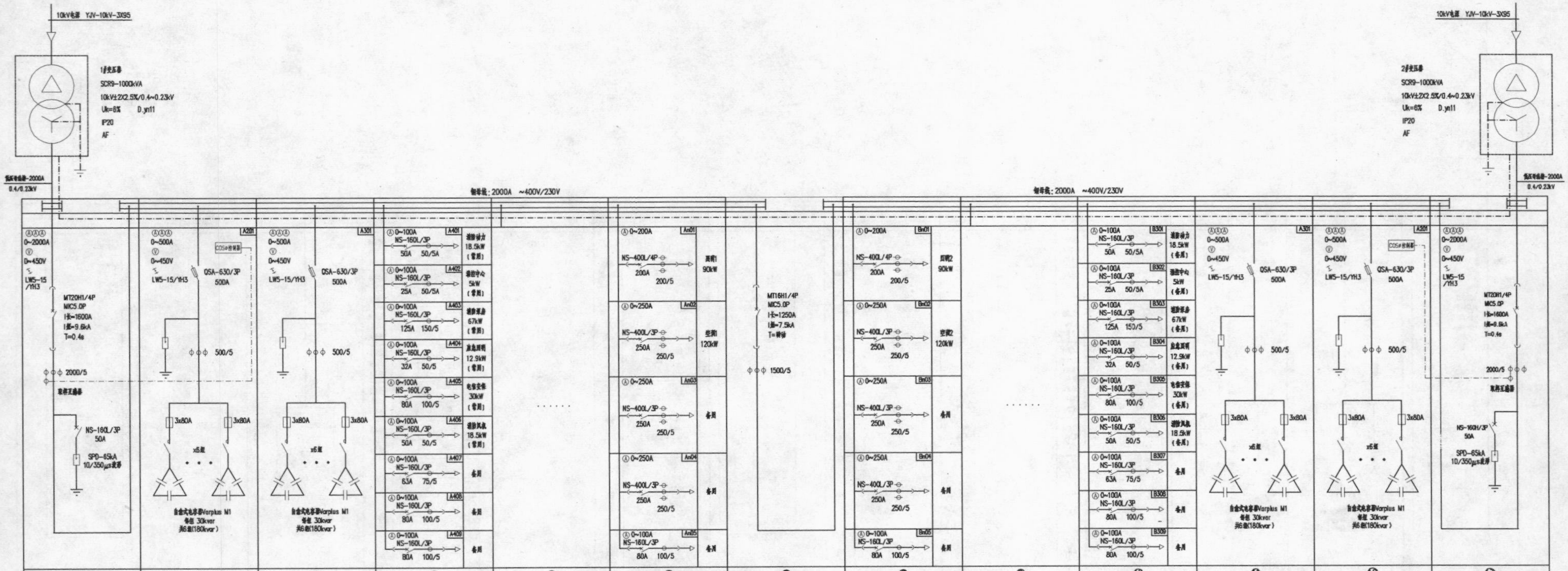

10kV电源 YJV-10kV-3X95

1#变压器 SCR9-1000kVA 10kV±2X2.5%/0.4~0.23kV Uk=6% D,yn11 IP20 AF

2#变压器 SCR9-1000kVA 10kV±2X2.5%/0.4~0.23kV Uk=6% D,yn11 IP20 AF

铜母线:2000A ~400V/230V

①	②	③	④	⑤	⑥	⑦	⑧	⑨	⑩	⑪	⑫	⑬
受电柜	电容补偿柜	电容补偿柜	馈电柜		馈电柜	母联柜	馈电柜		馈电柜	电容补偿柜	电容补偿柜	受电柜
MNS	MNS	MNS	MNS	MNS	MNS	MNS	MNS	MNS	MNS	MNS	MNS	MNS
柜体(宽x深x高):800x1000x2200	柜体(宽x深x高):600x1000x2200	柜体(宽x深x高):600x1000x2200	柜体(宽x深x高):600x1000x2200		柜体(宽x深x高):600x1000x2200	柜体(宽x深x高):800x1000x2200	柜体(宽x深x高):600x1000x2200		柜体(宽x深x高):600x1000x2200	柜体(宽x深x高):600x1000x2200	柜体(宽x深x高):600x1000x2200	柜体(宽x深x高):800x1000x2200
			A301: WDZBN-YJY-3x16+1x10+E16		An01: WDZBN-YJY-4x95+E50		Bn01: WDZBN-YJY-4x95+E50		B301: WDZBN-YJY-3x16+1x10+E16			
			A302: WDZBN-YJY-4x6+E6		An02: WDZBN-YJY-3x120+1x70+E70		Bn02: WDZBN-YJY-3x120+1x70+E70		B302: WDZBN-YJY-4x6+E6			
			A303: WDZBN-YJY-3x70+1x35+E35						B303: WDZBN-YJY-3x70+1x35+E35			
			A304: WDZBN-YJY-4x16+E16						B304: WDZBN-YJY-4x16+E16			
			A305: WDZBN-YJY-4x35+1x16						B305: WDZBN-YJY-4x35+1X16			

馈出回路编号注释:

A n 05

- 05:第5个抽屉或第5路出线
- n:第n面低压柜
- A:对应变压器编号,A为1#变压器,并依此类推.

说明:

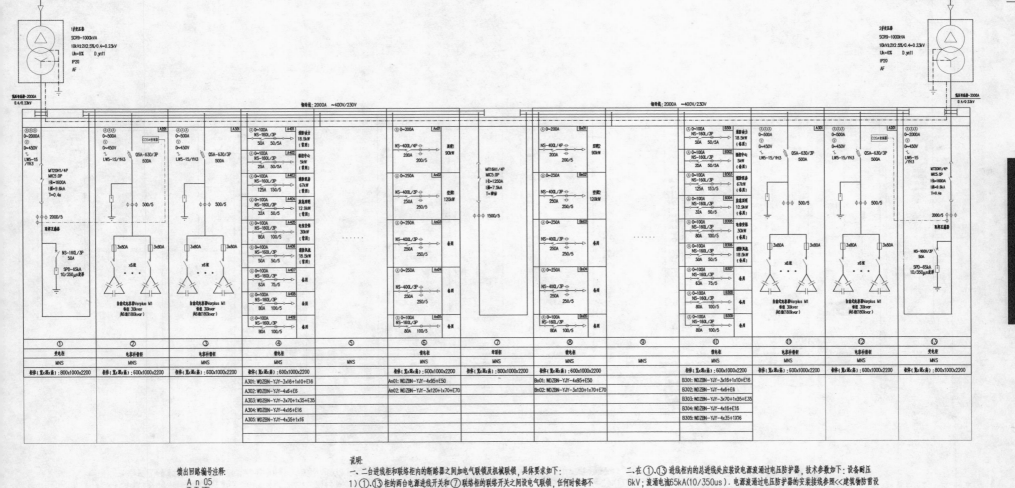

一、二台进线柜和联络柜内的断路器之间加电气联锁及机械联锁,具体要求如下:

1)①、⑬柜的两台电源进线开关和⑦联络柜的联络开关之间设电气联锁,任何时候都不允许三台开关同时合闸,只能合闸其中两台开关.

2)所有开关的操作旋转手柄均安装于开关柜小室门上.

3)所有二次控制回路的直接操作元器件(如转换开关、旋转手柄、控制按钮等)也需同电流表、信号灯等显示元件一样安装于开关柜小室门上.

二、在①、⑬进线柜内的总进线处应装设电源浪涌过电压防护器,技术参数如下:设备耐压6kV;浪涌电流65kA(10/350us).电源浪涌过电压防护器的安装接线参照<<建筑物防雷设施安装>>标准图集(99D562)第122~145页中的相关内容.

三. 空气断路器分断能力均不小于25kA.(全分断100次)

四. 低压配电柜采用上进上出方式,若兼有母线出线柜深应增加200.

10kV电源 YJV-10kV-3X95

1#变压器
SCR9-1250kVA
10kV±2X2.5%/0.4-0.23kV
Uk=6% D,yn11
IP20
AF

2#变压器
SCR9-1250kVA
10kV±2X2.5%/0.4-0.23kV
Uk=6% D,yn11
IP20
AF

铜母线: 2500A ~400V/230V

编号	名称	型号	柜体（宽x深x高）	出线电缆
①	受电柜	MNS	1000x1000x2200	
②	电容补偿柜	MNS	600x1000x2200	
③	电容补偿柜	MNS	600x1000x2200	
④	馈电柜	MNS	600x1000x2200	A301: WDZBN-YJY-3x16+1x10+E16 A302: WDZBN-YJY-4x6+E6 A303: WDZBN-YJY-3x70+1x35+E35 A304: WDZBN-YJY-4x16+E16 A305: WDZBN-YJY-4x35+1x16
⑤		MNS		
⑥	馈电柜	MNS	600x1000x2200	An01: WDZBN-YJY-4x95+E50 An02: WDZBN-YJY-3x120+1x70+E70
⑦	母联柜	MNS	800x1000x2200	
⑧	馈电柜	MNS	600x1000x2200	Bn01: WDZBN-YJY-4x95+E50 Bn02: WDZBN-YJY-3x120+1x70+E70
⑨		MNS		
⑩	馈电柜	MNS	600x1000x2200	B301: WDZBN-YJY-3x16+1x10+E16 B302: WDZBN-YJY-4x6+E6 B303: WDZBN-YJY-3x70+1x35+E35 B304: WDZBN-YJY-4x16+E16 B305: WDZBN-YJY-4x35+1x16
⑪	电容补偿柜	MNS	600x1000x2200	
⑫	电容补偿柜	MNS	600x1000x2200	
⑬	受电柜	MNS	1000x1000x2200	

馈出回路编号注释:

A n 05

- 05 — 第5个抽屉或第5路出线
- n — 第n面低压柜
- A — 对应变压器编号，A为1#变压器，并依此类推.

说明:

一、二台进线柜和联络柜内的断路器之间加电气联锁及机械联锁，具体要求如下:

1）①、⑬柜的两台电源进线开关和⑦联络柜的联络开关之间设电气联锁，任何时候都不允许三台开关同时合闸，只能合闸其中两台开关.

2）所有开关的操作旋转手柄均安装于开关柜小室门上.

3）所有二次控制回路的直接操作元器件（如转换开关、旋转手柄、控制按钮等）也需同电流表、信号灯等显示元件一样安装于开关柜小室门上.

二、在①、⑬进线柜内的总进线处应装设电源浪涌过电压防护器，技术参数如下：设备耐压6kV；浪涌电流65kA(10/350us)．电源浪涌过电压防护器的安装接线参照<<建筑物防雷设施安装>>标准图集(99D562)第122~145页中的相关内容.

三、空气断路器分断能力均不小于35kA.(全分断100次)

四、低压配电柜采用上进上出方式，若兼有母线出线柜深应增加200.

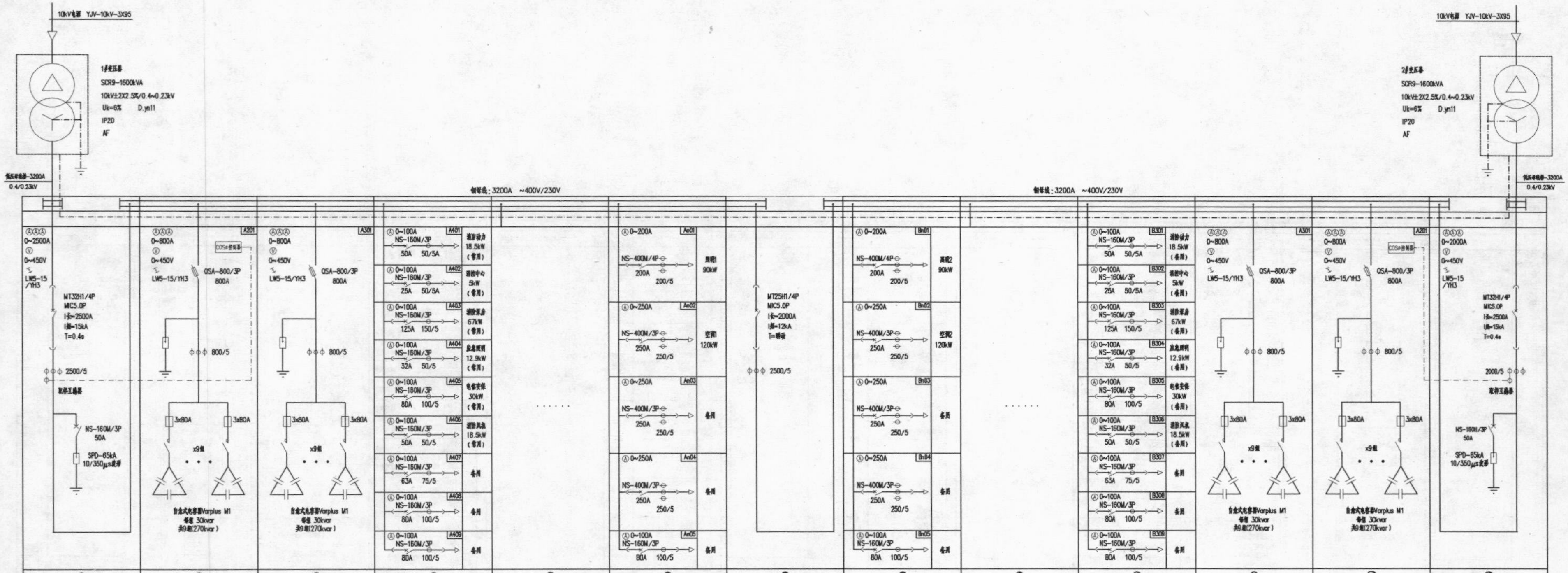

①	②	③	④	⑤	⑥	⑦	⑧	⑨	⑩	⑪	⑫	⑬
受电柜	电容补偿柜	电容补偿柜	馈电柜		馈电柜	母联柜	馈电柜		馈电柜	电容补偿柜	电容补偿柜	受电柜
MNS	MNS	MNS	MNS	MNS	MNS	MNS	MNS	MNS	MNS	MNS	MNS	MNS
柜体(宽x深x高):1000x1000x2200	柜体(宽x深x高):800x1000x2200	柜体(宽x深x高):800x1000x2200	柜体(宽x深x高):600x1000x2200		柜体(宽x深x高):600x1000x2200	柜体(宽x深x高):800x1000x2200	柜体(宽x深x高):600x1000x2200		柜体(宽x深x高):600x1000x2200	柜体(宽x深x高):800x1000x2200	柜体(宽x深x高):800x1000x2200	柜体(宽x深x高):1000x1000x2200
			A301: WDZBN-YJY-3x16+1x10+E16		An01: WDZBN-YJY-4x95+E50		Bn01: WDZBN-YJY-4x95+E50		B301: WDZBN-YJY-3x16+1x10+E16			
			A302: WDZBN-YJY-4x6+E6		An02: WDZBN-YJY-3x120+1x70+E70		Bn02: WDZBN-YJY-3x120+1x70+E70		B302: WDZBN-YJY-4x6+E6			
			A303: WDZBN-YJY-3x70+1x35+E35						B303: WDZBN-YJY-3x70+1x35+E35			
			A304: WDZBN-YJY-4x16+E16						B304: WDZBN-YJY-4x16+E16			
			A305: WDZBN-YJY-4x35+1x16						B305: WDZBN-YJY-4x35+1x16			

馈出回路编号注释:

A n 05

- 第5个抽屉或第5路出线
- 第n 面低压柜
- 对应变压器编号，A为1＃变压器，并依此类推.

说明:

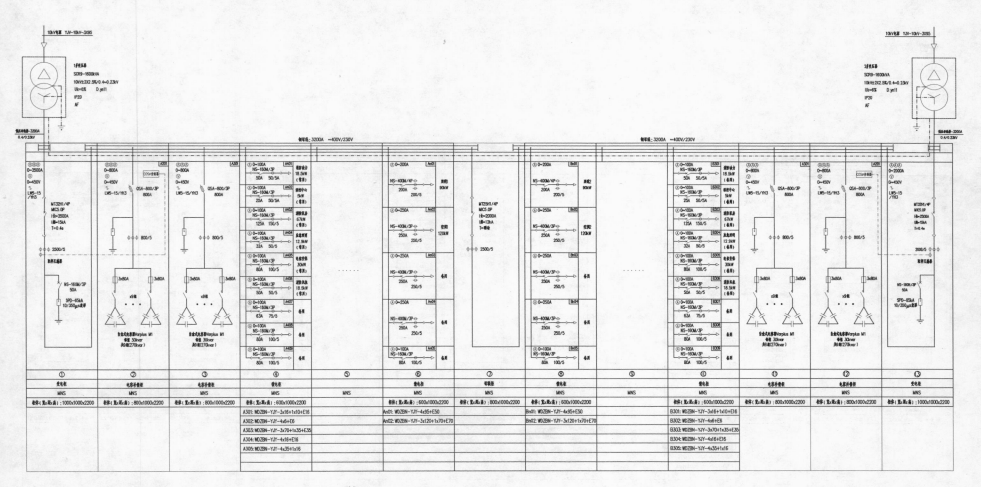

一、二台进线柜和联络柜内的断路器之间加电气联锁及机械联锁，具体要求如下:

1)①、⑬柜的两台电源进线开关和⑦联络柜的联络开关之间设电气联锁，任何时候都不不允许三台开关同时合闸，只能合闸其中两台开关.

2)所有开关的操作旋转手柄均安装于开关柜小室门上.

3)所有二次控制回路的直接操作元器件(如转换开关、旋转手柄、控制按钮等)也需同电流表、信号灯等显示元件一样安装于开关柜小室门上.

二、在①、⑬进线柜内的总进线处应装设电源浪涌过电压防护器，技术参数如下:设备耐压6kV;浪涌电流65kA(10/350us)。电源浪涌过电压防护器的安装接线参照<<建筑物防雷设施安装>>标准图集(99D562)第122~145页中的相关内容.

三、空气断路器分断能力均不小于50kA.(全分断100次)

四、低压配电柜采用上进上出方式，若兼有母线出线柜深应增加200.

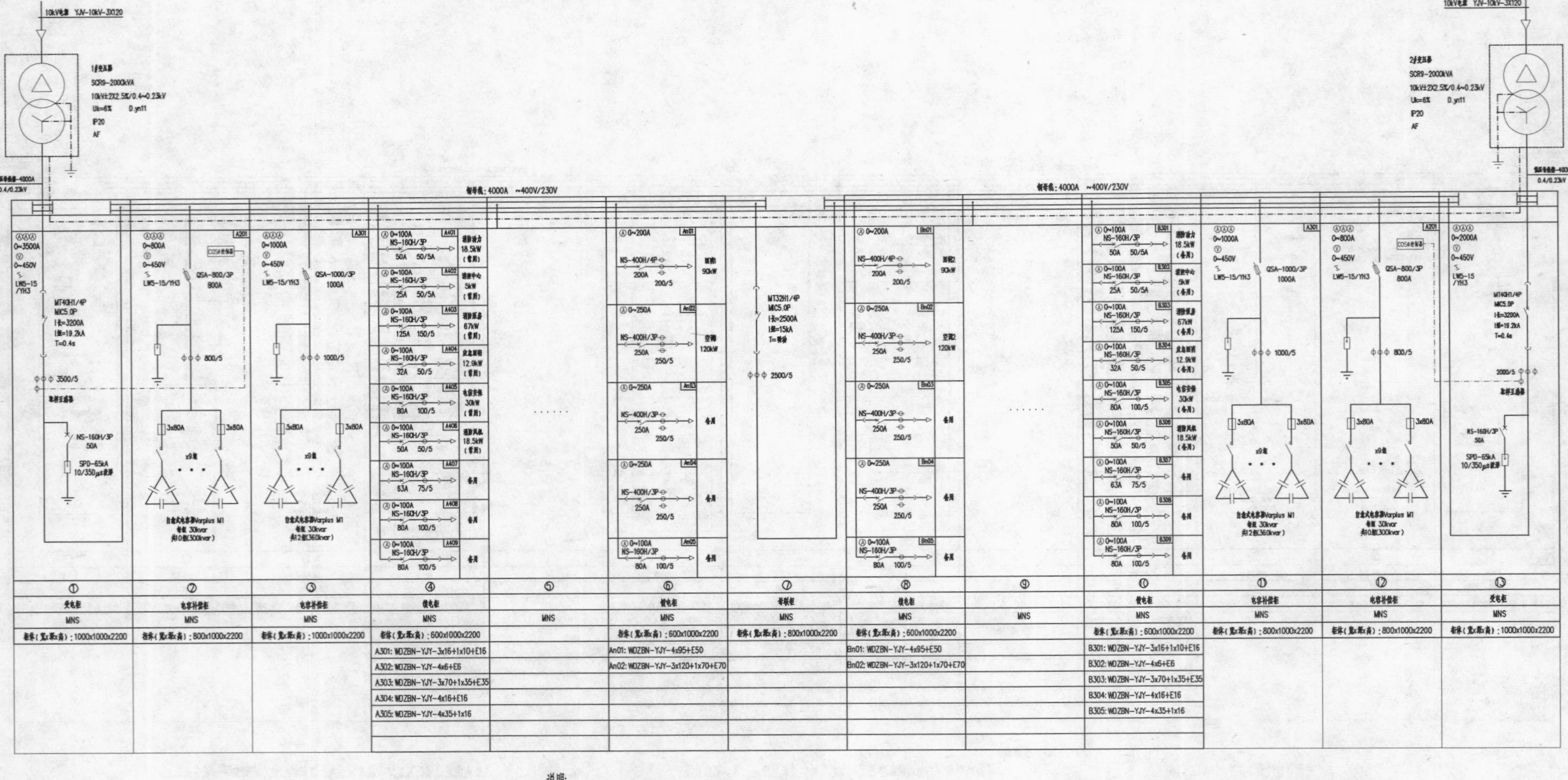

①	②	③	④	⑤	⑥	⑦	⑧	⑨	⑩	⑪	⑫	⑬
受电柜	电容补偿柜	电容补偿柜	馈电柜		馈电柜	母联柜	馈电柜		馈电柜	电容补偿柜	电容补偿柜	受电柜
MNS	MNS	MNS	MNS	MNS	MNS	MNS	MNS	MNS	MNS	MNS	MNS	MNS
柜体(宽x深x高):1000x1000x2200	柜体(宽x深x高):800x1000x2200	柜体(宽x深x高):1000x1000x2200	柜体(宽x深x高):600x1000x2200		柜体(宽x深x高):600x1000x2200	柜体(宽x深x高):800x1000x2200	柜体(宽x深x高):600x1000x2200		柜体(宽x深x高):600x1000x2200	柜体(宽x深x高):800x1000x2200	柜体(宽x深x高):800x1000x2200	柜体(宽x深x高):1000x1000x2200
			A301: WDZBN-YJY-3x16+1x10+E16		An01: WDZBN-YJY-4x95+E50		Bn01: WDZBN-YJY-4x95+E50		B301: WDZBN-YJY-3x16+1x10+E16			
			A302: WDZBN-YJY-4x6+E6		An02: WDZBN-YJY-3x120+1x70+E70		Bn02: WDZBN-YJY-3x120+1x70+E70		B302: WDZBN-YJY-4x6+E6			
			A303: WDZBN-YJY-3x70+1x35+E35						B303: WDZBN-YJY-3x70+1x35+E35			
			A304: WDZBN-YJY-4x16+E16						B304: WDZBN-YJY-4x16+E16			
			A305: WDZBN-YJY-4x35+1x16						B305: WDZBN-YJY-4x35+1x16			

馈出回路编号注释:

A n 05

- 05 — 第5个抽屉或第5路出线
- n — 第n面低压柜
- A — 对应变压器编号，A为1#变压器，并依此类推.

说明:

一、二台进线柜和联络柜内的断路器之间加电气联锁及机械联锁，具体要求如下：

1）①、⑬柜的两台电源进线开关和⑦联络柜的联络开关之间设电气联锁，任何时候都不允许三台开关同时合闸，只能合闸其中两台开关.

2）所有开关的操作旋转手柄均安装于开关柜小室门上.

3）所有二次控制回路的直接操作元器件（如转换开关、旋转手柄、控制按钮等）也需同电流表、信号灯等显示元件一样安装于开关柜小室门上.

二、在①、⑬进线柜内的总进线处应装设电源浪涌过电压防护器，技术参数如下：设备耐压6kV；浪涌电流65kA(10/350us)．电源浪涌过电压防护器的安装接线参照<<建筑物防雷设施安装>>标准图集(99D562)第122~145页中的相关内容.

三、空气断路器分断能力均不小于65kA.(全分断100次)

四、低压配电柜采用上进上出方式，若兼有母线出线柜深应增加200.

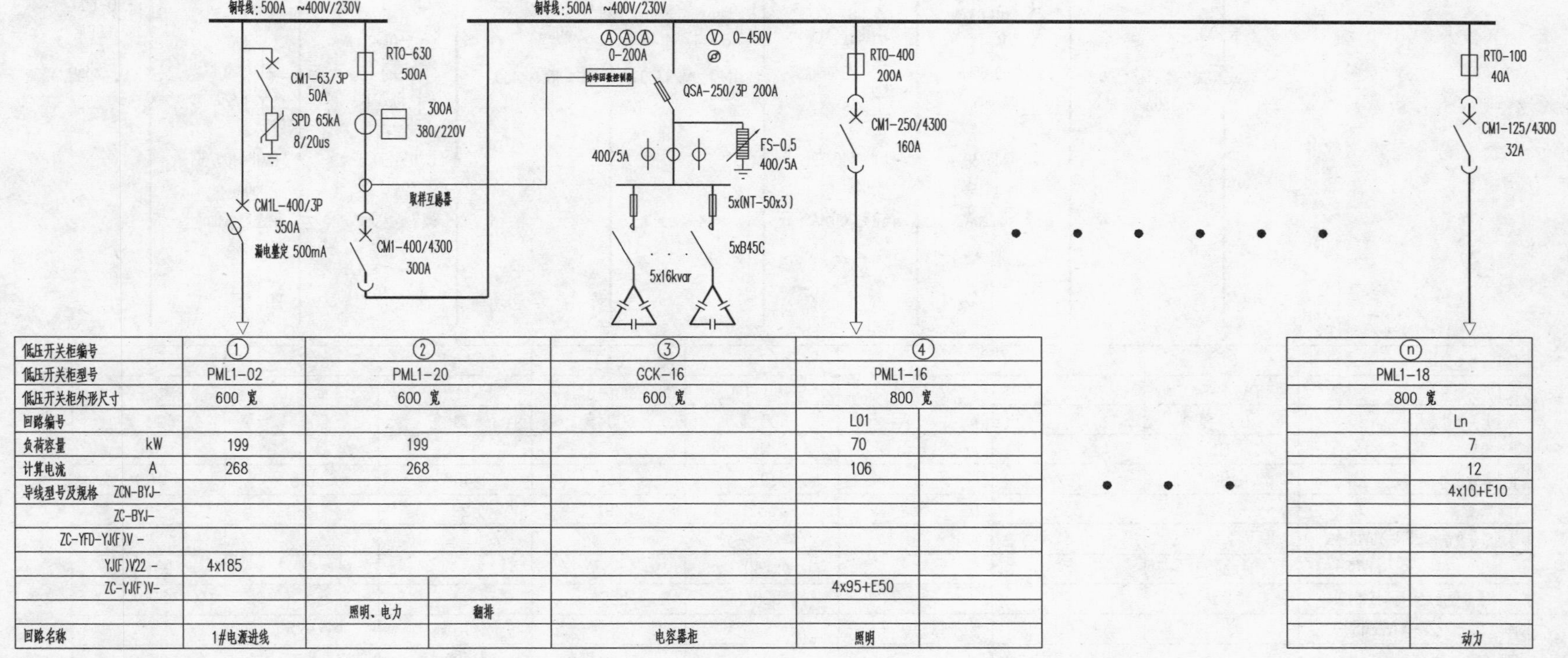

低压开关柜编号	①	②		③	④		n	
低压开关柜型号	PML1-02	PML1-20		GCK-16	PML1-16		PML1-18	
低压开关柜外形尺寸	600 宽	600 宽		600 宽	800 宽		800 宽	
回路编号					L01			Ln
负荷容量 kW	199	199			70			7
计算电流 A	268	268			106			12
导线型号及规格 ZCN-BYJ-								4x10+E10
ZC-BYJ-								
ZC-YFD-YJ(F)V -								
YJ(F)V22 -	4x185							
ZC-YJ(F)V-					4x95+E50			
		照明、电力	翻排					
回路名称	1#电源进线			电容器柜	照明			动力

注:

图中电线电缆选用上海地区可按照《民用建筑电线电缆防火设计规程》，选用其它地区亦可参照此规程。

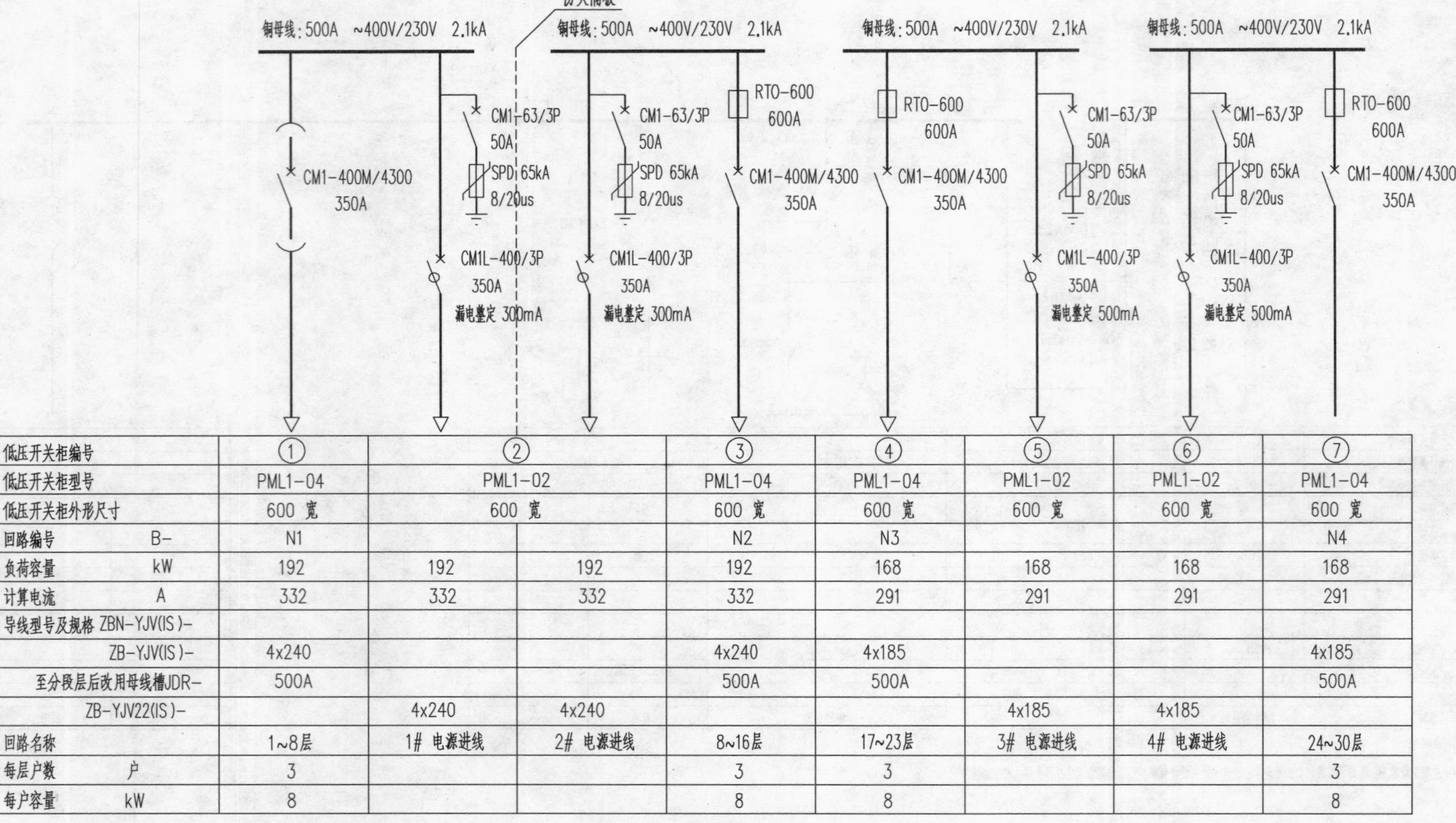

低压开关柜编号	①	②		③	④	⑤	⑥	⑦
低压开关柜型号	PML1-04	PML1-02		PML1-04	PML1-04	PML1-02	PML1-02	PML1-04
低压开关柜外形尺寸	600 宽	600 宽		600 宽	600 宽	600 宽	600 宽	600 宽
回路编号 B-	N1			N2	N3			N4
负荷容量 kW	192	192	192	192	168	168	168	168
计算电流 A	332	332	332	332	291	291	291	291
导线型号及规格 ZBN-YJV(IS)-								
ZB-YJV(IS)-	4x240			4x240	4x185			4x185
至分段层后改用母线槽JDR-	500A			500A	500A			500A
ZB-YJV22(IS)-		4x240	4x240			4x185	4x185	
回路名称	1~8层	1# 电源进线	2# 电源进线	8~16层	17~23层	3# 电源进线	4# 电源进线	24~30层
每层户数 户	3			3	3			3
每户容量 kW	8			8	8			8

注:

图中电线电缆选用上海地区可按照《民用建筑电线电缆防火设计规程》，选用其它地区亦可参照此规程。

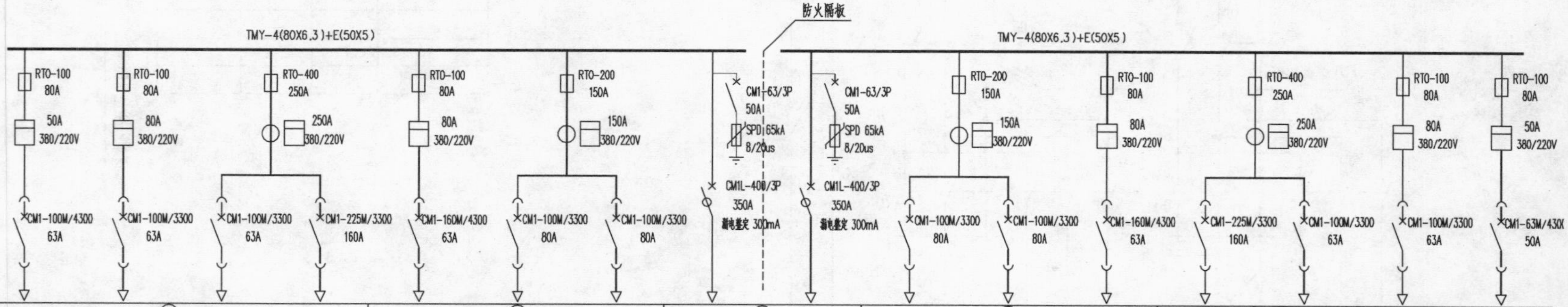

TMY-4(80X6.3)+E(50X5)

防火隔板

TMY-4(80X6.3)+E(50X5)

RT0-100 80A; 50A 380/220V; CM1-100M/4300 63A
RT0-100 80A; 80A 380/220V; CM1-100M/3300 63A
RT0-400 250A; 250A 380/220V; CM1-100M/3300 63A; CM1-225M/3300 160A
RT0-100 80A; 80A 380/220V; CM1-160M/4300 63A
RT0-200 150A; 150A 380/220V; CM1-100M/3300 80A; CM1-100M/3300 80A
CM1-63/3P 50A; SPD 65kA 8/20us; CM1L-400/3P 350A 漏电整定 300mA
CM1-63/3P 50A; SPD 65kA 8/20us; CM1L-400/3P 350A 漏电整定 300mA
RT0-200 150A; 150A 380/220V; CM1-100M/3300 80A; CM1-100M/3300 80A
RT0-100 80A; 80A 380/220V; CM1-160M/4300 63A
RT0-400 250A; 250A 380/220V; CM1-225M/3300 160A; CM1-100M/3300 63A
RT0-100 80A; 80A 380/220V; CM1-100M/3300 63A
RT0-100 80A; 50A 380/220V; CM1-63M/430(50A

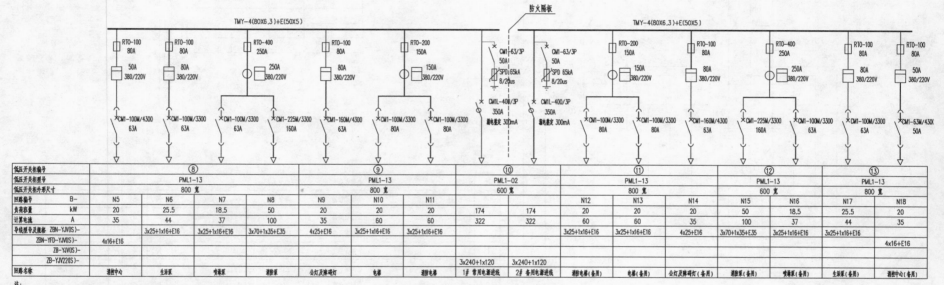

低压开关柜编号	⑧				⑨			⑩		⑪			⑫		⑬	
低压开关柜型号	PML1-13				PML1-13			PML1-02		PML1-13			PML1-13		PML1-13	
低压开关柜外形尺寸	800 宽				800 宽			600 宽		800 宽			600 宽		800 宽	
回路编号 B-	N5	N6	N7	N8	N9	N10	N11			N12	N13	N14	N15	N16	N17	N18
负荷容量 kW	20	25.5	18.5	50	20	20	20	174	174	20	20	20	50	18.5	25.5	20
计算电流 A	35	44	37	100	35	60	60	322	322	60	60	35	100	37	44	35
导线型号及规格 ZBN-YJV(IS)-		3x25+1x16+E16	3x25+1x16+E16	3x70+1x35+E35	4x25+E16	3x25+1x16+E16	3x25+1x16+E16			3x25+1x16+E16	3x25+1x16+E16	4x25+E16	3x70+1x35+E35	3x25+1x16+E16	3x25+1x16+E16	
ZBN-YFD-YJV(IS)-	4x16+E16															4x16+E16
ZB-YJV(IS)-																
ZB-YJV22(IS)-								3x240+1x120	3x240+1x120							
回路名称	消控中心	生活泵	喷淋泵	消防泵	公灯及障碍灯	电梯	消防电梯	1# 常用电源进线	2# 备用电源进线	消防电梯(备用)	电梯(备用)	公灯及障碍灯(备用)	消防泵(备用)	喷淋泵(备用)	生活泵(备用)	消控中心(备用)

注:

图中电线电缆选用上海地区可按照《民用建筑电线电缆防火设计规程》,选用其它地区亦可参照此规程.

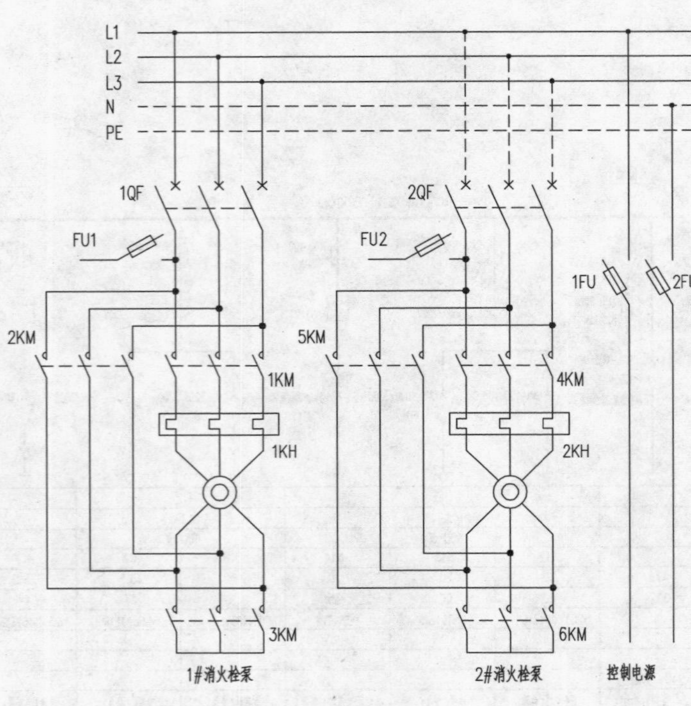

接线端子			
箱内元件	序号	编号	箱外元件
3FU	1	101	NS
KA	2	103	NS
1KA	3	105	NHR
KA	4	102	NHR
	5		
	6		
	7		
	8		

至消火栓按钮,信号灯

序号	符 号	名 称	型号及规格	单位	数量	备 注
15	1~2KH	热继电器	参见另表	只	2	
14	1~6KM	交流接触器	参见另表	只	6	
13	1~2QF	低压断路器	参见另表	只	2	
12	TC	控制变压器	BK-250 ~220/48V	只	1	
11	SA	转换开关	LW12-16-D0404	只	1	
10	1~4KT	时间继电器	JS23-11 ~220V	只	4	
9	KA	中间继电器	JZ11-26 ~48V	只	1	
8	1~4KA	中间继电器	JZ11-26 ~220V	只	4	
7	1~2SF	启动按钮	K22-11P/G	只	2	带保护套
6	1~2SS	停止按钮	K22-11P/R	只	2	带保护套
5	1~2HG	绿色信号灯	K22-DP/G ~220V	只	2	
4	1~2HY	黄色信号灯	K22-DP/Y ~220V	只	2	
3	1~2HR	红色信号灯	K22-DP/R ~220V	只	2	
2	HW	白色信号灯	K22-DP/W ~220V	只	1	
1	1~3FU,FU1~2	熔断器开关	HG30-10/101 6A	只	5	

注:本图适用于无稳压泵,无火灾自动报警系统的临时高压系统中的消火栓泵控制。

注:参见图集号2001沪D701。

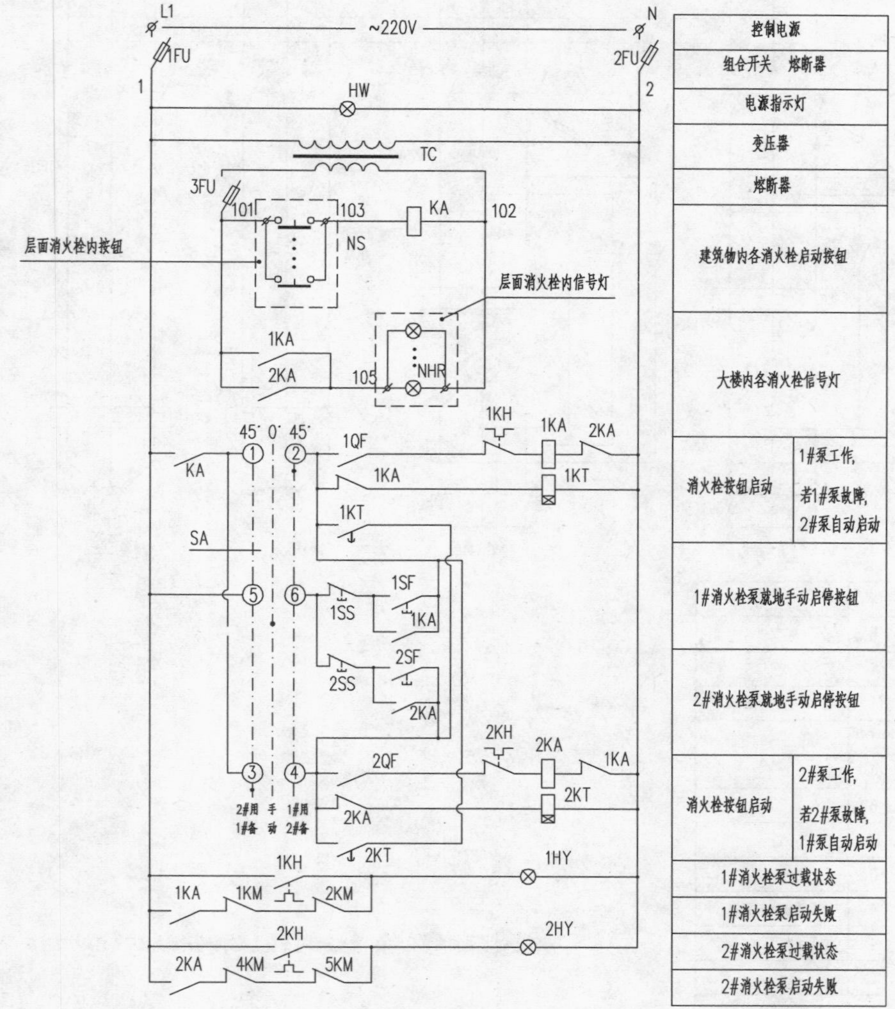

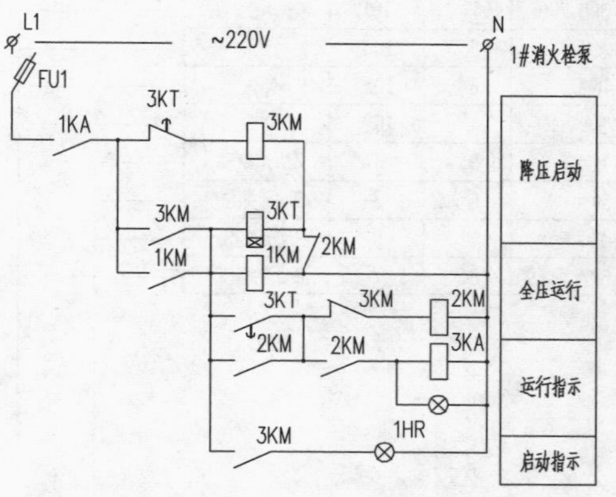

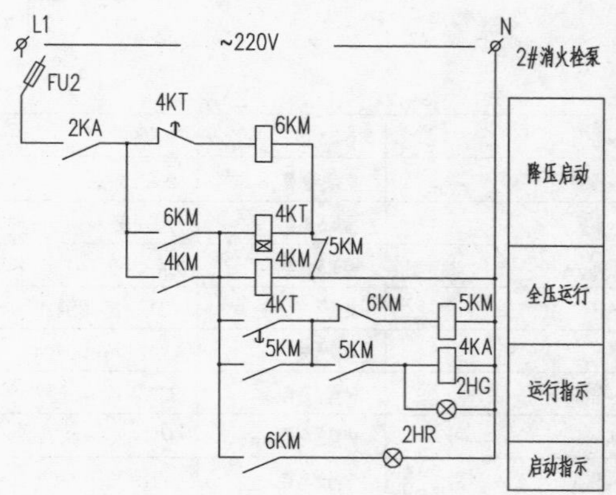

注：本图适用于无稳压泵，无火灾自动报警系统的临时高压系统中的消火栓泵控制。

注：参见图集号2001沪D701。

接线端子			
箱内元件	序号	编号	箱外元件
3FU	1	101	NS
KA	2	103	NS
1KA	3	105	NHR
KA	4	102	NHR
1FU	5	1	压力开关1SP
5KA	6	3	压力开关1SP
SA1—8	7	5	压力开关2SP
5KA	8	7	压力开关2SP

至稳压泵压力开关

至消火栓按钮、信号灯

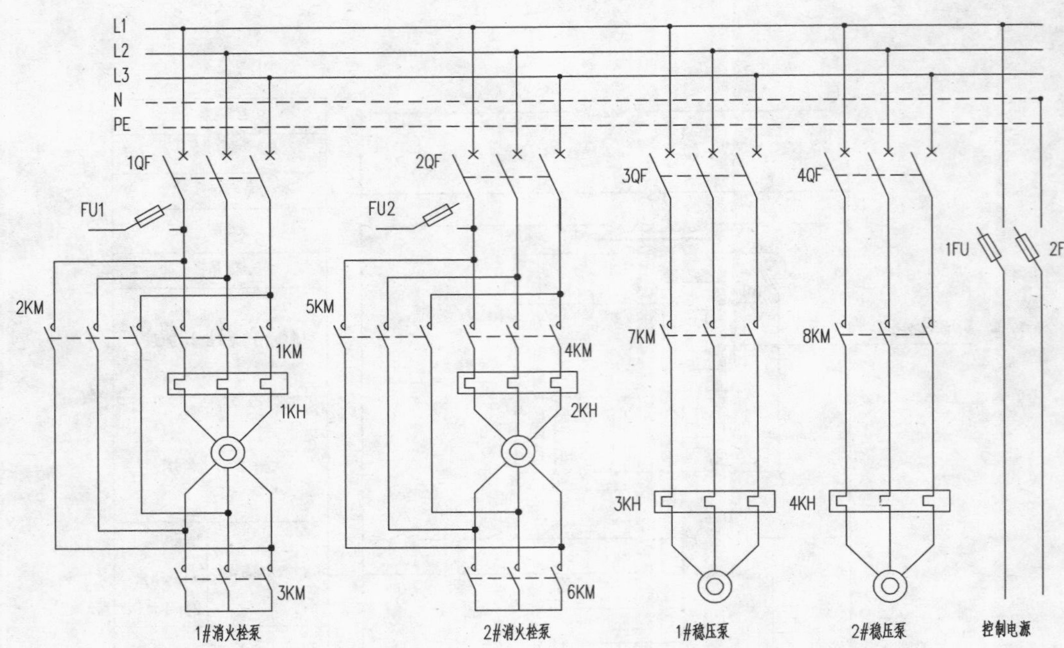

序号	符号	名称	型号及规格	单位	数量	备注
16	1~4KH	热继电器	参见另表	只	4	
15	1~8KM	交流接触器	参见另表	只	8	
14	1~4QF	低压断路器	参见另表	只	4	
13	TC	控制变压器	BK-250 ~220/48V	只	1	
12	SA1	转换开关	LW12-16-D5411	只	1	
11	SA	转换开关	LW12-16-D0404	只	1	
10	1~6KT	时间继电器	JS23-11 ~220V	只	6	
9	KA	中间继电器	JZ11-26 ~48V	只	1	
8	1~6KA	中间继电器	JZ11-26 ~220V	只	6	
7	1~4SF	启动按钮	K22-11P/G	只	4	带保护套
6	1~4SS	停止按钮	K22-11P/R	只	4	带保护套
5	1~4HG	绿色信号灯	K22-DP/G ~220V	只	4	
4	1~4HY	黄色信号灯	K22-DP/Y ~220V	只	4	
3	1~2HR	红色信号灯	K22-DP/R ~220V	只	2	
2	HW	白色信号灯	K22-DP/W ~220V	只	1	
1	1~3FU,FU1~2	熔断器开关	HG30-10/101 6A	只	5	

注：本图适用于带稳压泵、无火灾自动报警系统的临时高压系统中的消火栓泵控制

注：参见图集号2001沪D701。

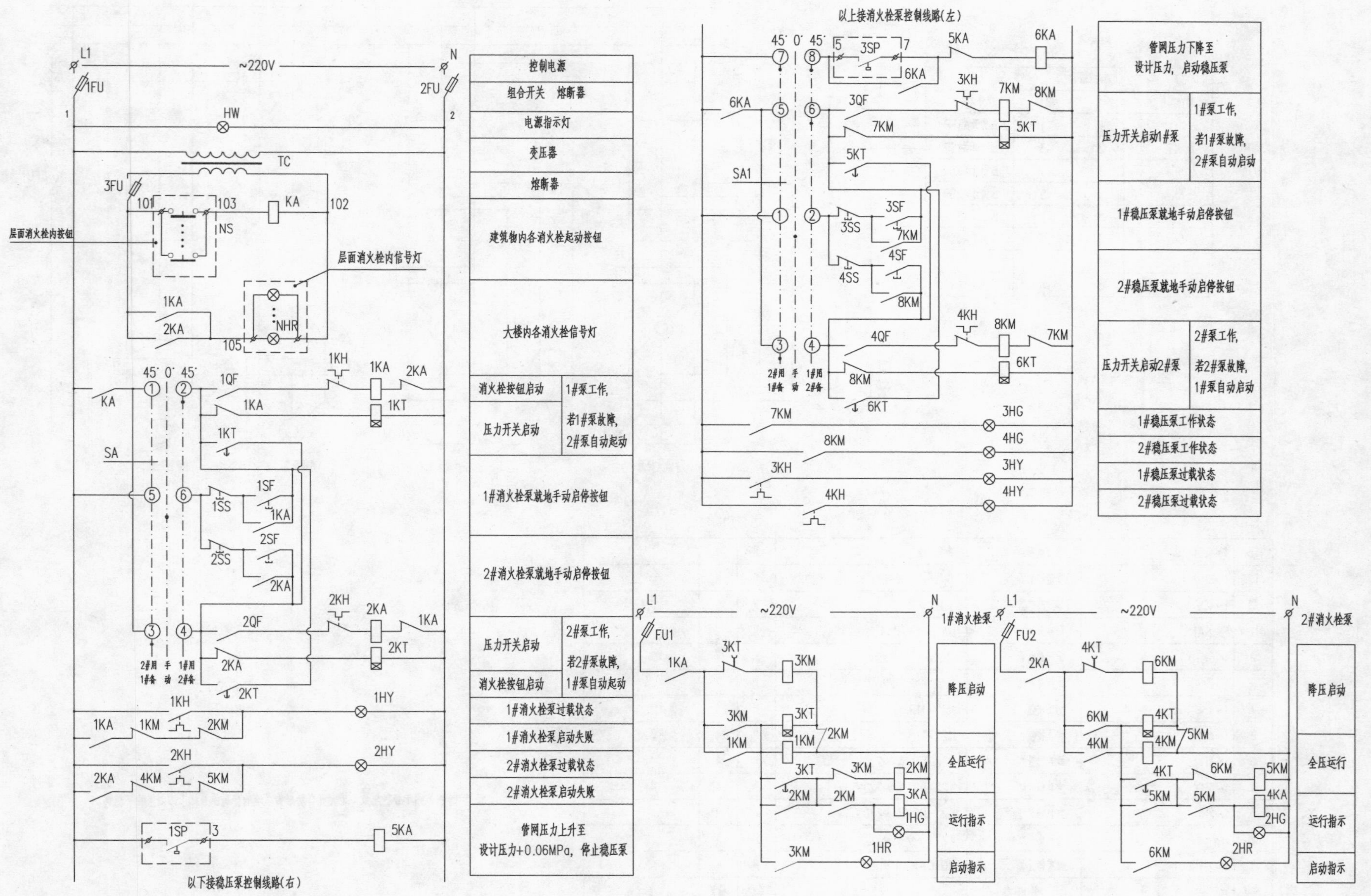
L1
~220V
N
1FU
2FU
HW
TC
3FU
KA
NS
NHR
101
103
102
105
层面消火栓内按钮
层面消火栓内信号灯
1KA
2KA
45° 0° 45°
1QF
1KH
1KT
SA
1SF
1SS
2SF
2SS
2KH
2QF
2KT
2#用 1#备
手动
1#用 2#备
1HY
2HY
1KM
2KM
4KM
5KM
1SP
5KA
以下接稳压泵控制线路(右)
控制电源
组合开关 熔断器
电源指示灯
变压器
熔断器
建筑物内各消火栓起动按钮
大楼内各消火栓信号灯
消火栓按钮启动
压力开关启动
1#泵工作,
若1#泵故障,
2#泵自动起动
1#消火栓泵就地手动启停按钮
2#消火栓泵就地手动启停按钮
2#泵工作,
若2#泵故障,
1#泵自动起动
1#消火栓泵过载状态
1#消火栓泵启动失败
2#消火栓泵过载状态
2#消火栓泵启动失败
管网压力上升至
设计压力+0.06MPa,停止稳压泵
以上接消火栓泵控制线路(左)
3SP
6KA
5KA
3KH
7KM
8KM
5KT
3QF
SA1
3SF
3SS
4SF
4SS
4KH
4QF
6KT
3HG
4HG
3HY
4HY
管网压力下降至
设计压力,启动稳压泵
压力开关启动1#泵
1#泵工作,
若1#泵故障,
2#泵自动启动
1#稳压泵就地手动启停按钮
2#稳压泵就地手动启停按钮
压力开关启动2#泵
2#泵工作,
若2#泵故障,
1#泵自动启动
1#稳压泵工作状态
2#稳压泵工作状态
1#稳压泵过载状态
2#稳压泵过载状态
FU1
1#消火栓泵
3KT
3KM
3KA
1HG
1HR
FU2
2#消火栓泵
4KT
6KM
4KA
2HG
2HR
降压启动
全压运行
运行指示
启动指示

注:本图适用于带稳压泵、无火灾自动报警系统的临时高压系统中的消火栓泵控制。

注:参见图集号2001沪D701。

接线端子			
箱内元件	序号	编号	箱外元件
1FU	1	1	压力开关1SP
KT	2	3	压力开关1SP
	3	1	压力开关2SP
6KA	4	5	压力开关2SP
SA1—8	5	7	压力开关3SP
5KA	6	9	压力开关3SP
	7		
	8		

至稳压泵压力开关

L1 L2 L3 N PE 1QF 2QF 3QF 4QF FU1 FU2 1FU 2FU 2KM 5KM 1KM 4KM 7KM 8KM 1KH 2KH 3KH 4KH 3KM 6KM

1#消火栓泵 2#消火栓泵 1#稳压泵 2#稳压泵 控制电源

13	1~4KH	热继电器	参见另表	只	4	
12	1~8KM	交流接触器	参见另表	只	8	
11	1~4QF	低压断路器	参见另表	只	4	
10	SA,SA1	转换开关	LW12-16-D5411	只	2	
9	1~6KT,KT	时间继电器	JS23-11 ~220V	只	7	
8	1~7KA	中间继电器	JZ11-26 ~220V	只	7	
7	1~4SF	启动按钮	K22-11P/G	只	4	带保护套
6	1~4SS	停止按钮	K22-11P/R	只	4	带保护套
5	1~4HG	绿色信号灯	K22-DP/G ~220V	只	4	
4	1~4HY	黄色信号灯	K22-DP/Y ~220V	只	4	
3	1~2HR	红色信号灯	K22-DP/R ~220V	只	2	
2	HW	白色信号灯	K22-DP/W ~220V	只	1	
1	1~2FU,FU1~2	熔断器开关	HG30-10/101 6A	只	4	
序号	符　号	名　称	型号及规格	单位	数量	备　注

注：本图适用于带稳压泵，无火灾自动报警系统的稳高压系统中的消火栓泵控制。

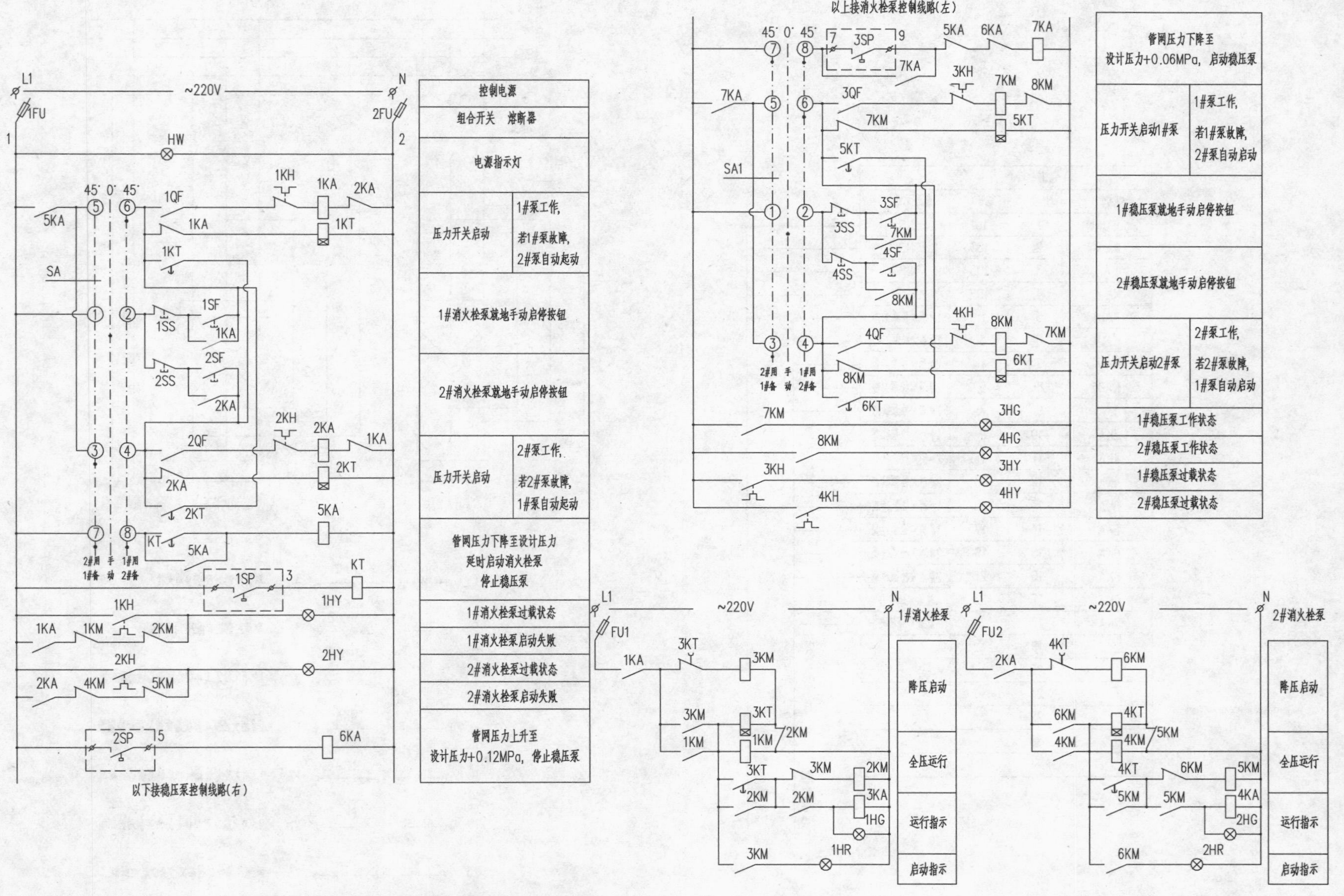
L1
~220V
N
1FU
2FU
HW
控制电源
组合开关 熔断器
电源指示灯
压力开关启动
1#泵工作，
若1#泵故障，
2#泵自动起动
1#消火栓泵就地手动启停按钮
2#消火栓泵就地手动启停按钮
压力开关启动
2#泵工作，
若2#泵故障，
1#泵自动起动
管网压力下降至设计压力
延时启动消火栓泵
停止稳压泵
1#消火栓泵过载状态
1#消火栓泵启动失败
2#消火栓泵过载状态
2#消火栓泵启动失败
管网压力上升至
设计压力+0.12MPa，停止稳压泵
以下接稳压泵控制线路(右)
以上接消火栓泵控制线路(左)
管网压力下降至
设计压力+0.06MPa，启动稳压泵
压力开关启动1#泵
1#泵工作，
若1#泵故障，
2#泵自动启动
1#稳压泵就地手动启停按钮
2#稳压泵就地手动启停按钮
压力开关启动2#泵
2#泵工作，
若2#泵故障，
1#泵自动启动
1#稳压泵工作状态
2#稳压泵工作状态
1#稳压泵过载状态
2#稳压泵过载状态
1#消火栓泵
2#消火栓泵
降压启动
全压运行
运行指示
启动指示
2#用 1#备
手动
1#用 2#备

注：本图适用于带稳压泵、无火灾自动报警系统的稳高压系统中的消火栓泵控制。

接线端子			
箱内元件	序号	编号	箱外元件
3FU	1	101	NS
KA	2	103	NS
1KA	3	105	NHR
KA	4	102	NHR
KA01	5	1	1#消火栓泵启停
KA01	6	3	1#消火栓泵启停
KA02	7	1	2#消火栓泵启停
KA02	8	5	2#消火栓泵启停
3KA	9	7	1#消火栓泵状态
3KA	10	9	1#消火栓泵状态
4KA	11	11	2#消火栓泵状态
4KA	12	13	2#消火栓泵状态
5KA	13	15	1#消火栓泵过载
5KA	14	17	1#消火栓泵过载
6KA	15	19	2#消火栓泵过载
6KA	16	21	2#消火栓泵过载
7KA	17	23	就地异地状态
7KA	18	25	就地异地状态
	19		
	20		
	21		
	22		
	23		
	24		

至联动控制柜

至消火栓按钮、信号灯

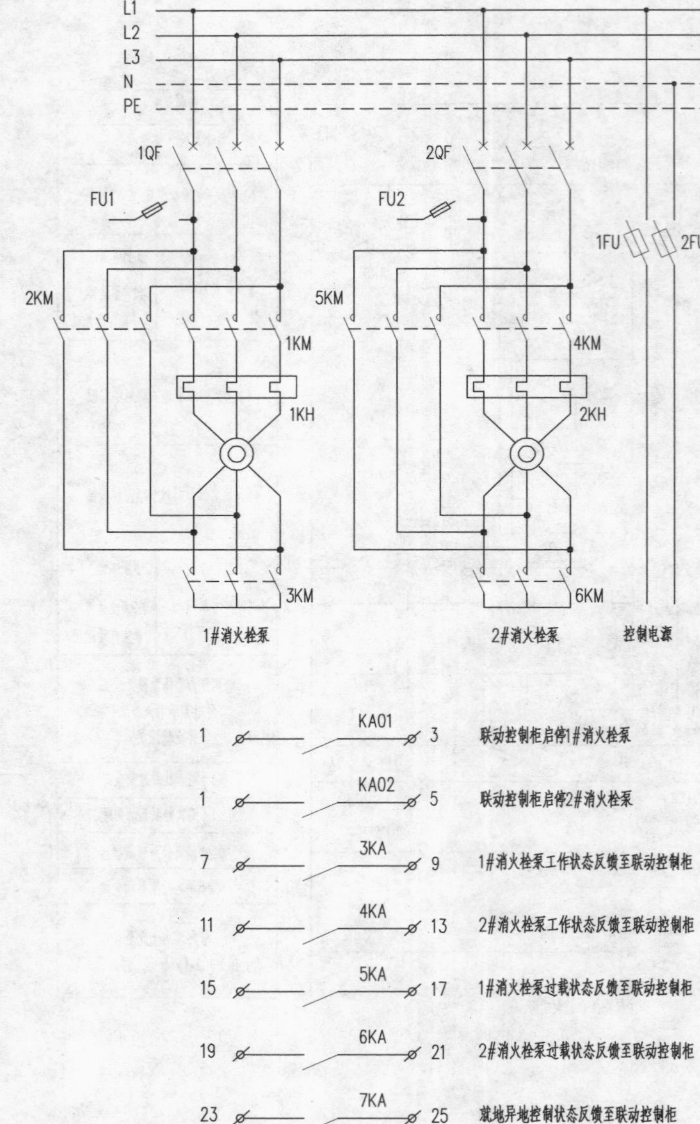

注：本图适用于无稳压泵，有火灾自动报警系统的临时高压系统中的消火栓泵控制。

注：参见图集号2001沪D701

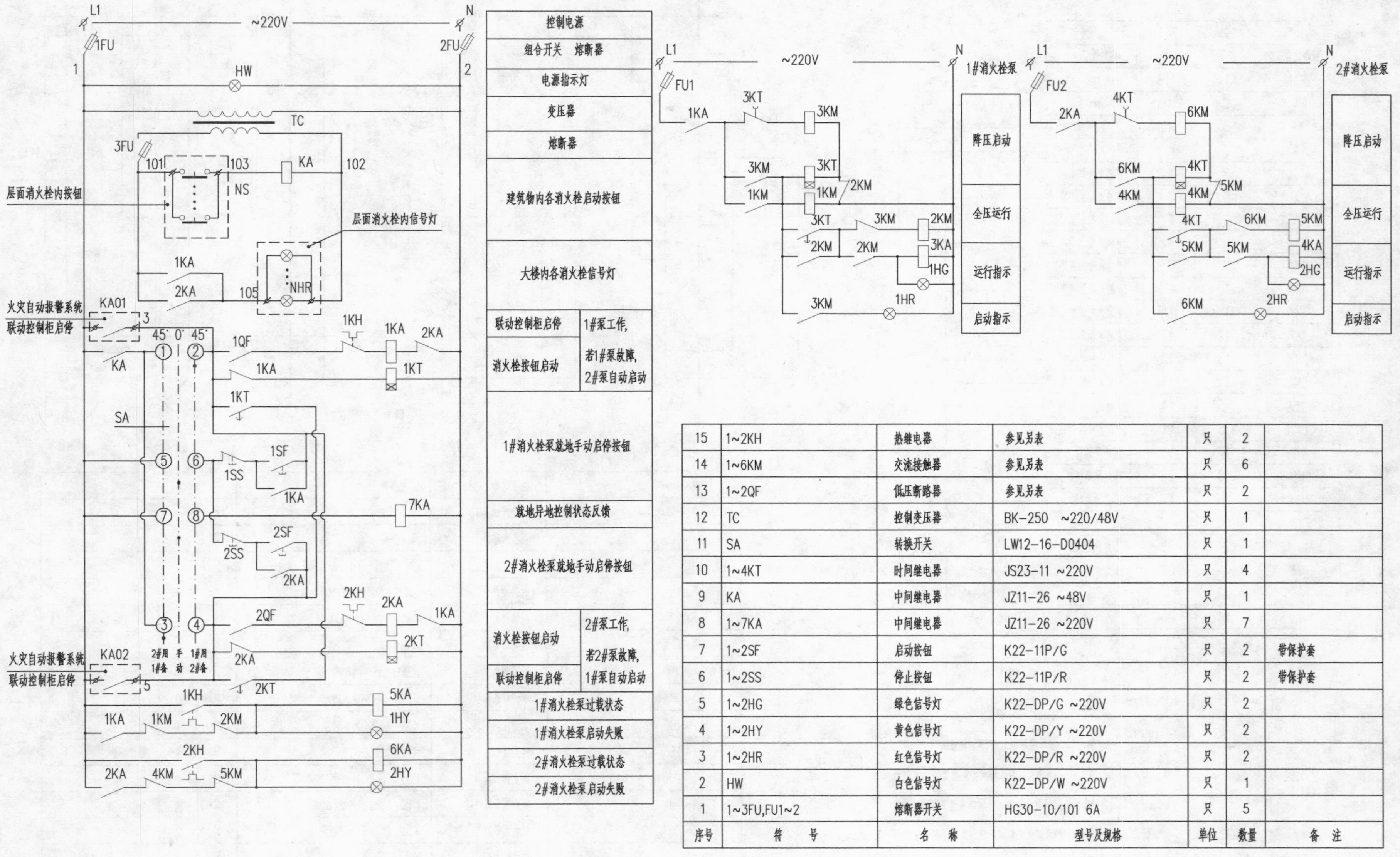

序号	符　号	名　称	型号及规格	单位	数量	备　注
15	1~2KH	热继电器	参见另表	只	2	
14	1~6KM	交流接触器	参见另表	只	6	
13	1~2QF	低压断路器	参见另表	只	2	
12	TC	控制变压器	BK-250 ~220/48V	只	1	
11	SA	转换开关	LW12-16-D0404	只	1	
10	1~4KT	时间继电器	JS23-11 ~220V	只	4	
9	KA	中间继电器	JZ11-26 ~48V	只	1	
8	1~7KA	中间继电器	JZ11-26 ~220V	只	7	
7	1~2SF	启动按钮	K22-11P/G	只	2	带保护套
6	1~2SS	停止按钮	K22-11P/R	只	2	带保护套
5	1~2HG	绿色信号灯	K22-DP/G ~220V	只	2	
4	1~2HY	黄色信号灯	K22-DP/Y ~220V	只	2	
3	1~2HR	红色信号灯	K22-DP/R ~220V	只	2	
2	HW	白色信号灯	K22-DP/W ~220V	只	1	
1	1~3FU,FU1~2	熔断器开关	HG30-10/101 6A	只	5	

注：本图适用于无稳压泵，有火灾自动报警系统的临时高压系统中的消火栓泵控制。

注：参见图集号2001沪D701。

接线端子			
箱内元件	序号	编号	箱外元件
3FU	1	101	NS
KA	2	103	NS
1KA	3	105	NHR
KA	4	102	NHR
KA01	5	1	1#消火栓泵启停
KA01	6	3	1#消火栓泵启停
KA02	7	1	2#消火栓泵启停
KA02	8	5	2#消火栓泵启停
3KA	9	7	1#消火栓泵状态
3KA	10	9	1#消火栓泵状态
4KA	11	11	2#消火栓泵状态
4KA	12	13	2#消火栓泵状态
5KA	13	15	1#消火栓泵过载
5KA	14	17	1#消火栓泵过载
6KA	15	19	2#消火栓泵过载
6KA	16	21	2#消火栓泵过载
9KA	17	23	就地异地状态
9KA	18	25	就地异地状态
1FU	19	1	压力开关1SP
7KA	20	27	压力开关1SP
SA1—8	21	29	压力开关2SP
7KA	22	31	压力开关2SP
	23		
	24		

至稳压泵压力开关

至联动控制柜

至消火栓按钮,信号灯

	触点		说明
1	KA01	3	联动控制柜启停1#消火栓泵
1	KA02	5	联动控制柜启停2#消火栓泵
7	3KA	9	1#消火栓泵工作状态反馈至联动控制柜
11	4KA	13	2#消火栓泵工作状态反馈至联动控制柜
15	5KA	17	1#消火栓泵过载状态反馈至联动控制柜
19	6KA	21	2#消火栓泵过载状态反馈至联动控制柜
23	9KA	25	就地异地控制状态反馈至联动控制柜

注：本图适用于带稳压泵、有火灾自动报警系统的临时高压系统中的消火栓泵控制。

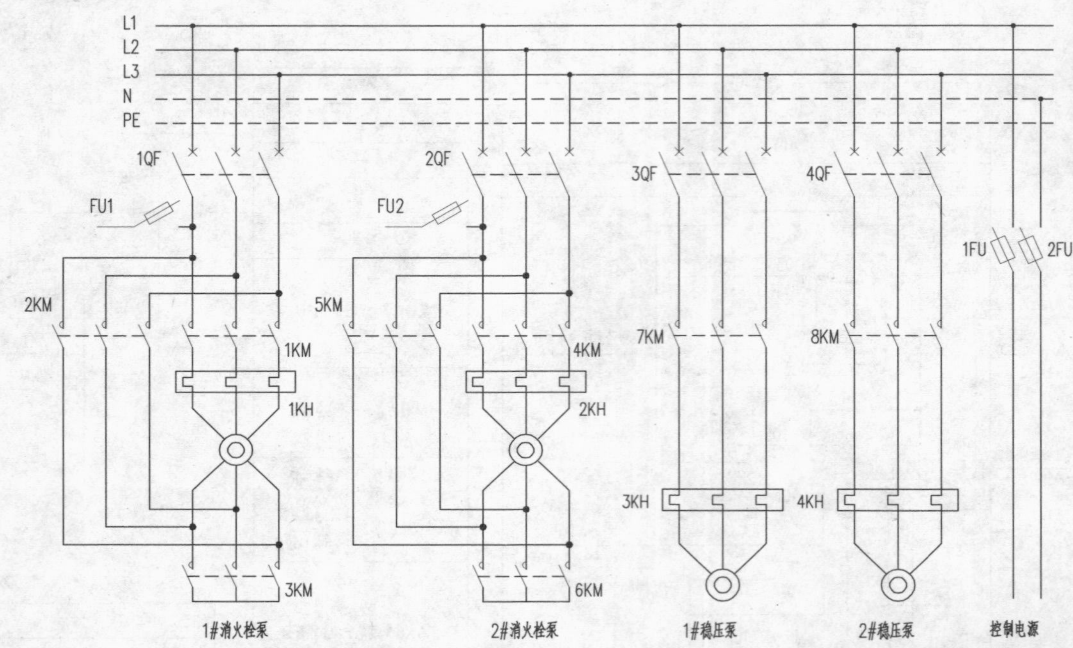

序号	符号	名称	型号及规格	单位	数量	备注
16	1~4KH	热继电器	参见另表	只	4	
15	1~8KM	交流接触器	参见另表	只	8	
14	1~4QF	低压断路器	参见另表	只	4	
13	TC	控制变压器	BK-250 ~220/48V	只	1	
12	SA1	转换开关	LW12-16-D5411	只	1	
11	SA	转换开关	LW12-16-D0404	只	1	
10	1~6KT	时间继电器	JS23-11 ~220V	只	6	
9	KA	中间继电器	JZ11-26 ~48V	只	1	
8	1~9KA	中间继电器	JZ11-26 ~220V	只	9	
7	1~4SF	启动按钮	K22-11P/G	只	4	带保护套
6	1~4SS	停止按钮	K22-11P/R	只	4	带保护套
5	1~4HG	绿色信号灯	K22-DP/G ~220V	只	4	
4	1~4HY	黄色信号灯	K22-DP/Y ~220V	只	4	
3	1~2HR	红色信号灯	K22-DP/R ~220V	只	2	
2	HW	白色信号灯	K22-DP/W ~220V	只	1	
1	1~3FU,FU1~2	熔断器开关	HG30-10/101 6A	只	5	

注：参见图集号2001沪D701。

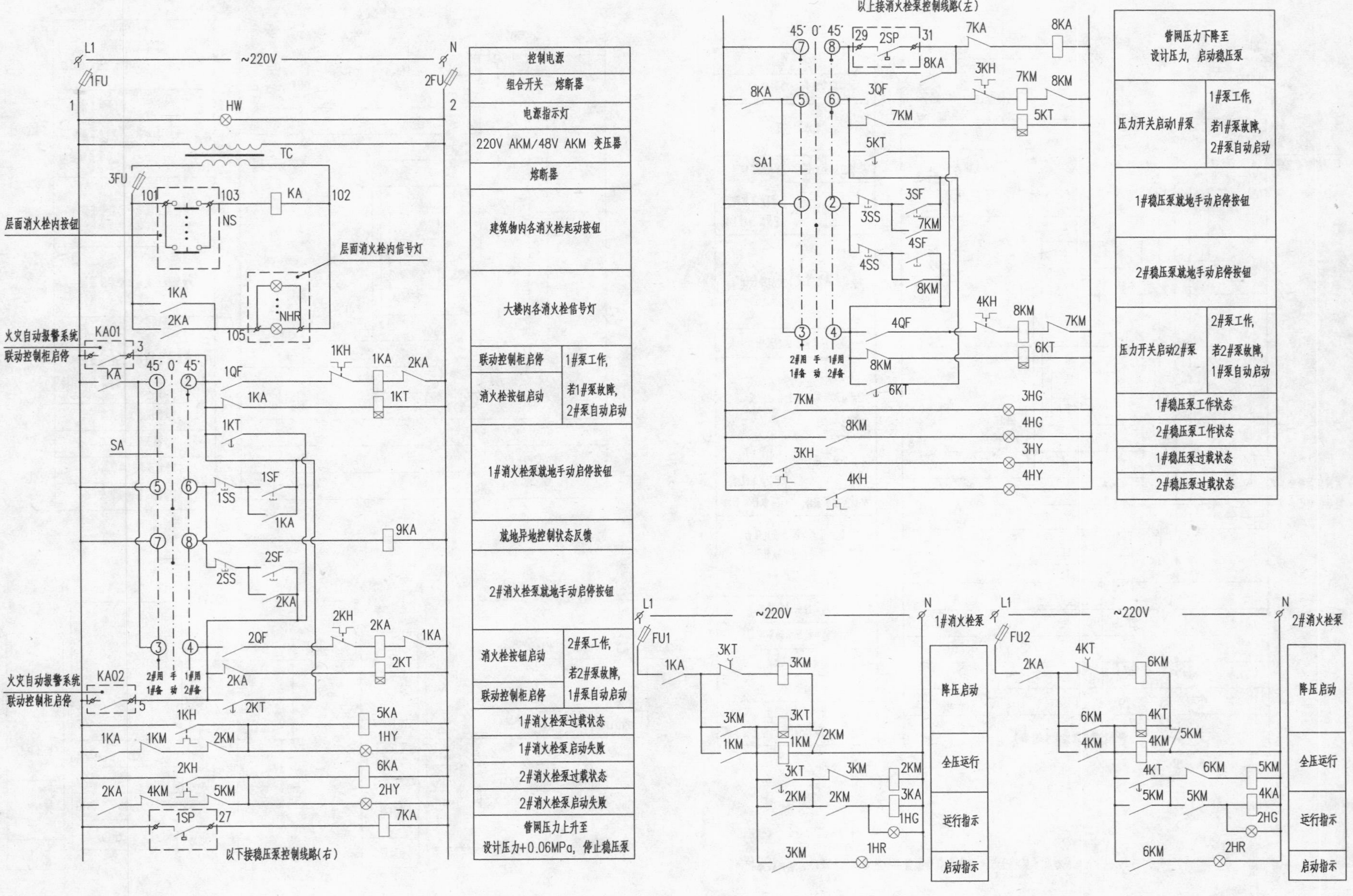
L1
~220V
N
1FU
2FU
HW
TC
3FU
KA
NS
NHR
层面消火栓内按钮
层面消火栓内信号灯
火灾自动报警系统联动控制柜启停
KA01
KA02
SA
SA1
以下接稳压泵控制线路(右)
以上接消火栓泵控制线路(左)
2#用 1#备 手动 1#用 2#备
控制电源
组合开关 熔断器
电源指示灯
220V AKM/48V AKM 变压器
熔断器
建筑物内各消火栓起动按钮
大楼内各消火栓信号灯
联动控制柜启停
消火栓按钮启动
1#泵工作,若1#泵故障,2#泵自动启动
1#消火栓泵就地手动启停按钮
就地异地控制状态反馈
2#消火栓泵就地手动启停按钮
消火栓按钮启动
联动控制柜启停
2#泵工作,若2#泵故障,1#泵自动启动
1#消火栓泵过载状态
1#消火栓泵启动失败
2#消火栓泵过载状态
2#消火栓泵启动失败
管网压力上升至设计压力+0.06MPa,停止稳压泵
管网压力下降至设计压力,启动稳压泵
压力开关启动1#泵
1#泵工作,若1#泵故障,2#泵自动启动
1#稳压泵就地手动启停按钮
2#稳压泵就地手动启停按钮
压力开关启动2#泵
2#泵工作,若2#泵故障,1#泵自动启动
1#稳压泵工作状态
2#稳压泵工作状态
1#稳压泵过载状态
2#稳压泵过载状态
FU1
FU2
1#消火栓泵
2#消火栓泵
降压启动
全压运行
运行指示
启动指示

注：本图适用于带稳压泵、有火灾自动报警系统的临时高压系统中的消火栓泵控制。

注：参见图集号2001沪D701。

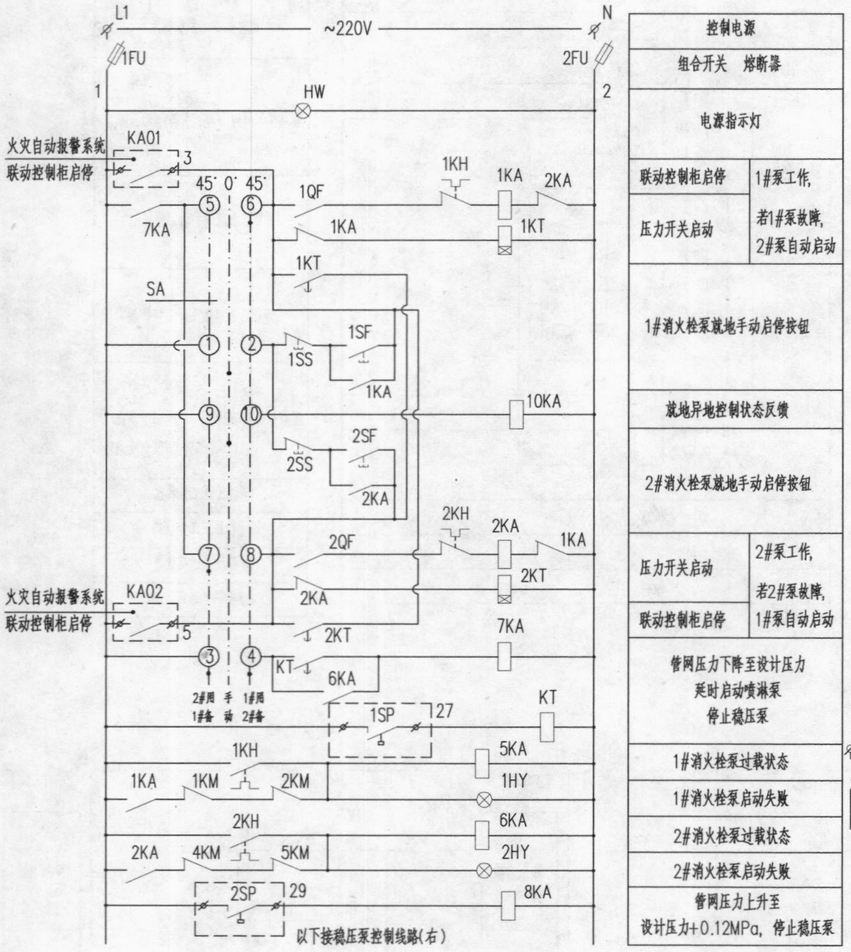

~220V

火灾自动报警系统联动控制柜启停

以下接稳压泵控制线路(右)

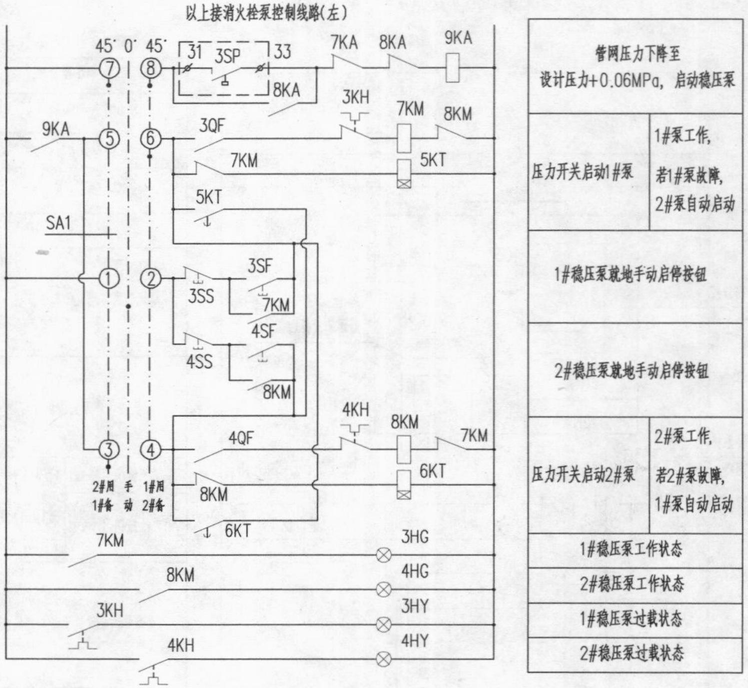

控制电源	
组合开关 熔断器	
电源指示灯	
联动控制柜启停 压力开关启动	1#泵工作, 若1#泵故障, 2#泵自动启动
1#消火栓泵就地手动启停按钮	
就地异地控制状态反馈	
2#消火栓泵就地手动启停按钮	
压力开关启动 联动控制柜启停	2#泵工作, 若2#泵故障, 1#泵自动启动
管网压力下降至设计压力 延时启动喷淋泵 停止稳压泵	
1#消火栓泵过载状态	
1#消火栓泵启动失败	
2#消火栓泵过载状态	
2#消火栓泵启动失败	
管网压力上升至 设计压力+0.12MPa，停止稳压泵	

以上接消火栓泵控制线路(左)

管网压力下降至 设计压力+0.06MPa，启动稳压泵	
压力开关启动1#泵	1#泵工作, 若1#泵故障, 2#泵自动启动
1#稳压泵就地手动启停按钮	
2#稳压泵就地手动启停按钮	
压力开关启动2#泵	2#泵工作, 若2#泵故障, 1#泵自动启动
1#稳压泵工作状态	
2#稳压泵工作状态	
1#稳压泵过载状态	
2#稳压泵过载状态	

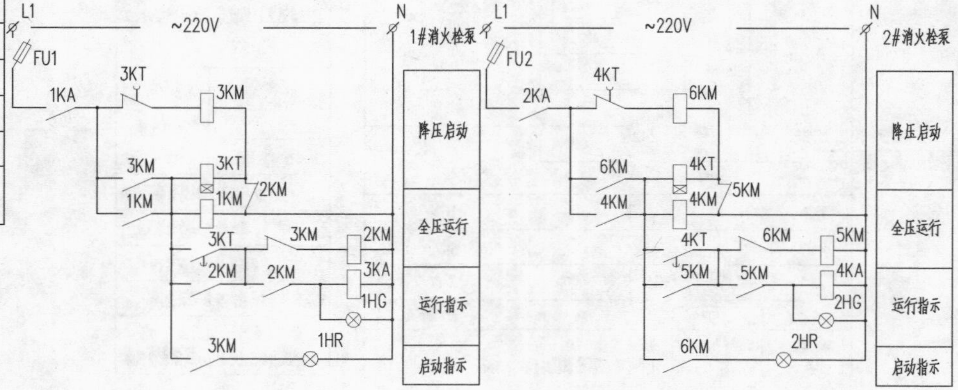

1#消火栓泵
降压启动
全压运行
运行指示
启动指示

2#消火栓泵
降压启动
全压运行
运行指示
启动指示

注：本图适用于带稳压泵，有火灾自动报警系统的稳高压系统中的消火栓泵控制。

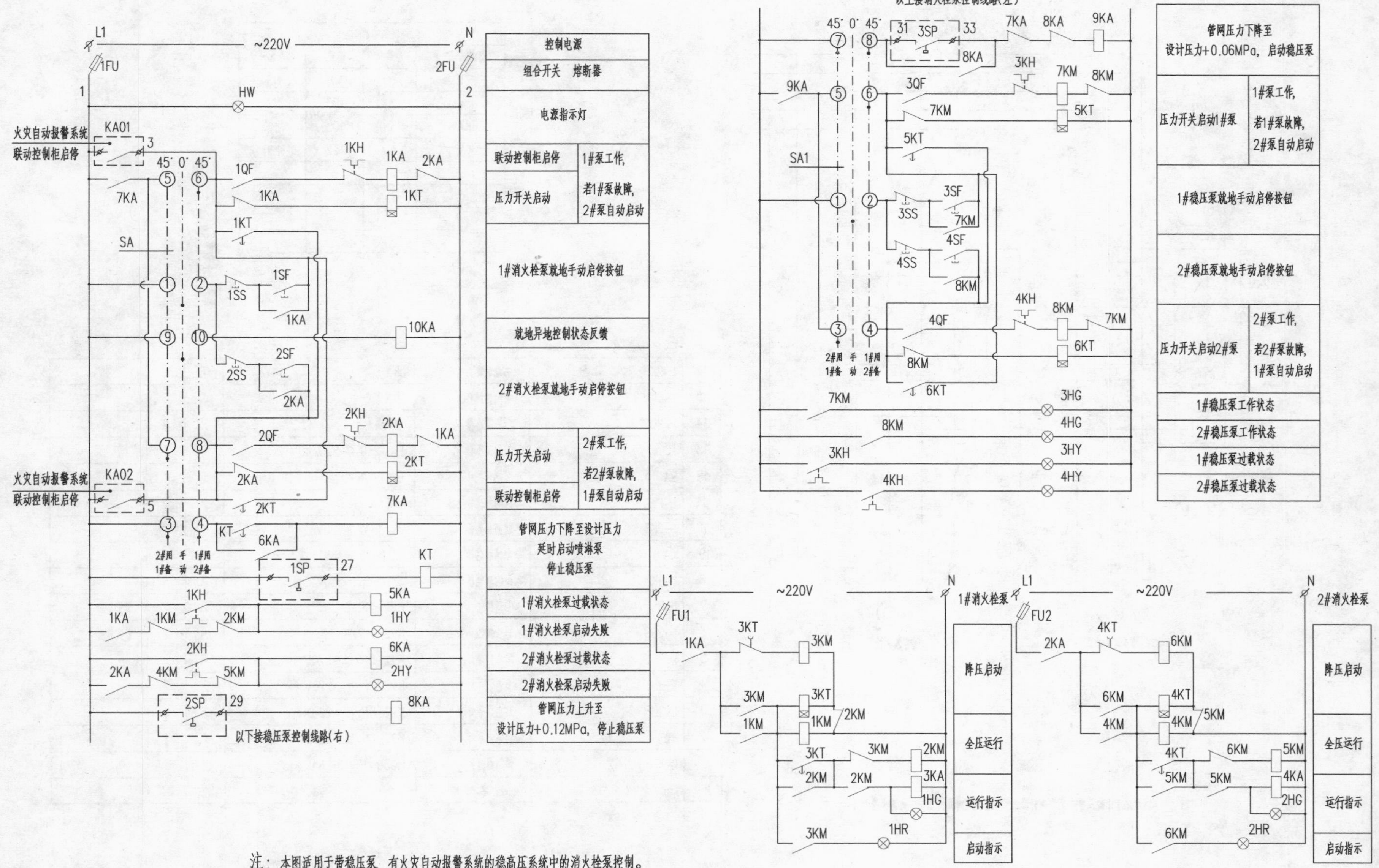
L1
~220V
N
1FU
2FU
HW
火灾自动报警系统
联动控制柜启停
KA01
KA02
SA
SA1
以下接稳压泵控制线路(右)
以上接消火栓泵控制线路(左)
控制电源
组合开关　熔断器
电源指示灯
联动控制柜启停
1#泵工作,
压力开关启动
若1#泵故障,
2#泵自动启动
1#消火栓泵就地手动启停按钮
就地异地控制状态反馈
2#消火栓泵就地手动启停按钮
压力开关启动
2#泵工作,
若2#泵故障,
联动控制柜启停
1#泵自动启动
管网压力下降至设计压力
延时启动喷淋泵
停止稳压泵
1#消火栓泵过载状态
1#消火栓泵启动失败
2#消火栓泵过载状态
2#消火栓泵启动失败
管网压力上升至
设计压力+0.12MPa，停止稳压泵
管网压力下降至
设计压力+0.06MPa，启动稳压泵
压力开关启动1#泵
1#泵工作,
若1#泵故障,
2#泵自动启动
1#稳压泵就地手动启停按钮
2#稳压泵就地手动启停按钮
压力开关启动2#泵
2#泵工作,
若2#泵故障,
1#泵自动启动
1#稳压泵工作状态
2#稳压泵工作状态
1#稳压泵过载状态
2#稳压泵过载状态
1#消火栓泵
2#消火栓泵
FU1
FU2
降压启动
全压运行
运行指示
启动指示

注：本图适用于带稳压泵，有火灾自动报警系统的稳高压系统中的消火栓泵控制。

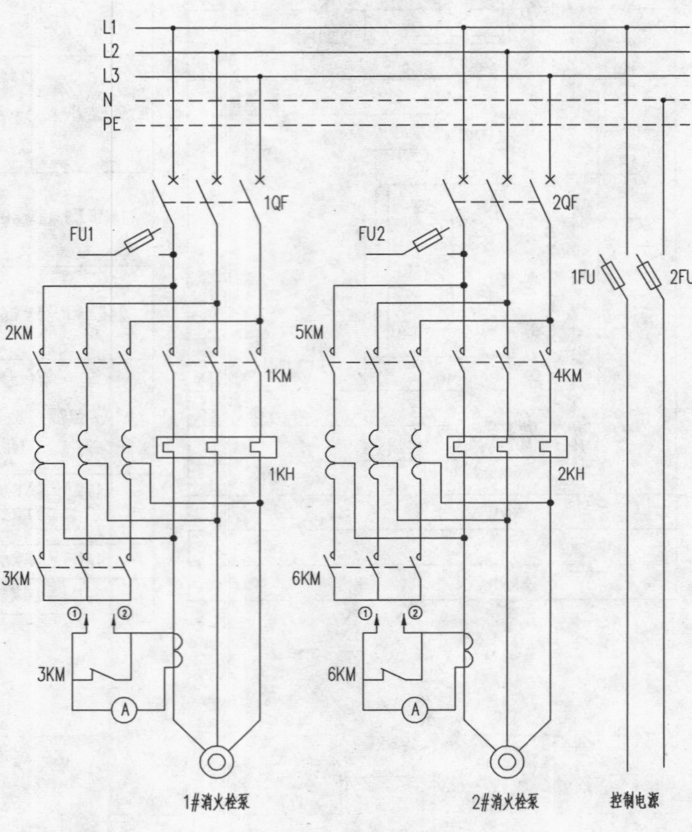

接线端子			
箱内元件	序号	编号	箱外元件
3FU	1	101	NS
KA	2	103	NS
1KA	3	105	NHR
KA	4	102	NHR
	5		
	6		
	7		
	8		

至消火栓按钮，信号灯

序号	符号	名称	型号及规格	单位	数量	备注
16	1~2KH	热继电器	参见另表	只	2	
15	1~6KM	交流接触器	参见另表	只	6	
14	1~2QF	低压断路器	参见另表	只	2	
13	TC	控制变压器	BK-250 ~220/48V	只	1	
12	SA	转换开关	LW12-16-D0404	只	1	
11	1~2KCT	时间电流转换器	DJ1-A	只	2	
10	1~2KT	时间继电器	JS23-11 ~220V	只	2	
9	KA	中间继电器	JZ11-26 ~48V	只	1	
8	1~6KA	中间继电器	JZ11-26 ~220V	只	6	
7	1~2SF	启动按钮	K22-11P/G	只	2	带保护套
6	1~2SS	停止按钮	K22-11P/R	只	2	带保护套
5	1~2HG	绿色信号灯	K22-DP/G ~220V	只	2	
4	1~2HY	黄色信号灯	K22-DP/Y ~220V	只	2	
3	1~2HR	红色信号灯	K22-DP/R ~220V	只	2	
2	HW	白色信号灯	K22-DP/W ~220V	只	1	
1	1~3FU,FU1~2	熔断器开关	HG30-10/101 6A	只	5	

注：本图适用于无稳压泵、无火灾自动报警系统的临时高压系统中的消火栓泵控制。

注：参见图集号2001沪D701。

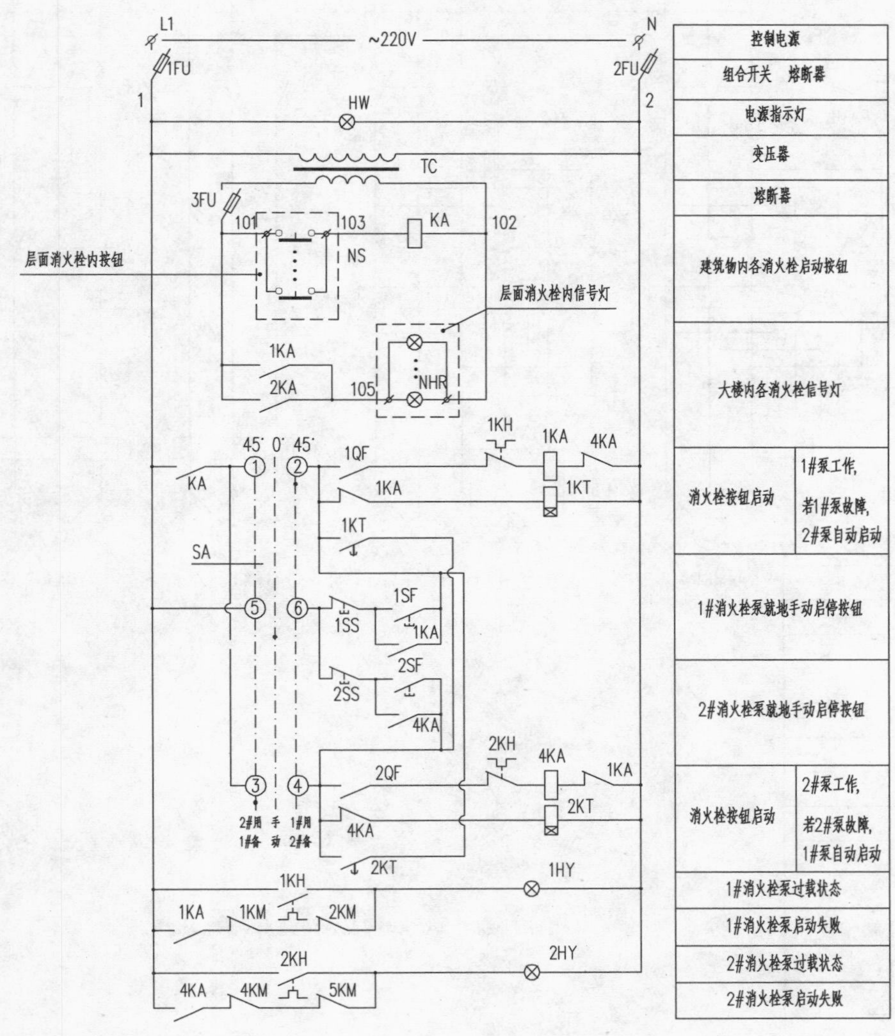

注：本图适用于无稳压泵、无火灾自动报警系统的临时高压系统中的消火栓泵控制。

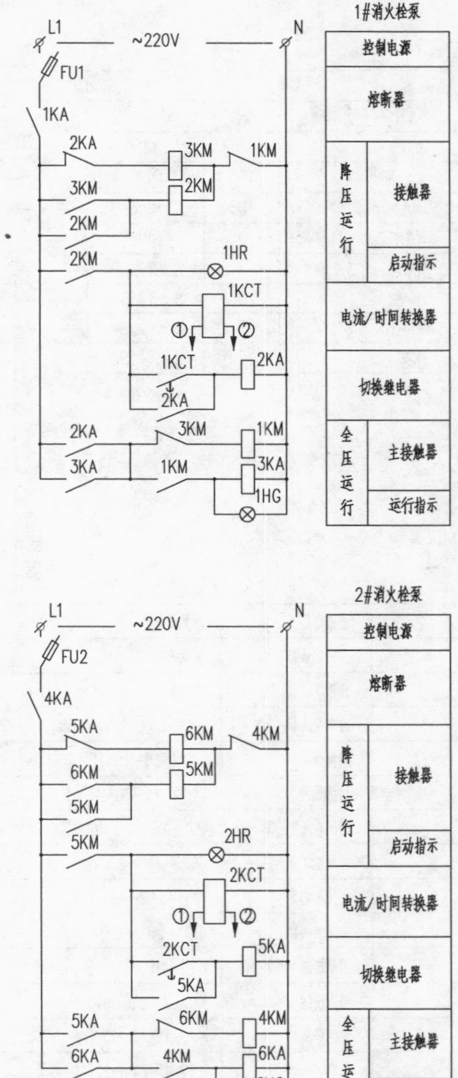

注：参见图集号2001沪D701。

接线端子			
箱内元件	序号	编号	箱外元件
3FU	1	101	NS
KA	2	103	NS
1KA	3	105	NHR
KA	4	102	NHR
1FU	5	1	压力开关1SP
7KA	6	3	压力开关1SP
SA1—8	7	5	压力开关2SP
7KA	8	7	压力开关2SP

至稳压泵压力开关
至消火栓按钮,信号灯

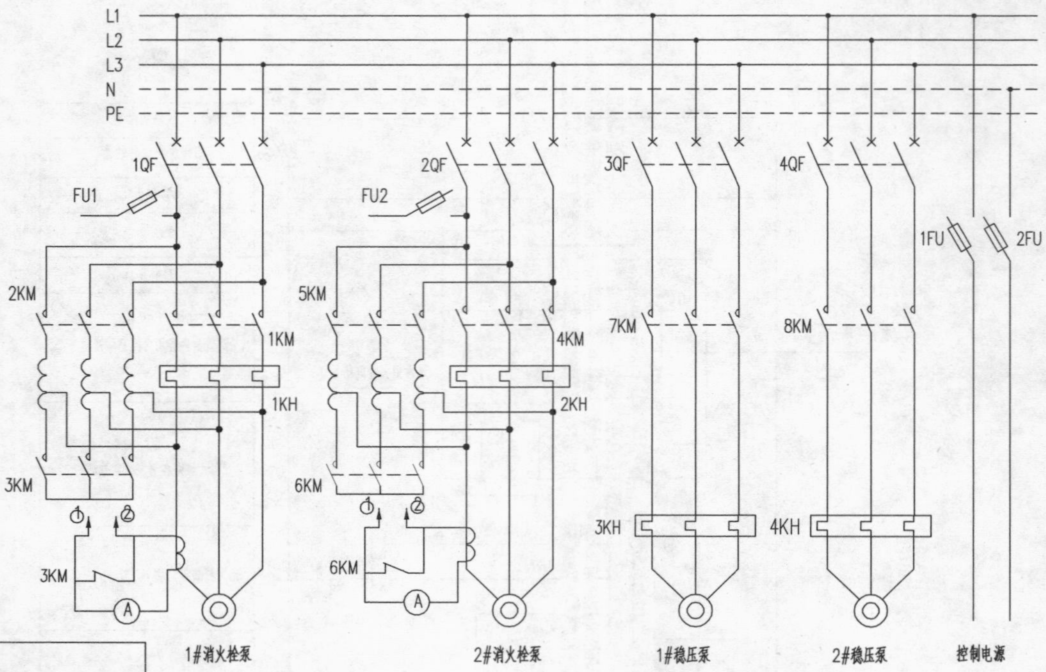

L1 L2 L3 N PE
1QF 2QF 3QF 4QF
FU1 FU2 1FU 2FU
2KM 1KM 1KH 3KM 5KM 4KM 2KH 6KM 7KM 8KM 3KH 4KH

1#消火栓泵 2#消火栓泵 1#稳压泵 2#稳压泵 控制电源

序号	符号	名称	型号及规格	单位	数量	备注
17	1~4KH	热继电器	参见另表	只	4	
16	1~8KM	交流接触器	参见另表	只	8	
15	1~4QF	低压断路器	参见另表	只	4	
14	TC	控制变压器	BK-250 ~220/48V	只	1	
13	SA1	转换开关	LW12-16-D5411	只	1	
12	SA	转换开关	LW12-16-D0404	只	1	
11	1~2KCT	时间电流转换器	DJ1-A	只	2	
10	1~4KT	时间继电器	JS23-11 ~220V	只	4	
9	KA	中间继电器	JZ11-26 ~48V	只	1	
8	1~8KA	中间继电器	JZ11-26 ~220V	只	8	
7	1~4SF	启动按钮	K22-11P/G	只	4	带保护套
6	1~4SS	停止按钮	K22-11P/R	只	4	带保护套
5	1~4HG	绿色信号灯	K22-DP/G ~220V	只	4	
4	1~4HY	黄色信号灯	K22-DP/Y ~220V	只	4	
3	1~2HR	红色信号灯	K22-DP/R ~220V	只	2	
2	HW	白色信号灯	K22-DP/W ~220V	只	1	
1	1~3FU,FU1~2	熔断器开关	HG30-10/101 6A	只	5	

注：本图适用于带稳压泵、无火灾自动报警系统的临时高压系统中的消火栓泵控制。

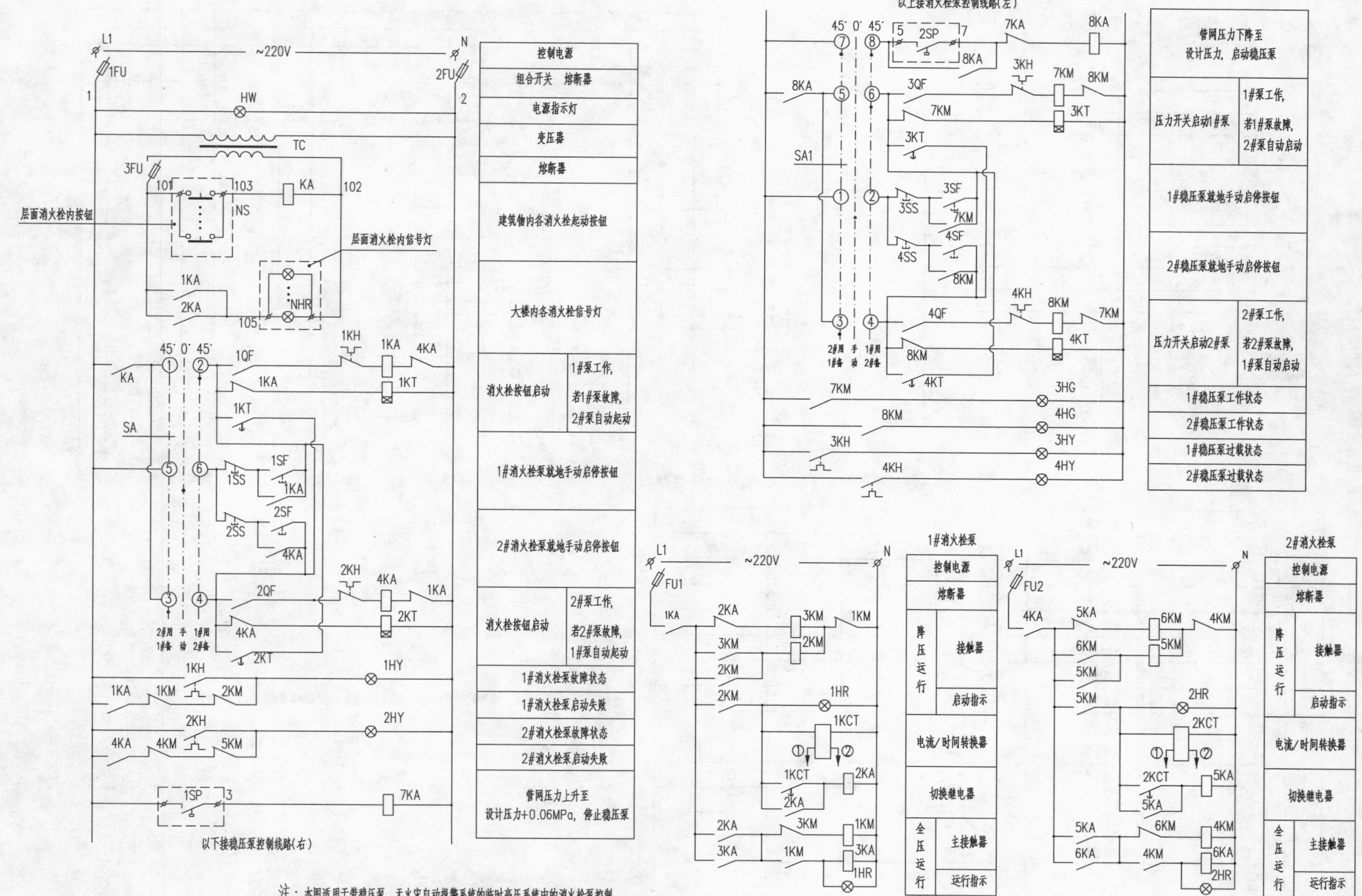
L1
~220V
N
1FU
2FU
HW
TC
3FU
101
103
KA
102
NS
层面消火栓内按钮
层面消火栓内信号灯
1KA
2KA
NHR
105
45° 0° 45°
1QF
1KH
1KA
4KA
1KT
SA
1SS
1SF
2SS
2SF
4KA
2QF
2KH
2KT
2#用 手 1#用
1#备 动 2#备
1HY
1KM
2KM
2HY
4KM
5KM
1SP
7KA
以下接稳压泵控制线路(右)
控制电源
组合开关 熔断器
电源指示灯
变压器
熔断器
建筑物内各消火栓起动按钮
大楼内各消火栓信号灯
消火栓按钮启动
1#泵工作,
若1#泵故障,
2#泵自动起动
1#消火栓泵就地手动启停按钮
2#消火栓泵就地手动启停按钮
2#泵工作,
若2#泵故障,
1#泵自动起动
1#消火栓泵故障状态
1#消火栓泵启动失败
2#消火栓泵故障状态
2#消火栓泵启动失败
管网压力上升至
设计压力+0.06MPa，停止稳压泵
以上接消火栓泵控制线路(左)
2SP
8KA
3KH
7KM
8KM
3QF
3KT
SA1
3SS
3SF
4SS
4SF
4KH
4QF
4KT
3HG
4HG
3HY
4HY
管网压力下降至
设计压力，启动稳压泵
压力开关启动1#泵
1#泵工作,
若1#泵故障,
2#泵自动启动
1#稳压泵就地手动启停按钮
2#稳压泵就地手动启停按钮
压力开关启动2#泵
2#泵工作,
若2#泵故障,
1#泵自动启动
1#稳压泵工作状态
2#稳压泵工作状态
1#稳压泵过载状态
2#稳压泵过载状态
FU1
3KM
1HR
1KCT
3KA
1#消火栓泵
控制电源
熔断器
降压运行
接触器
启动指示
电流/时间转换器
切换继电器
全压运行
主接触器
运行指示
FU2
5KA
6KM
6KA
2HR
2KCT
2#消火栓泵

注：本图适用于带稳压泵，无火灾自动报警系统的临时高压系统中的消火栓泵控制

接线端子			
箱内元件	序号	编号	箱外元件
1FU	1	1	压力开关1SP
KT	2	3	压力开关1SP
	3	1	压力开关2SP
8KA	4	5	压力开关2SP
SA1—8	5	7	压力开关3SP
7KA	6	9	压力开关3SP
	7		
	8		

至稳压泵压力开关

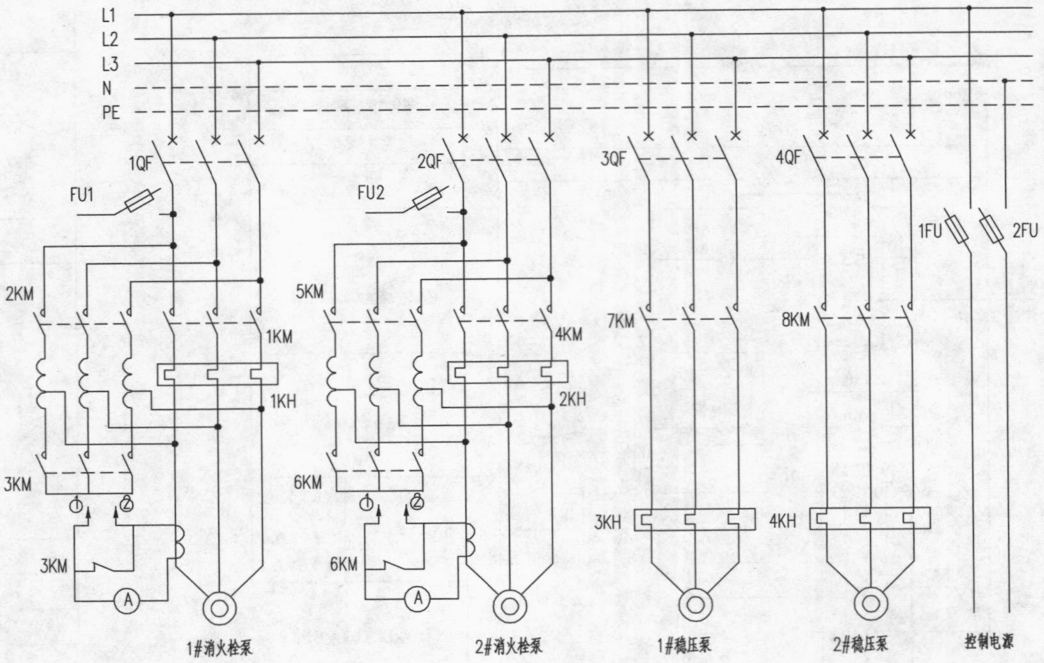

L1
L2
L3
N
PE
1QF 2QF 3QF 4QF
FU1 FU2 1FU 2FU
2KM 1KM 5KM 4KM 7KM 8KM
1KH 2KH 3KH 4KH
3KM 6KM
1#消火栓泵 2#消火栓泵 1#稳压泵 2#稳压泵 控制电源

序号	符　号	名　称	型号及规格	单位	数量	备　注
14	1~4KH	热继电器	参见另表	只	4	
13	1~8KM	交流接触器	参见另表	只	8	
12	1~4QF	低压断路器	参见另表	只	4	
11	SA,SA1	转换开关	LW12-16-D5411	只	2	
10	1~2KCT	时间电流转换器	DJ1-A	只	2	
9	1~4KT,KT	时间继电器	JS23-11 ~220V	只	5	
8	1~9KA	中间继电器	JZ11-26 ~220V	只	9	
7	1~4SF	启动按钮	K22-11P/G	只	4	带保护套
6	1~4SS	停止按钮	K22-11P/R	只	4	带保护套
5	1~4HG	绿色信号灯	K22-DP/G ~220V	只	4	
4	1~4HY	黄色信号灯	K22-DP/Y ~220V	只	4	
3	1~2HR	红色信号灯	K22-DP/R ~220V	只	2	
2	HW	白色信号灯	K22-DP/W ~220V	只	1	
1	1~2FU,FU1~2	熔断器开关	HG30-10/101 6A	只	4	

注：本图适用于带稳压泵、无火灾自动报警系统的稳高压系统中的消火栓泵控制。

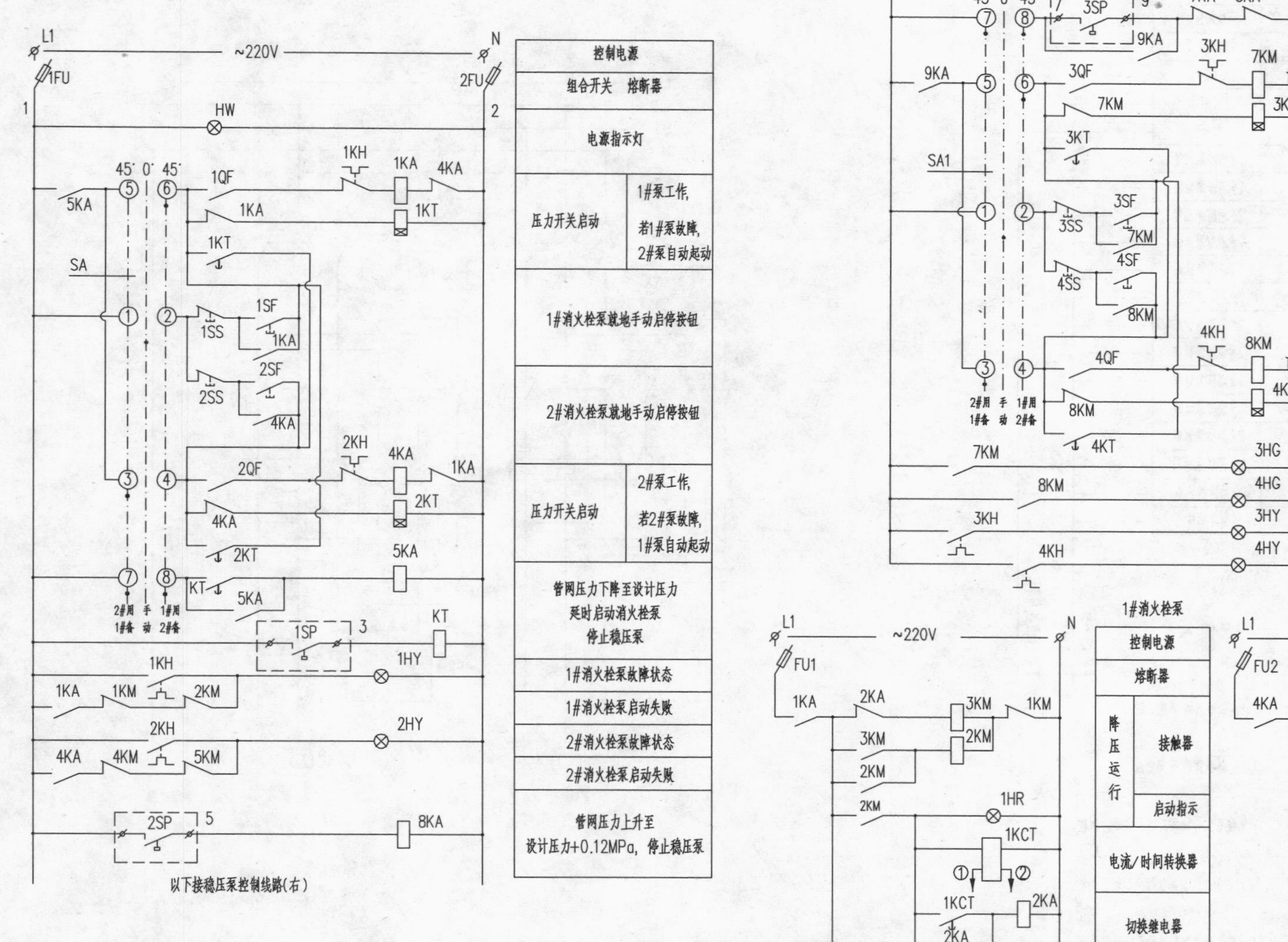

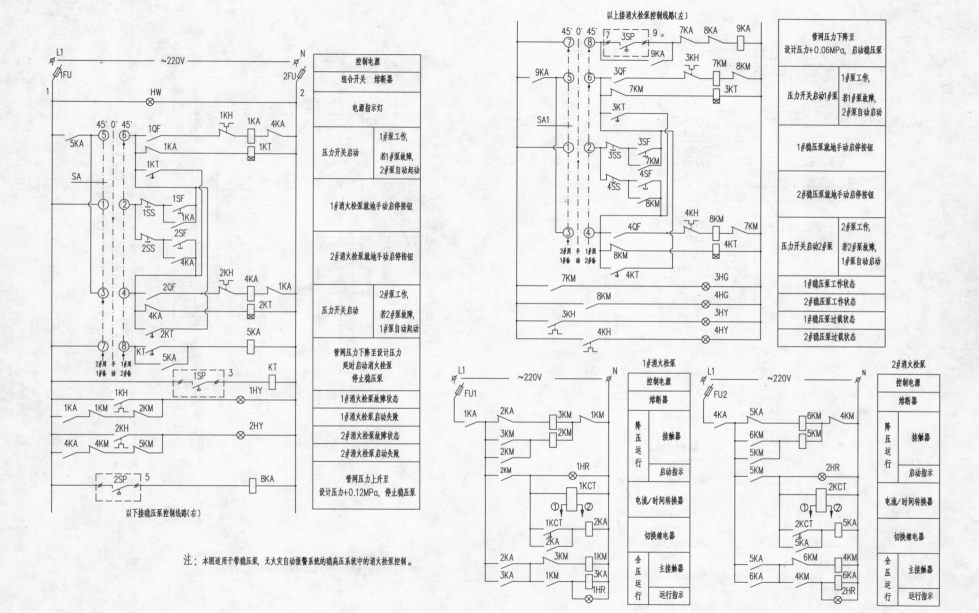

注：本图适用于带稳压泵、无火灾自动报警系统的稳高压系统中的消火栓泵控制。

接线端子			
箱内元件	序号	编号	箱外元件
3FU	1	101	NS
KA	2	103	NS
1KA	3	105	NHR
KA	4	102	NHR
KA01	5	1	1#消防泵启停
KA01	6	3	1#消防泵启停
KA02	7	1	2#消防泵启停
KA02	8	5	2#消防泵启停
1KA	9	9	1#消防泵状态
1KA	10	11	1#消防泵状态
4KA	11	13	2#消防泵状态
4KA	12	15	2#消防泵状态
7KA	13	17	1#消防泵过载
7KA	14	19	1#消防泵过载
8KA	15	21	2#消防泵过载
8KA	16	23	2#消防泵过载
9KA	17	25	就地异地状态
9KA	18	27	就地异地状态

至联动控制柜

至消火栓按钮,信号灯

1 KA01 3 联动控制柜启停1#消防泵

1 KA02 5 联动控制柜启停2#消防泵

9 1KA 11 1#消防泵工作状态反馈至联动控制柜

13 4KA 15 2#消防泵工作状态反馈至联动控制柜

17 7KA 19 1#消防泵过载状态反馈至联动控制柜

21 8KA 23 2#消防泵过载状态反馈至联动控制柜

25 9KA 27 就地异地控制状态反馈至联动控制柜

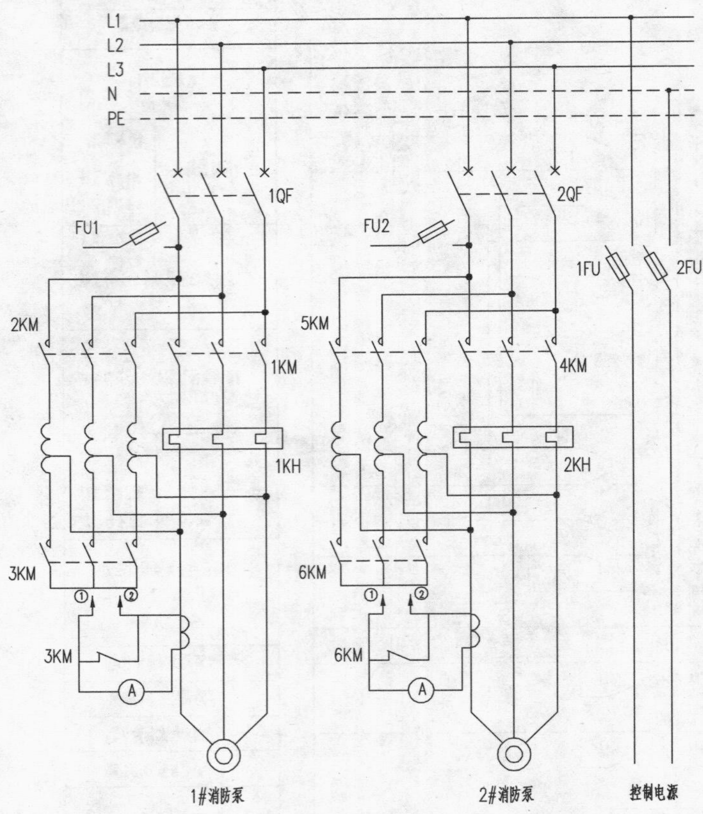

注：本图适用于无稳压泵、有火灾自动报警系统的临时高压系统中的消火栓泵控制。

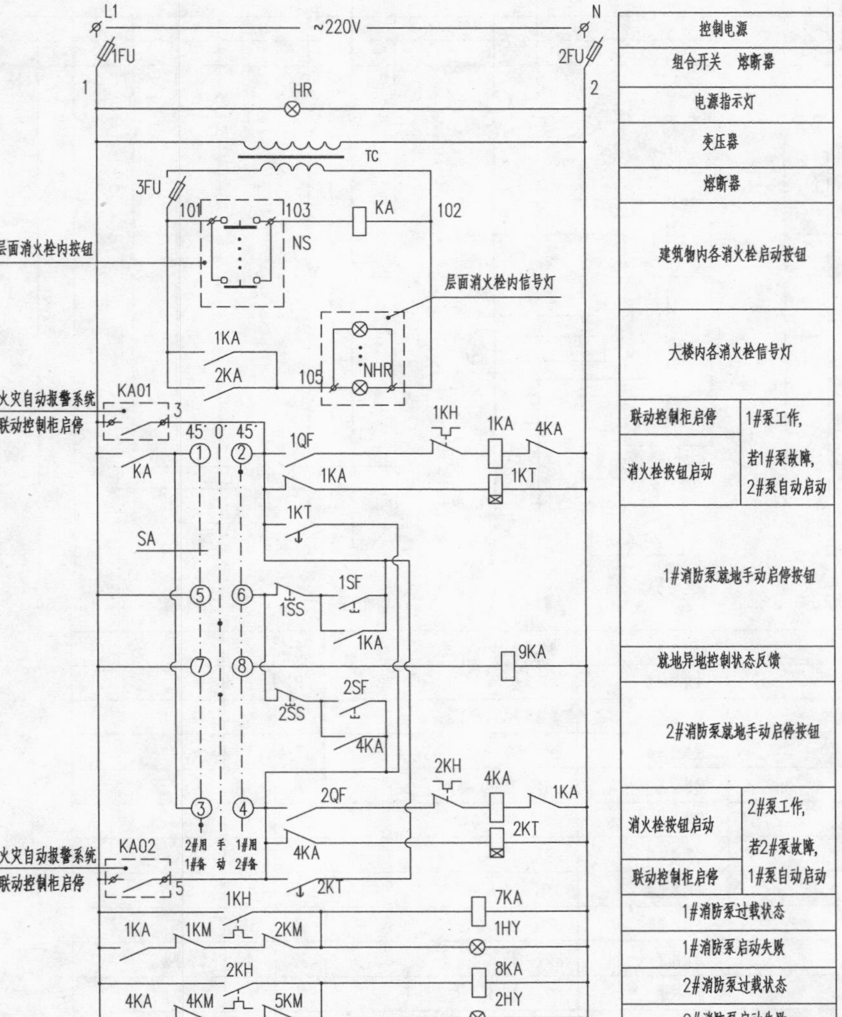

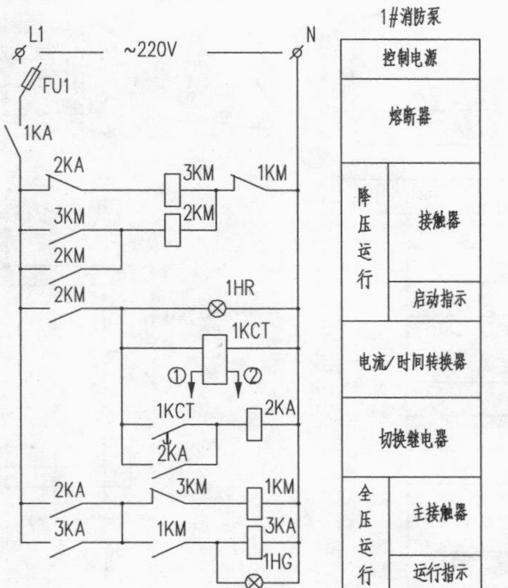

序号	符号	名称	型号及规格	单位	数量	备注
15	1~2KH	热继电器	参见另表	只	2	
14	1~6KM	交流接触器	参见另表	只	6	
13	1~2QF	低压断路器	参见另表	只	2	
12	TC	控制变压器	BK-250 ~220/48V	只	1	
11	SA	转换开关	LW12-16-D0404	只	1	
10	1~2KT	时间继电器	JS23-11 ~220V	只	2	
9	KA	中间继电器	JZ11-26 ~48V	只	1	
8	1~9KA	中间继电器	JZ11-26 ~220V	只	9	
7	1~2SF	启动按钮	K22-11P/G	只	2	带保护套
6	1~2SS	停止按钮	K22-11P/R	只	2	带保护套
5	1~2HG	绿色信号灯	K22-DP/G ~220V	只	2	
4	1~2HY	黄色信号灯	K22-DP/Y ~220V	只	2	
3	1~2HR	红色信号灯	K22-DP/R ~220V	只	2	
2	HW	白色信号灯	K22-DP/W ~220V	只	1	
1	1~3FU,FU1~2	熔断器开关	HG30-10/101 6A	只	5	

注：本图适用于无稳压泵，有火灾自动报警系统的临时高压系统中的消火栓泵控制。

接线端子			
箱内元件	序号	编号	箱外元件
3FU	1	101	NS
KA	2	103	NS
1KA	3	105	NHR
KA	4	102	NHR
KA01	5	1	1#消火栓泵启停
KA01	6	3	1#消火栓泵启停
KA02	7	1	2#消火栓泵启停
KA02	8	5	2#消火栓泵启停
1KA	9	7	1#消火栓泵状态
1KA	10	9	1#消火栓泵状态
4KA	11	11	2#消火栓泵状态
4KA	12	13	2#消火栓泵状态
10KA	13	15	1#消火栓泵过载
10KA	14	17	1#消火栓泵过载
11KA	15	19	2#消火栓泵过载
11KA	16	21	2#消火栓泵过载
9KA	17	23	就地异地状态
9KA	18	25	就地异地状态
1FU	19	1	压力开关1SP
7KA	20	27	压力开关1SP
SA1—8	21	29	压力开关2SP
7KA	22	31	压力开关2SP
	23		
	24		

至稳压泵压力开关
至联动控制柜
至消火栓按钮,信号灯

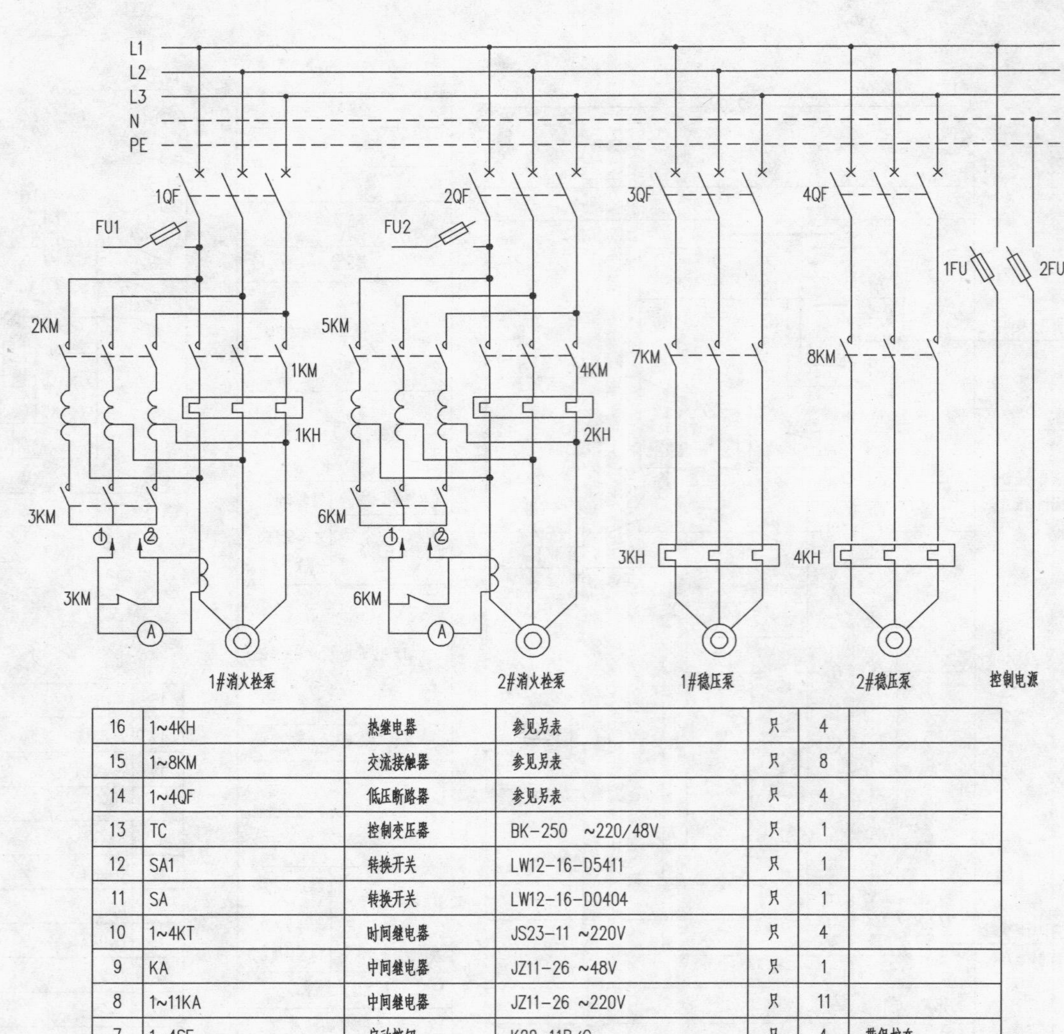

1 — KA01 — 3 联动控制柜启停1#消火栓泵
1 — KA02 — 5 联动控制柜启停2#消火栓泵
7 — 1KA — 9 1#消火栓泵工作状态反馈至联动控制柜
11 — 4KA — 13 2#消火栓泵工作状态反馈至联动控制柜
15 — 10KA — 17 1#消火栓泵故障状态反馈至联动控制柜
19 — 11KA — 21 2#消火栓泵故障状态反馈至联动控制柜
23 — 9KA — 25 就地异地控制状态反馈至联动控制柜

序号	符号	名称	型号及规格	单位	数量	备注
16	1~4KH	热继电器	参见另表	只	4	
15	1~8KM	交流接触器	参见另表	只	8	
14	1~4QF	低压断路器	参见另表	只	4	
13	TC	控制变压器	BK-250 ~220/48V	只	1	
12	SA1	转换开关	LW12-16-D5411	只	1	
11	SA	转换开关	LW12-16-D0404	只	1	
10	1~4KT	时间继电器	JS23-11 ~220V	只	4	
9	KA	中间继电器	JZ11-26 ~48V	只	1	
8	1~11KA	中间继电器	JZ11-26 ~220V	只	11	
7	1~4SF	启动按钮	K22-11P/G	只	4	带保护套
6	1~4SS	停止按钮	K22-11P/R	只	4	带保护套
5	1~4HG	绿色信号灯	K22-DP/G ~220V	只	4	
4	1~4HY	黄色信号灯	K22-DP/Y ~220V	只	4	
3	1~2HR	红色信号灯	K22-DP/R ~220V	只	2	
2	HW	白色信号灯	K22-DP/W ~220V	只	1	
1	1~3FU,FU1~2	熔断器开关	HG30-10/101 6A	只	5	

注：本图适用于带稳压泵，有火灾自动报警系统的临时高压系统中的消火栓泵控制。

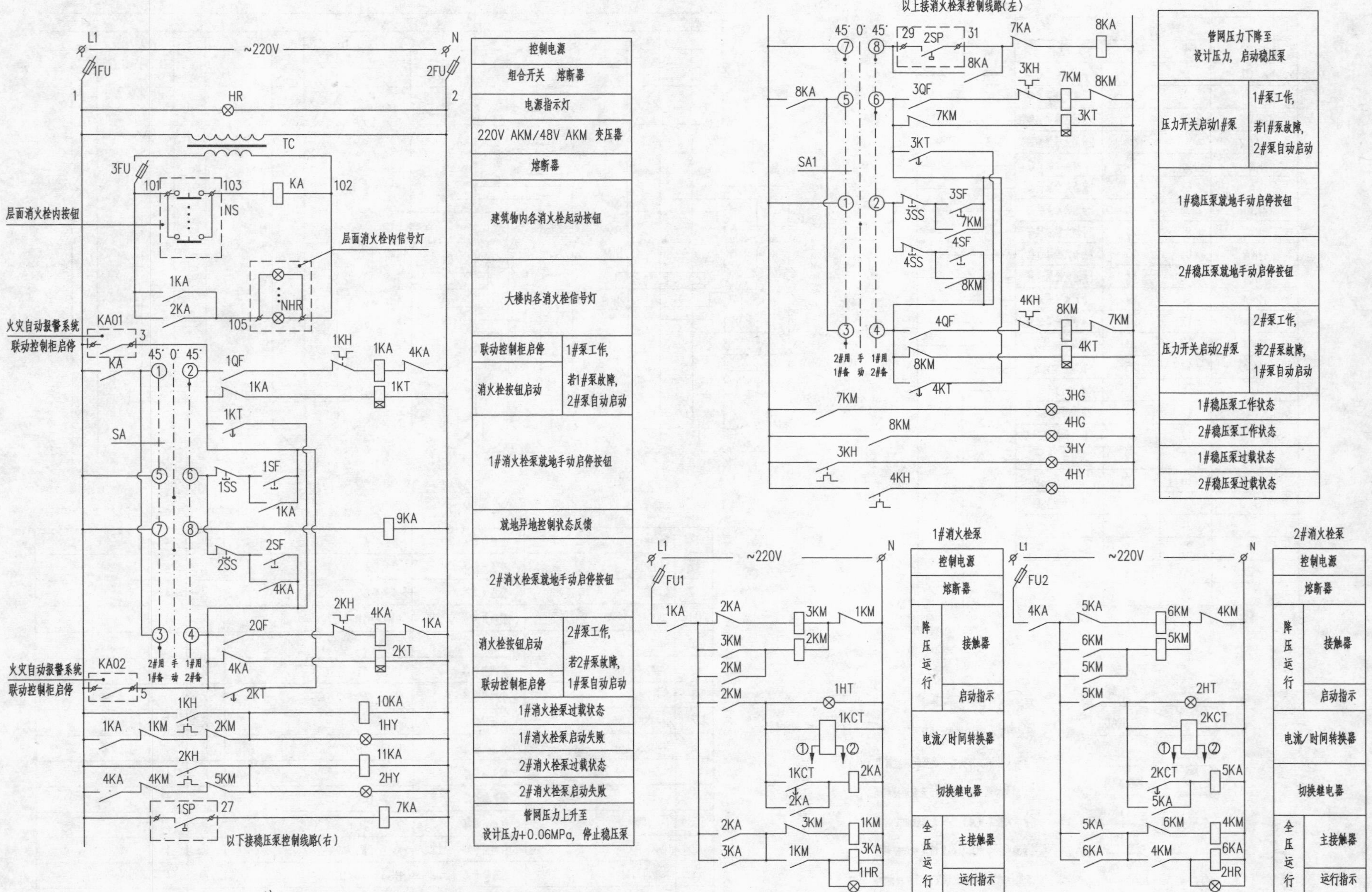

注：本图适用于带稳压泵、有火灾自动报警系统的临时高压系统中的消火栓泵控制。

接线端子			
箱内元件	序号	编号	箱外元件
KA01	1	1	1#消火栓泵启停
KA01	2	3	1#消火栓泵启停
KA02	3	1	2#消火栓泵启停
KA02	4	5	2#消火栓泵启停
1KA	5	7	1#消火栓泵状态
1KA	6	9	1#消火栓泵状态
4KA	7	11	2#消火栓泵状态
4KA	8	13	2#消火栓泵状态
11KA	9	15	1#消火栓泵过载
11KA	10	17	1#消火栓泵过载
12KA	11	19	2#消火栓泵过载
12KA	12	21	2#消火栓泵过载
10KA	13	23	就地异地状态
10KA	14	25	就地异地状态
1FU	15	1	压力开关1SP
KT	16	27	压力开关1SP
	17	1	压力开关2SP
8KA	18	29	压力开关2SP
SA1—8	19	31	压力开关3SP
7KA	20	33	压力开关3SP
	21		
	22		
	23		
	24		

至稳压泵压力开关

至联动控制柜

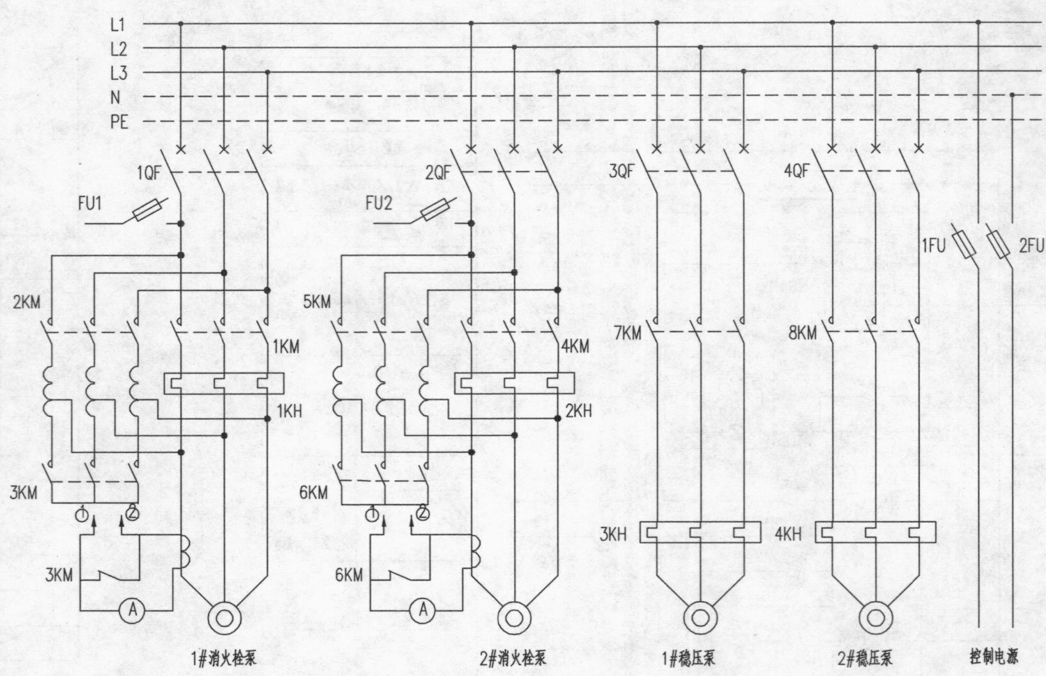

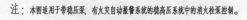

端子	触点	端子	说明
1	KA01	3	联动控制柜启停1#消火栓泵
1	KA02	5	联动控制柜启停2#消火栓泵
7	1KA	9	1#消火栓泵工作状态反馈至联动控制柜
11	4KA	13	2#消火栓泵工作状态反馈至联动控制柜
15	11KA	17	1#消火栓泵故障状态反馈至联动控制柜
19	12KA	21	2#消火栓泵故障状态反馈至联动控制柜
23	10KA	25	就地异地控制状态反馈至联动控制柜

注：本图适用于带稳压泵、有火灾自动报警系统的稳高压系统中的消火栓泵控制。

序号	符号	名称	型号及规格	单位	数量	备注
14	1~4KH	热继电器	参见另表	只	4	
13	1~8KM	交流接触器	参见另表	只	8	
12	1~4QF	低压断路器	参见另表	只	4	
11	SA1	转换开关	LW12-16-D0721	只	1	
10	SA	转换开关	LW12-16-D5411	只	1	
9	1~4KT,KT	时间继电器	JS23-11 ~220V	只	5	
8	1~12KA	中间继电器	JZ11-26 ~220V	只	12	
7	1~4SF	启动按钮	K22-11P/G	只	4	带保护套
6	1~4SS	停止按钮	K22-11P/R	只	4	带保护套
5	1~4HG	绿色信号灯	K22-DP/G ~220V	只	4	
4	1~4HY	黄色信号灯	K22-DP/Y ~220V	只	4	
3	1~2HR	红色信号灯	K22-DP/R ~220V	只	2	
2	HW	白色信号灯	K22-DP/W ~220V	只	1	
1	1~2FU,FU1~2	熔断器开关	HG30-10/101 6A	只	4	

注：参见图集号2001沪D701。

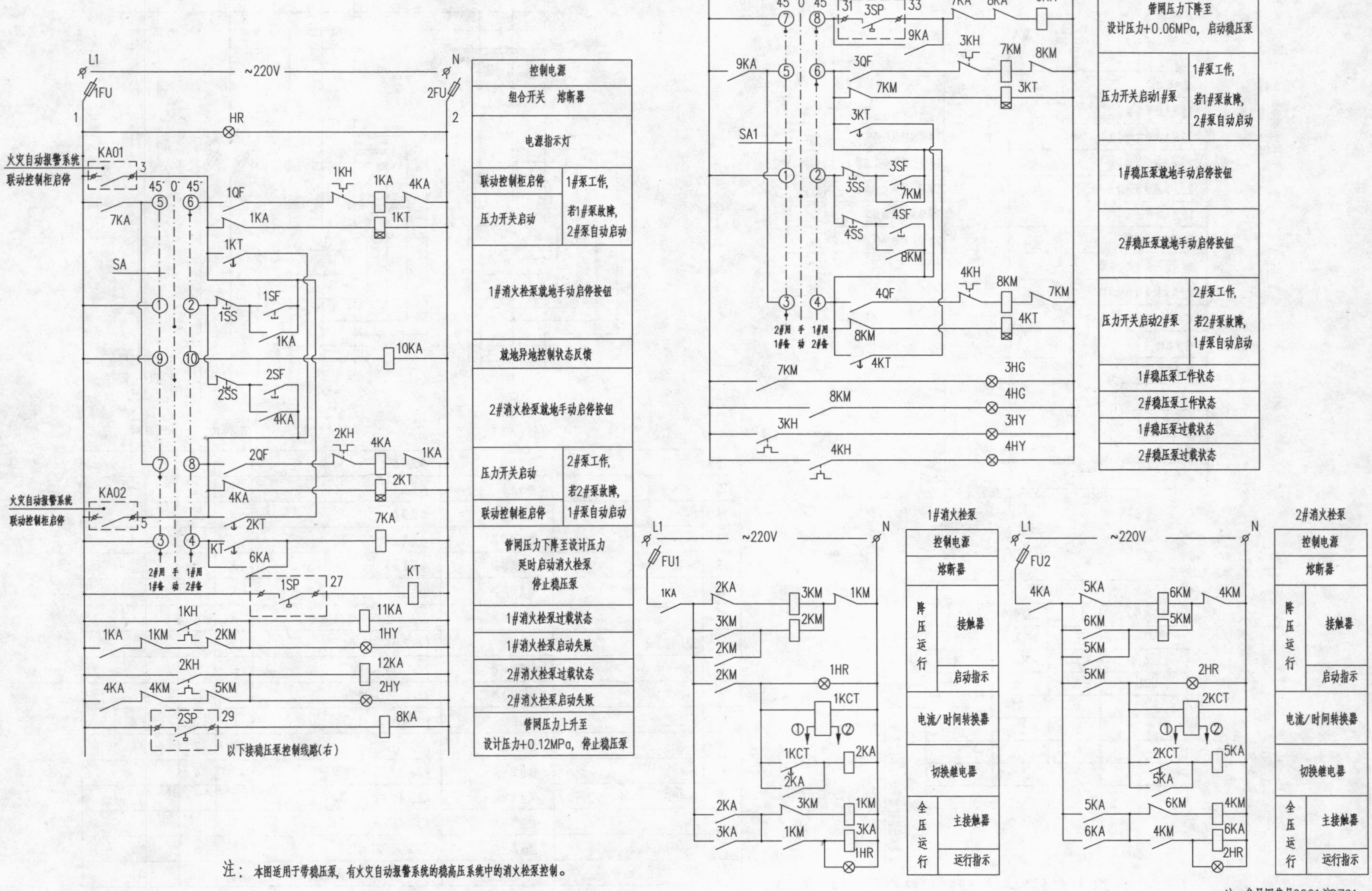

注：本图适用于带稳压泵，有火灾自动报警系统的稳高压系统中的消火栓泵控制。

注：参见图集号2001沪D701。

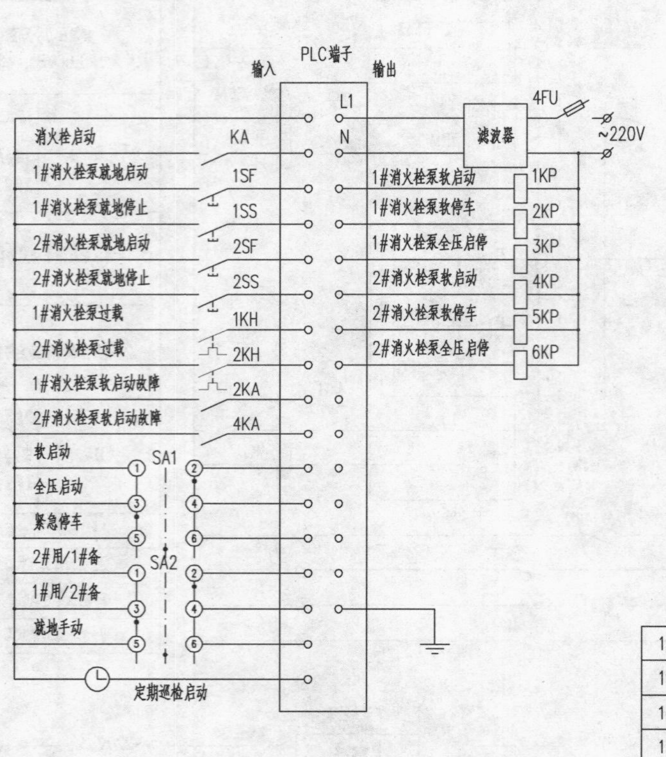

L1 L2 L3 N PE

1QF 2QF 1FL 2FL 1KM 2KM 1KH 2KH 4FU 1FU 2FU PLC

1#消火栓泵　2#消火栓泵　控制电源　PLC控制器

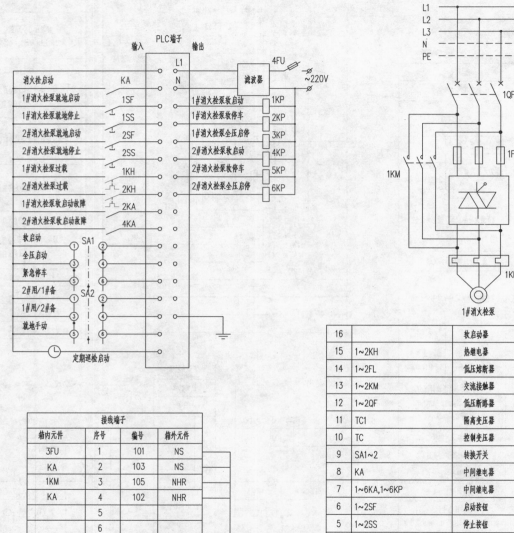

接线端子			
箱内元件	序号	编号	箱外元件
3FU	1	101	NS
KA	2	103	NS
1KM	3	105	NHR
KA	4	102	NHR
	5		
	6		
	7		
	8		

至消火栓按钮信号灯

序号	符　号	名　称	型号及规格	单位	数量	备　注
16		软启动器	参见另表	台	2	
15	1~2KH	热继电器	参见另表	只	2	
14	1~2FL	低压熔断器	参见另表	只	2	
13	1~2KM	交流接触器	参见另表	只	2	
12	1~2QF	低压断路器	参见另表	只	2	
11	TC1	隔离变压器	BK-25　~220/220V	只	1	
10	TC	控制变压器	BK-250　~220/48V	只	1	
9	SA1~2	转换开关	LW12-16-D0404	只	2	
8	KA	中间继电器	JZ11-26　~48V	只	1	
7	1~6KA,1~6KP	中间继电器	JZ11-26　~220V	只	12	
6	1~2SF	启动按钮	K22-11P/G	只	2	带保护套
5	1~2SS	停止按钮	K22-11P/R	只	2	带保护套
4	1~4HY	绿色信号灯	K22-DP/G ~220V	只	4	
3	1~4HG	黄色信号灯	K22-DP/Y ~220V	只	4	
2	HW	白色信号灯	K22-DP/W ~220V	只	1	
1	1~4FU,FU1~2	熔断器开关	HG30-10/101 6A	只	6	

注：本图适用于无稳压泵、无火灾自动报警系统的临时高压系统中的消火栓泵控制。

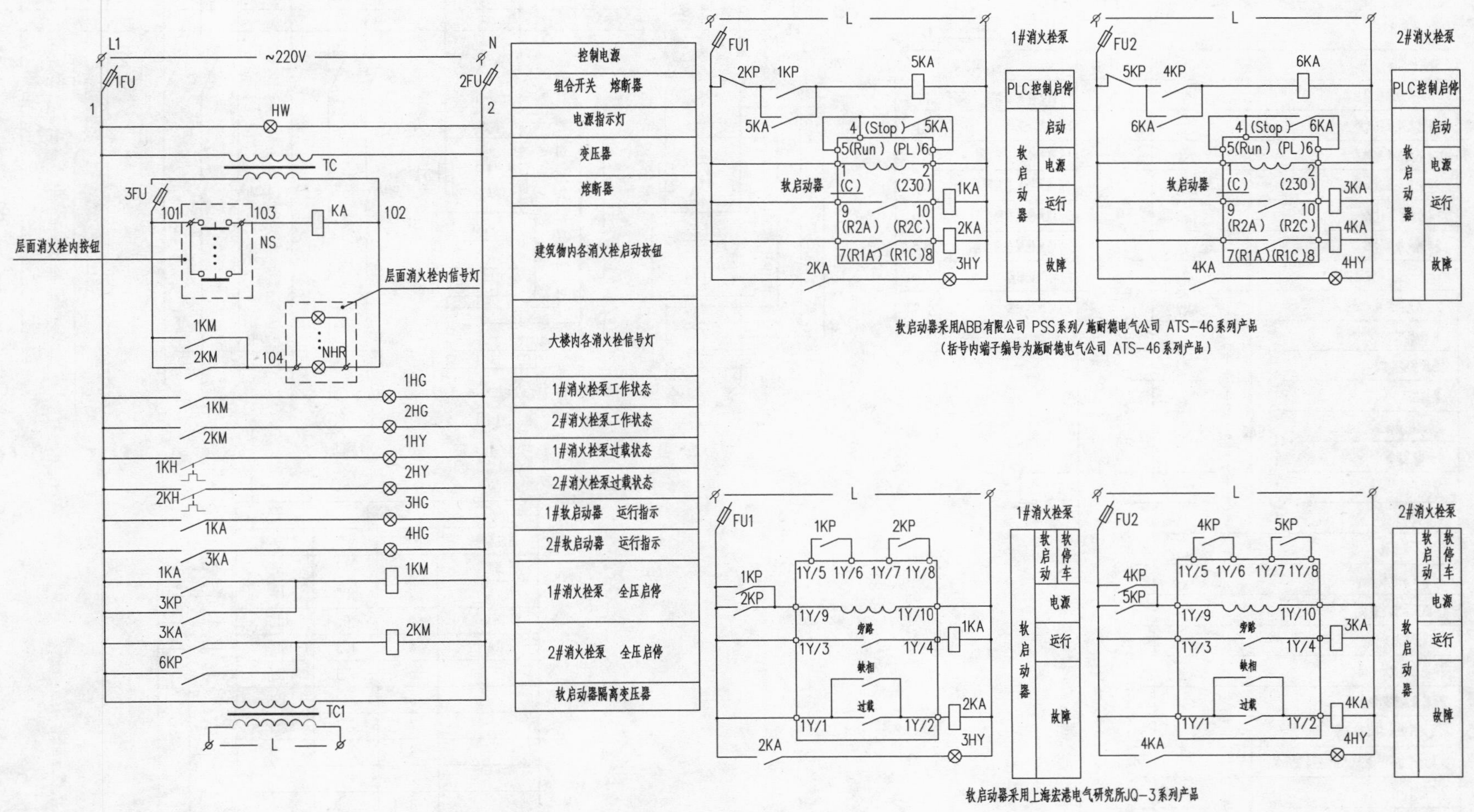

软启动器采用ABB有限公司 PSS系列/施耐德电气公司 ATS-46系列产品
（括号内端子编号为施耐德电气公司 ATS-46系列产品）

软启动器采用上海宏港电气研究所JQ-3系列产品

注：本图适用于无稳压泵，无火灾自动报警系统的临时高压系统中的消火栓泵控制。

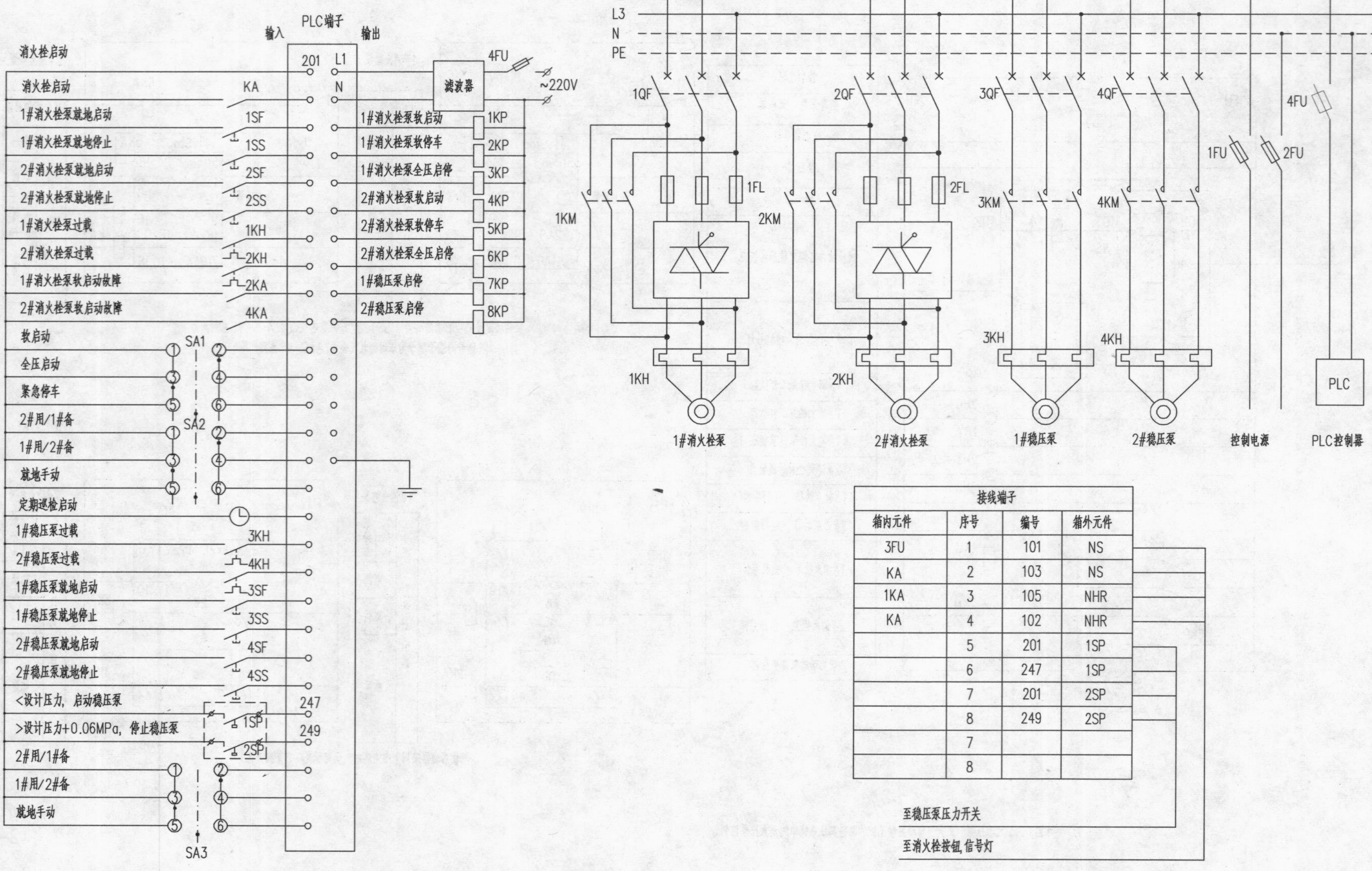

接线端子			
箱内元件	序号	编号	箱外元件
3FU	1	101	NS
KA	2	103	NS
1KA	3	105	NHR
KA	4	102	NHR
	5	201	1SP
	6	247	1SP
	7	201	2SP
	8	249	2SP
	7		
	8		

注：本图适用于带稳压泵，无火灾自动报警系统的临时高压系统中的消火栓泵控制。

注：参见图集号2001沪D701。

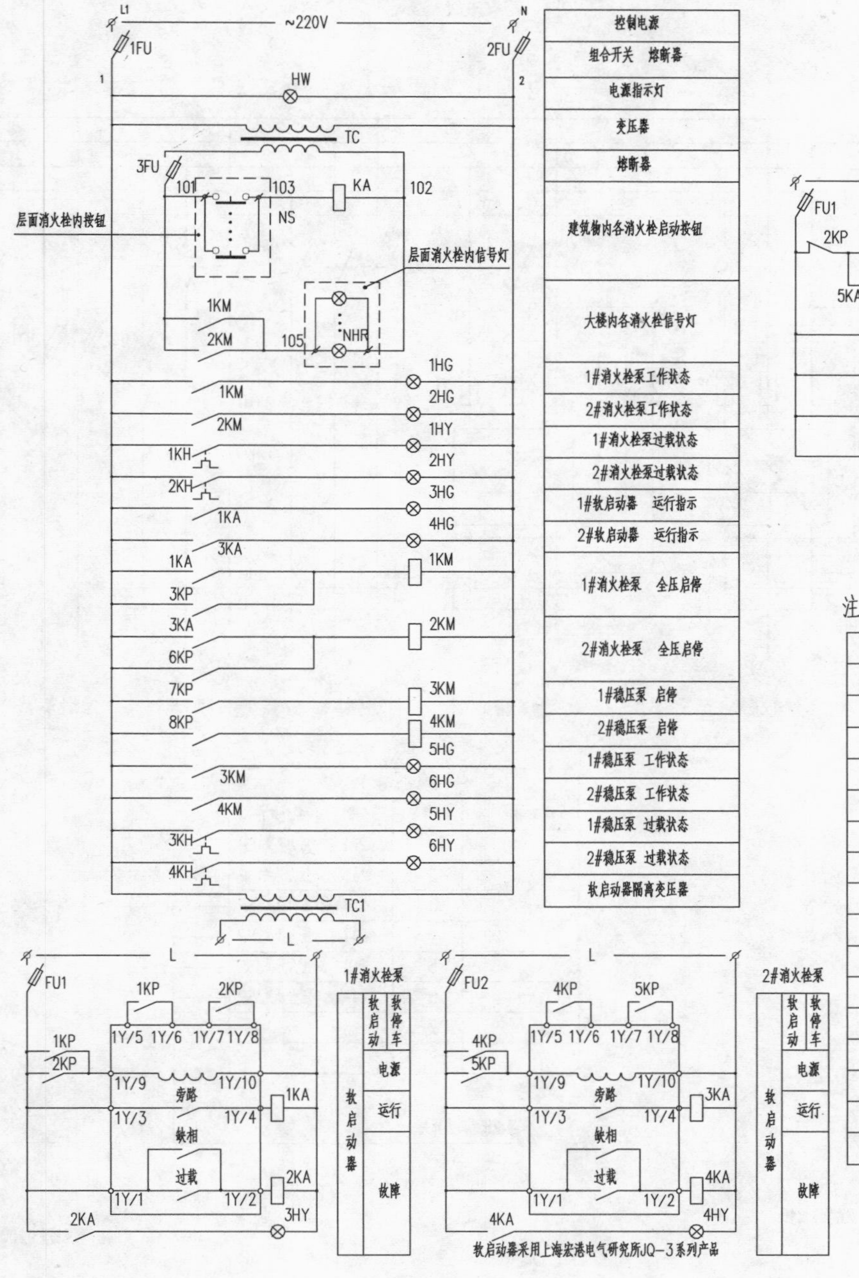

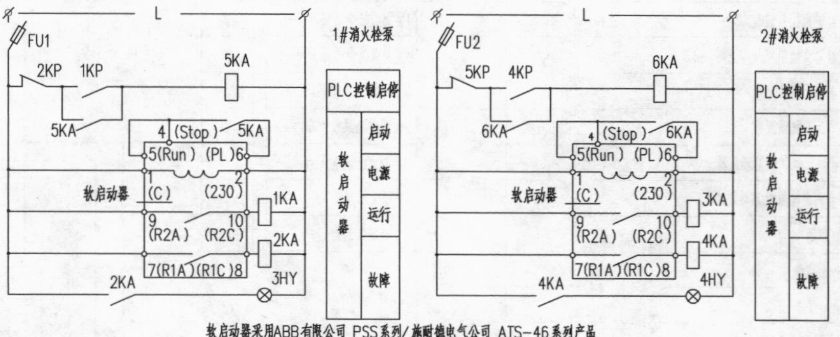

软启动器采用ABB有限公司 PSS系列/施耐德电气公司 ATS-46系列产品
(括号内端子编号为施耐德电气公司 ATS-46系列产品)

注：本图适用于带稳压泵、无火灾自动报警系统的临时高压系统中的消火栓泵控制。

序号	符号	名称	型号及规格	单位	数量	备注
16		软启动器	参见另表	台	2	
15	1~4KH	热继电器	参见另表	只	4	
14	1~2FL	低压熔断器	参见另表	只	2	
13	1~4KM	交流接触器	参见另表	只	4	
12	1~4QF	低压断路器	参见另表	只	4	
11	TC1	隔离变压器	BK-25 ~220/220V	只	1	
10	TC	控制变压器	BK-250 ~220/48V	只	1	
9	SA1~3	转换开关	LW12-16-D0404	只	3	
8	KA	中间继电器	JZ11-26 ~48V	只	1	
7	1~6KA,1~8KP	中间继电器	JZ11-26 ~220V	只	14	
6	1~4SF	启动按钮	K22-11P/G	只	4	带保护套
5	1~4SS	停止按钮	K22-11P/R	只	4	带保护套
4	1~6HY	绿色信号灯	K22-DP/G ~220V	只	6	
3	1~6HG	黄色信号灯	K22-DP/Y ~220V	只	6	
2	HW	白色信号灯	K22-DP/W ~220V	只	1	
1	1~4FU,FU1~2	熔断器开关	HG30-10/101 6A	只	6	

注：参见图集号2001沪D701。

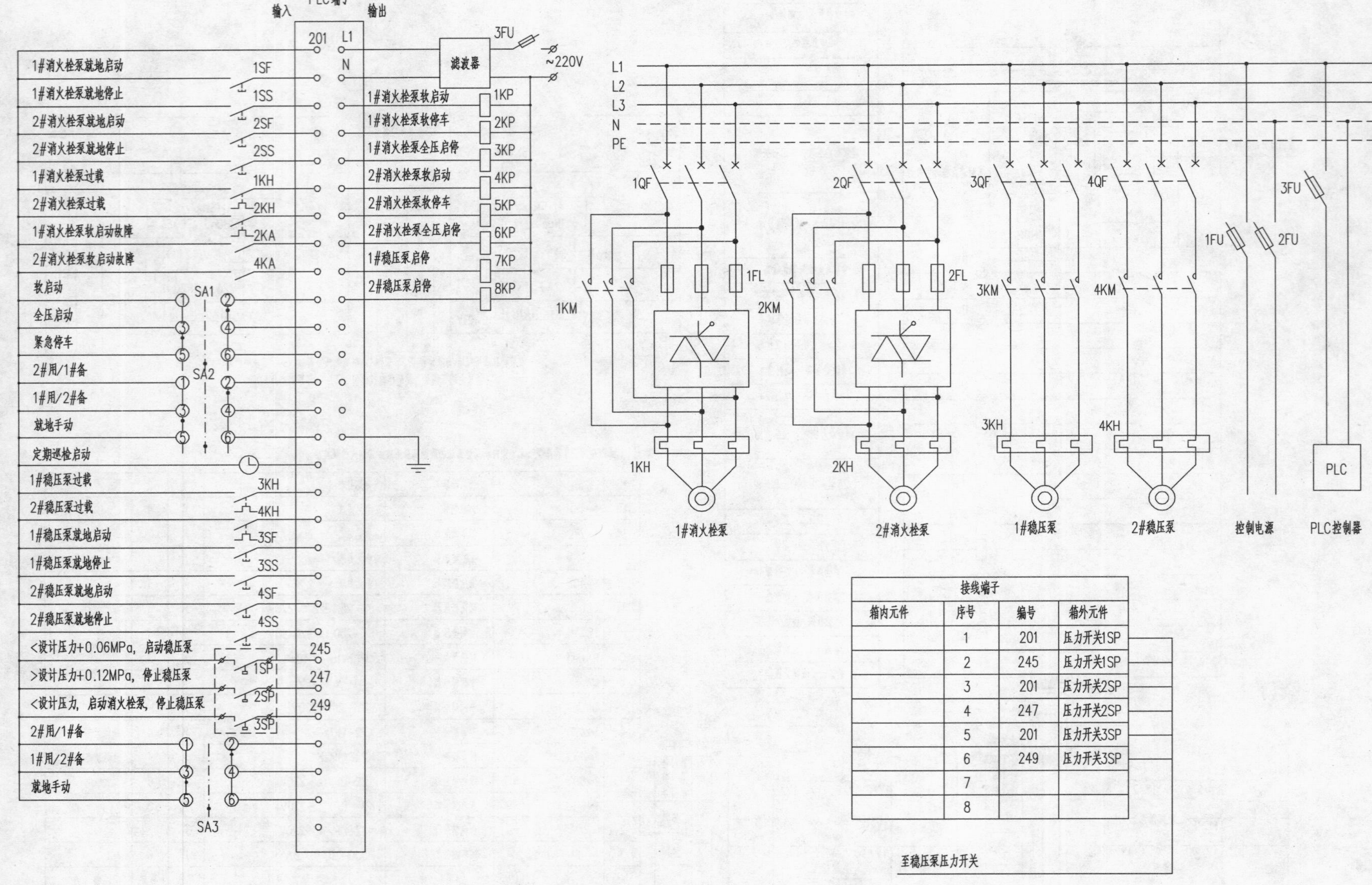

接线端子

箱内元件	序号	编号	箱外元件
	1	201	压力开关1SP
	2	245	压力开关1SP
	3	201	压力开关2SP
	4	247	压力开关2SP
	5	201	压力开关3SP
	6	249	压力开关3SP
	7		
	8		

至稳压泵压力开关

注：本图适用于带稳压泵、无火灾自动报警系统的稳高压系统中的消火栓泵控制。

注：参见图集号2001沪D701。

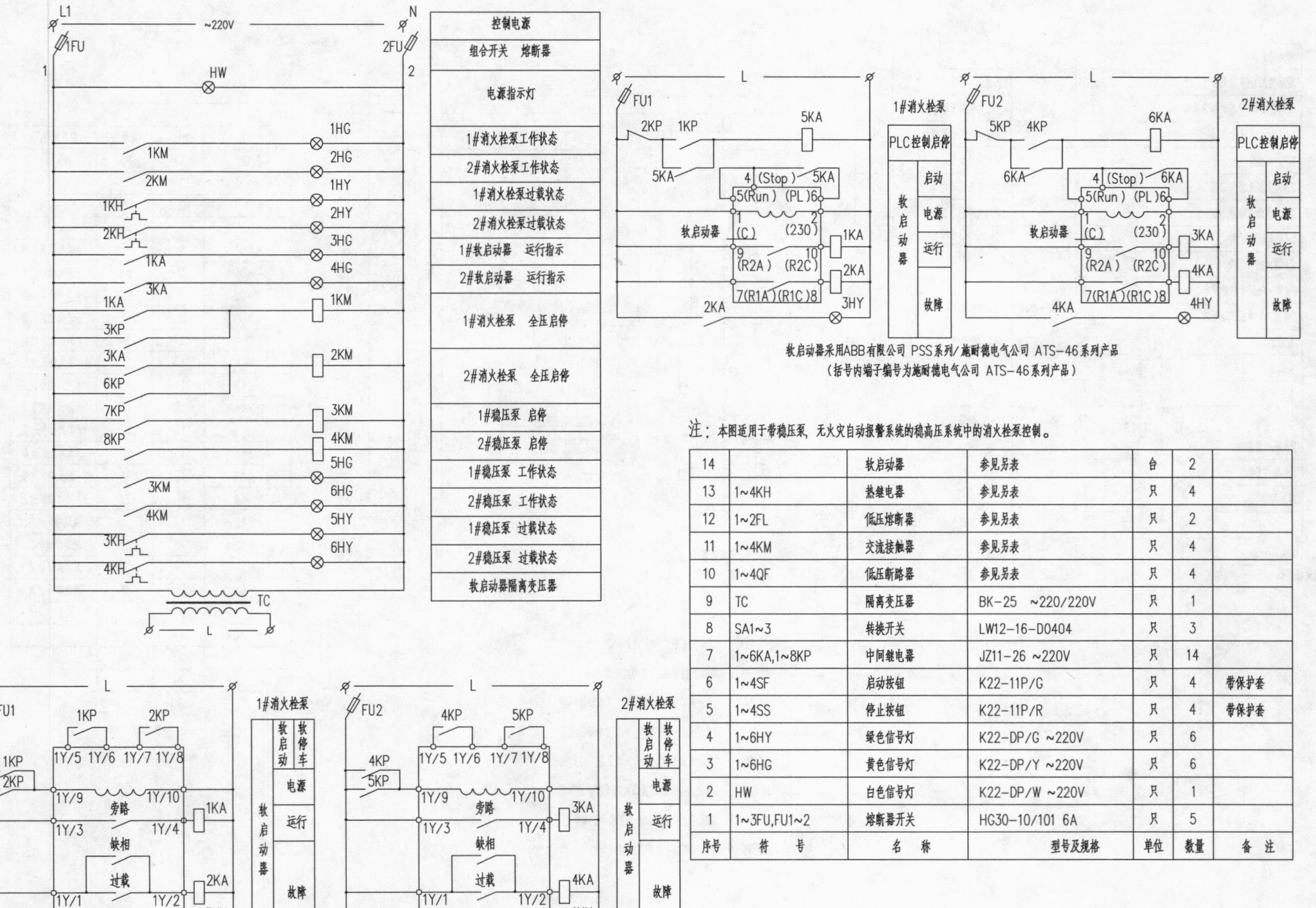

软启动器采用ABB有限公司 PSS系列/施耐德电气公司 ATS-46系列产品
（括号内端子编号为施耐德电气公司 ATS-46系列产品）

软启动器采用上海宏港电气研究所JQ-3系列产品

注：本图适用于带稳压泵、无火灾自动报警系统的稳高压系统中的消火栓泵控制。

序号	符　号	名　称	型号及规格	单位	数量	备　注
14		软启动器	参见另表	台	2	
13	1~4KH	热继电器	参见另表	只	4	
12	1~2FL	低压熔断器	参见另表	只	2	
11	1~4KM	交流接触器	参见另表	只	4	
10	1~4QF	低压断路器	参见另表	只	4	
9	TC	隔离变压器	BK-25 ~220/220V	只	1	
8	SA1~3	转换开关	LW12-16-D0404	只	3	
7	1~6KA,1~8KP	中间继电器	JZ11-26 ~220V	只	14	
6	1~4SF	启动按钮	K22-11P/G	只	4	带保护套
5	1~4SS	停止按钮	K22-11P/R	只	4	带保护套
4	1~6HY	绿色信号灯	K22-DP/G ~220V	只	6	
3	1~6HG	黄色信号灯	K22-DP/Y ~220V	只	6	
2	HW	白色信号灯	K22-DP/W ~220V	只	1	
1	1~3FU,FU1~2	熔断器开关	HG30-10/101 6A	只	5	

注：参见图集号2001沪D701。

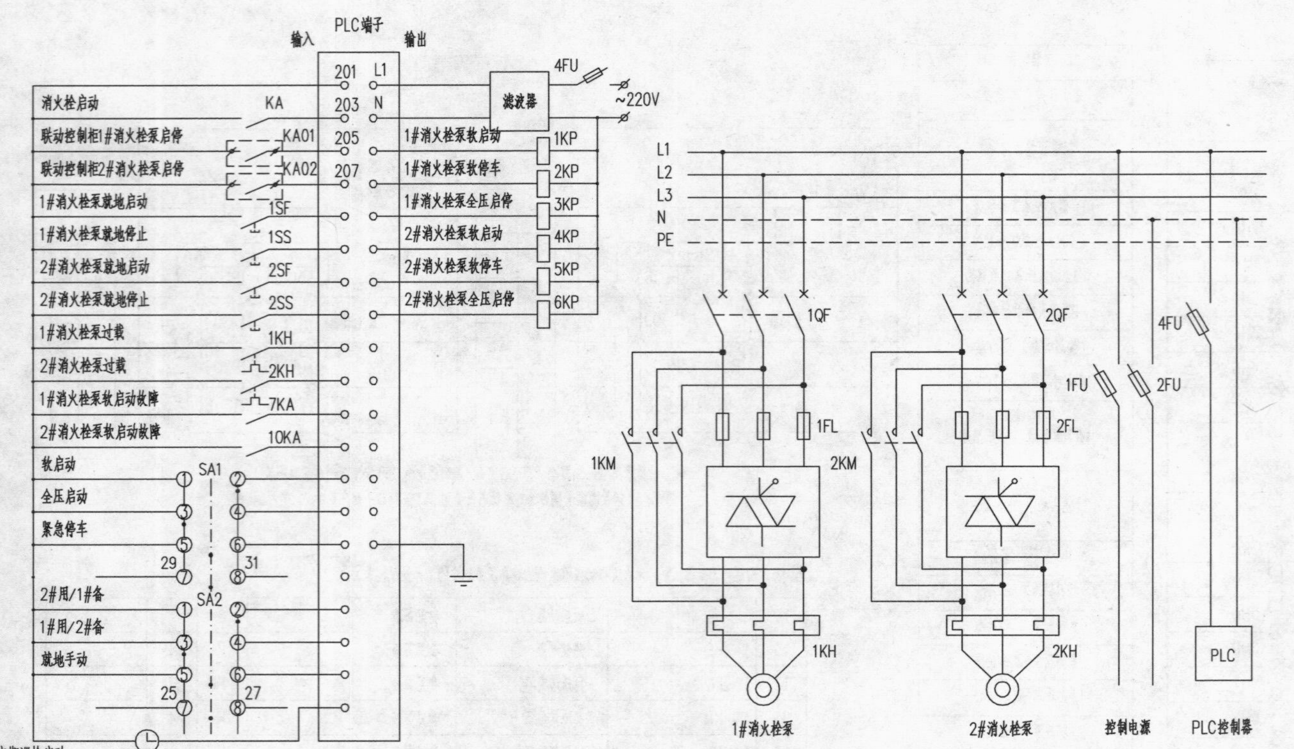

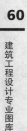

接线端子			
箱内元件	序号	编号	箱外元件
3FU	1	101	NS
KA	2	103	NS
1KA	3	102	NHR
KA	4	104	NHR
KA01	5	201	1#消火栓泵启停
KA01	6	205	1#消火栓泵启停
KA02	7	201	2#消火栓泵启停
KA02	8	207	2#消火栓泵启停
1KA	9	9	1#消火栓泵状态
1KA	10	11	1#消火栓泵状态
2KA	11	13	2#消火栓泵状态
2KA	12	15	2#消火栓泵状态
3KA	13	17	1#消火栓泵过载
3KA	14	19	1#消火栓泵过载
4KA	15	21	2#消火栓泵过载
4KA	16	23	2#消火栓泵过载
SA2	17	25	就地异地状态
SA2	18	27	就地异地状态
SA1	19	29	紧急停车状态
SA1	20	31	紧急停车状态
	21		
	22		
	23		
	24		

至联动控制柜

至消火栓按钮,信号灯

端子	元件	端子	说明
201	KA01	205	联动控制柜启停1#消火栓泵
201	KA02	207	联动控制柜启停2#消火栓泵
9	1KA	11	1#消火栓泵工作状态反馈至联动控制柜
13	2KA	15	2#消火栓泵工作状态反馈至联动控制柜
17	3KA	19	1#消火栓泵过载状态反馈至联动控制柜
21	4KA	23	2#消火栓泵过载状态反馈至联动控制柜
25	⑦ SA2 ⑧	27	就地异地控制状态反馈至联动控制柜
29	⑦ SA1 ⑧	31	紧急停车状态反馈至联动控制柜

注：本图适用于无稳压泵，有火灾自动报警系统的临时高压系统中的消火栓泵控制。

注：参见图集号2001沪D701。

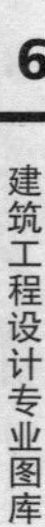

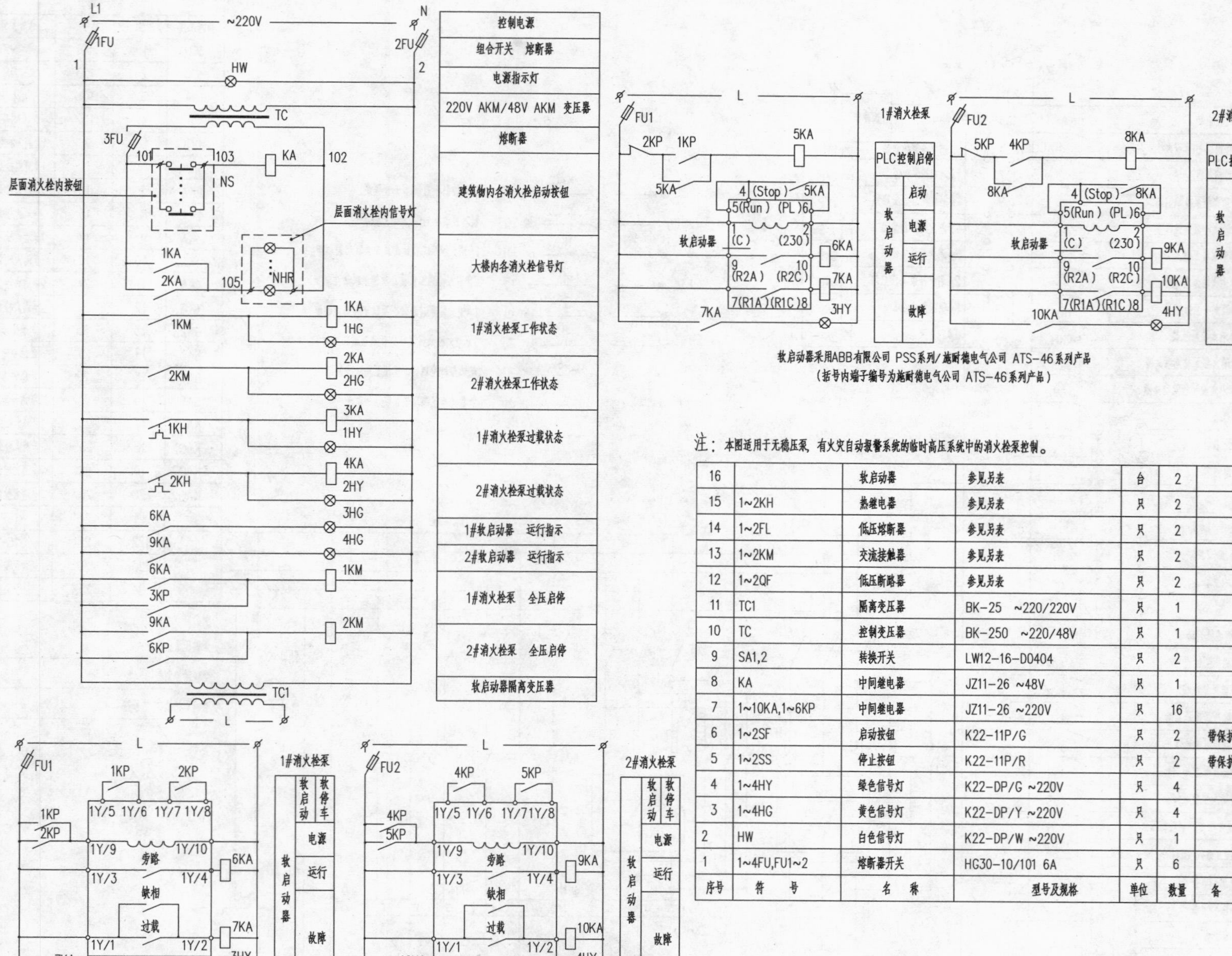

软启动器采用ABB有限公司 PSS系列/施耐德电气公司 ATS-46系列产品
（括号内端子编号为施耐德电气公司 ATS-46系列产品）

软启动器采用上海宏港电气研究所JQ-3系列产品

注：本图适用于无稳压泵、有火灾自动报警系统的临时高压系统中的消火栓泵控制。

序号	符号	名称	型号及规格	单位	数量	备注
16		软启动器	参见另表	台	2	
15	1~2KH	热继电器	参见另表	只	2	
14	1~2FL	低压熔断器	参见另表	只	2	
13	1~2KM	交流接触器	参见另表	只	2	
12	1~2QF	低压断路器	参见另表	只	2	
11	TC1	隔离变压器	BK-25 ~220/220V	只	1	
10	TC	控制变压器	BK-250 ~220/48V	只	1	
9	SA1,2	转换开关	LW12-16-D0404	只	2	
8	KA	中间继电器	JZ11-26 ~48V	只	1	
7	1~10KA,1~6KP	中间继电器	JZ11-26 ~220V	只	16	
6	1~2SF	启动按钮	K22-11P/G	只	2	带保护套
5	1~2SS	停止按钮	K22-11P/R	只	2	带保护套
4	1~4HY	绿色信号灯	K22-DP/G ~220V	只	4	
3	1~4HG	黄色信号灯	K22-DP/Y ~220V	只	4	
2	HW	白色信号灯	K22-DP/W ~220V	只	1	
1	1~4FU,FU1~2	熔断器开关	HG30-10/101 6A	只	6	

注：参见图集号2001沪D701。

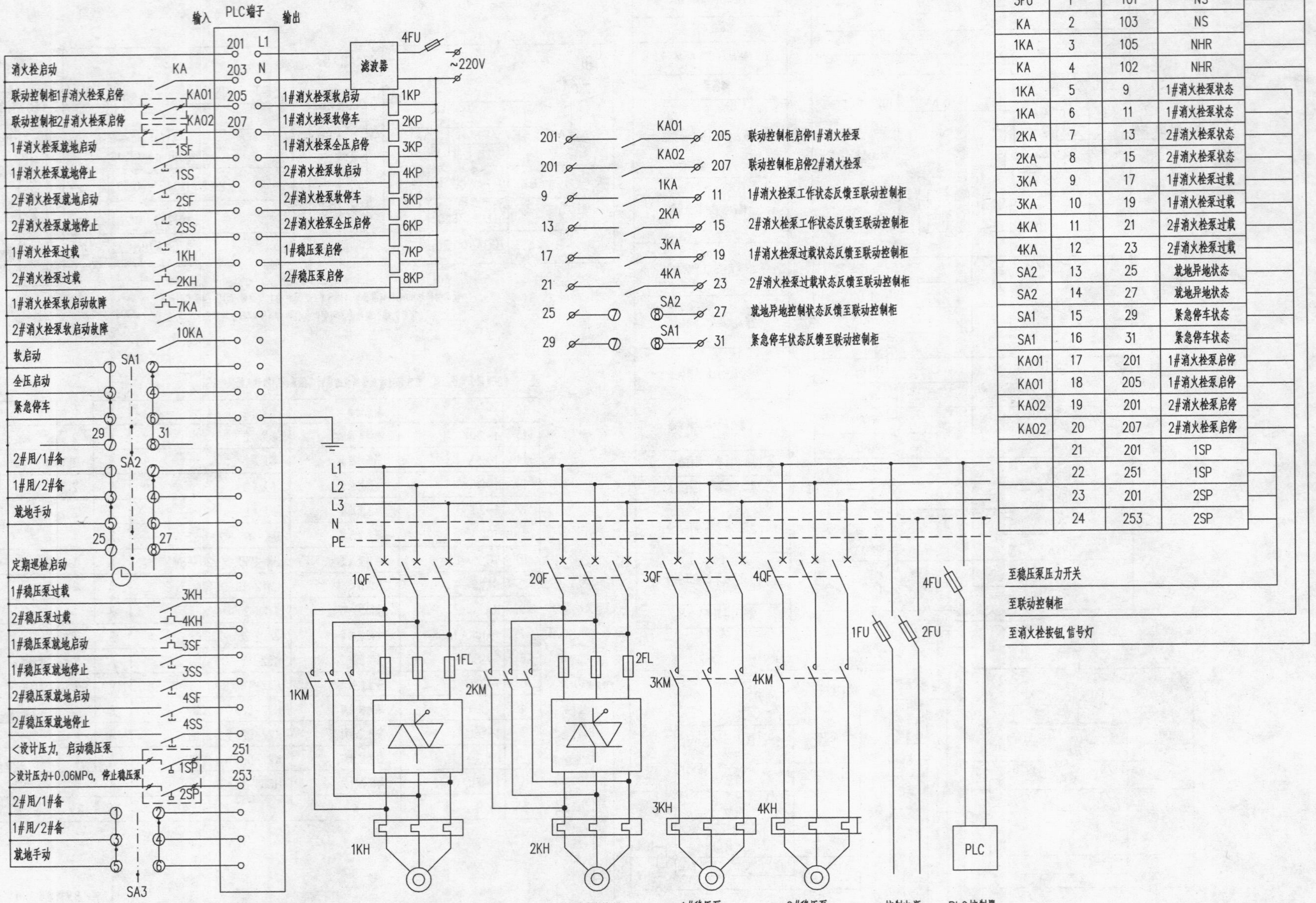

输入 PLC端子 输出

201 L1
203 N
205 207

消火栓启动 KA
联动控制柜1#消火栓泵启停 KA01
联动控制柜2#消火栓泵启停 KA02
1#消火栓泵就地启动 1SF
1#消火栓泵就地停止 1SS
2#消火栓泵就地启动 2SF
2#消火栓泵就地停止 2SS
1#消火栓泵过载 1KH
2#消火栓泵过载 2KH
1#消火栓泵软启动故障 7KA
2#消火栓泵软启动故障 10KA
软启动 SA1
全压启动
紧急停车
29 31
2#用/1#备 SA2
1#用/2#备
就地手动
25 27
定期巡检启动
1#稳压泵过载 3KH
2#稳压泵过载 4KH
1#稳压泵就地启动 3SF
1#稳压泵就地停止 3SS
2#稳压泵就地启动 4SF
2#稳压泵就地停止 4SS
<设计压力，启动稳压泵 251 1SP
>设计压力+0.06MPa，停止稳压泵 253 2SP
2#用/1#备
1#用/2#备
就地手动
SA3

滤波器 4FU ~220V
1#消火栓泵软启动 1KP
1#消火栓泵软停车 2KP
1#消火栓泵全压启停 3KP
2#消火栓泵软启动 4KP
2#消火栓泵软停车 5KP
2#消火栓泵全压启停 6KP
1#稳压泵启停 7KP
2#稳压泵启停 8KP

201 KA01 205 联动控制柜启停1#消火栓泵
201 KA02 207 联动控制柜启停2#消火栓泵
9 1KA 11 1#消火栓泵工作状态反馈至联动控制柜
13 2KA 15 2#消火栓泵工作状态反馈至联动控制柜
17 3KA 19 1#消火栓泵过载状态反馈至联动控制柜
21 4KA 23 2#消火栓泵过载状态反馈至联动控制柜
25 SA2 27 就地异地控制状态反馈至联动控制柜
29 SA1 31 紧急停车状态反馈至联动控制柜

接线端子			
箱内元件	序号	编号	箱外元件
3FU	1	101	NS
KA	2	103	NS
1KA	3	105	NHR
KA	4	102	NHR
1KA	5	9	1#消火栓泵状态
1KA	6	11	1#消火栓泵状态
2KA	7	13	2#消火栓泵状态
2KA	8	15	2#消火栓泵状态
3KA	9	17	1#消火栓泵过载
3KA	10	19	1#消火栓泵过载
4KA	11	21	2#消火栓泵过载
4KA	12	23	2#消火栓泵过载
SA2	13	25	就地异地状态
SA2	14	27	就地异地状态
SA1	15	29	紧急停车状态
SA1	16	31	紧急停车状态
KA01	17	201	1#消火栓泵启停
KA01	18	205	1#消火栓泵启停
KA02	19	201	2#消火栓泵启停
KA02	20	207	2#消火栓泵启停
	21	201	1SP
	22	251	1SP
	23	201	2SP
	24	253	2SP

至稳压泵压力开关
至联动控制柜
至消火栓按钮,信号灯

L1 L2 L3 N PE
1QF 2QF 3QF 4QF 4FU
1FL 2FL 1FU 2FU
1KM 2KM 3KM 4KM
3KH 4KH
1KH 2KH
PLC

1#消火栓泵 2#消火栓泵 1#稳压泵 2#稳压泵 控制电源 PLC控制器

注：本图适用于带稳压泵，有火灾自动报警系统的临时高压系统中的消火栓泵控制。

注：参见图集号2001沪D701。

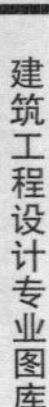

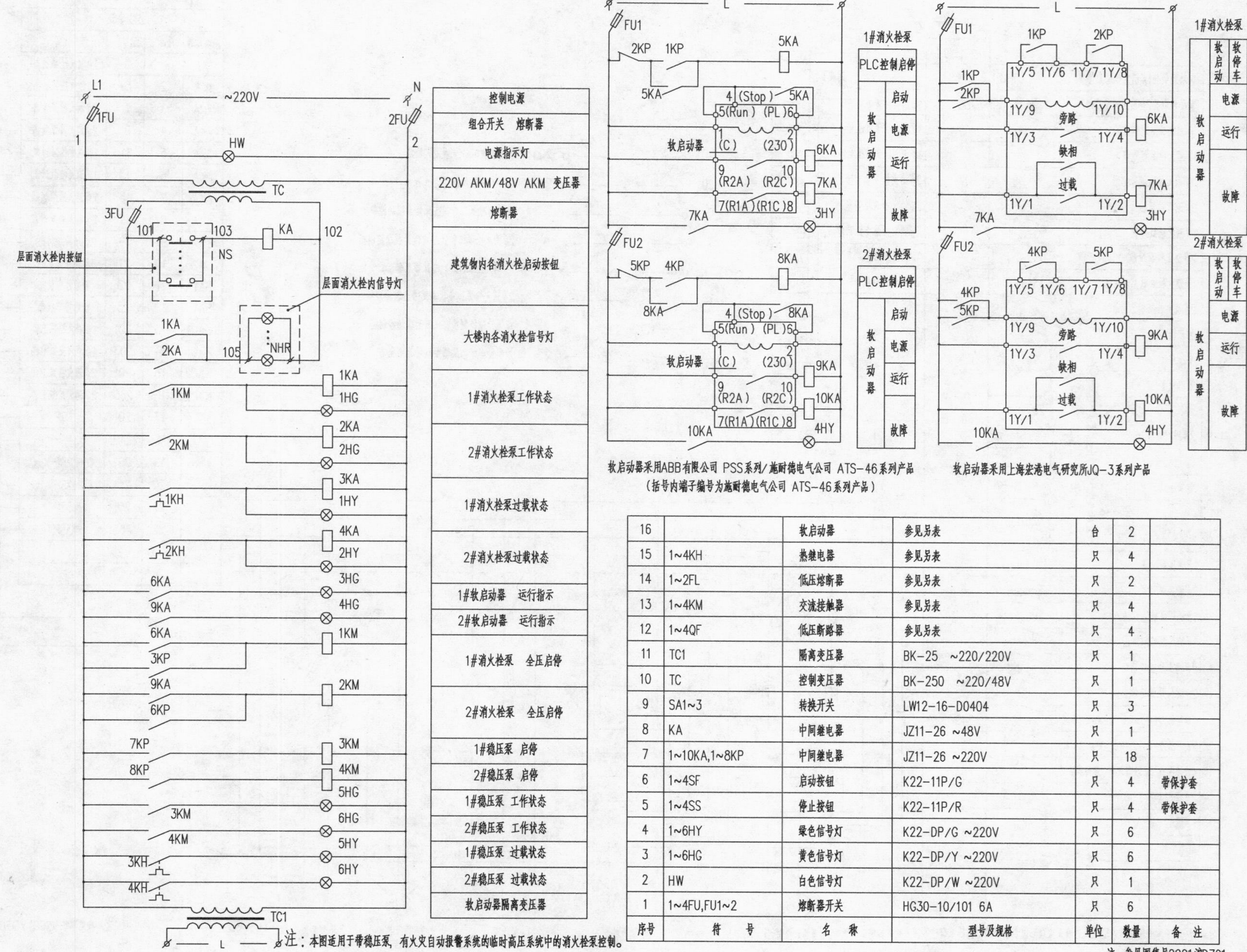

注：本图适用于带稳压泵，有火灾自动报警系统的临时高压系统中的消火栓泵控制。

序号	符号	名称	型号及规格	单位	数量	备注
16		软启动器	参见另表	台	2	
15	1~4KH	热继电器	参见另表	只	4	
14	1~2FL	低压熔断器	参见另表	只	2	
13	1~4KM	交流接触器	参见另表	只	4	
12	1~4QF	低压断路器	参见另表	只	4	
11	TC1	隔离变压器	BK-25 ~220/220V	只	1	
10	TC	控制变压器	BK-250 ~220/48V	只	1	
9	SA1~3	转换开关	LW12-16-D0404	只	3	
8	KA	中间继电器	JZ11-26 ~48V	只	1	
7	1~10KA,1~8KP	中间继电器	JZ11-26 ~220V	只	18	
6	1~4SF	启动按钮	K22-11P/G	只	4	带保护套
5	1~4SS	停止按钮	K22-11P/R	只	4	带保护套
4	1~6HY	绿色信号灯	K22-DP/G ~220V	只	6	
3	1~6HG	黄色信号灯	K22-DP/Y ~220V	只	6	
2	HW	白色信号灯	K22-DP/W ~220V	只	1	
1	1~4FU,FU1~2	熔断器开关	HG30-10/101 6A	只	6	

注：参见图集号2001沪D701。

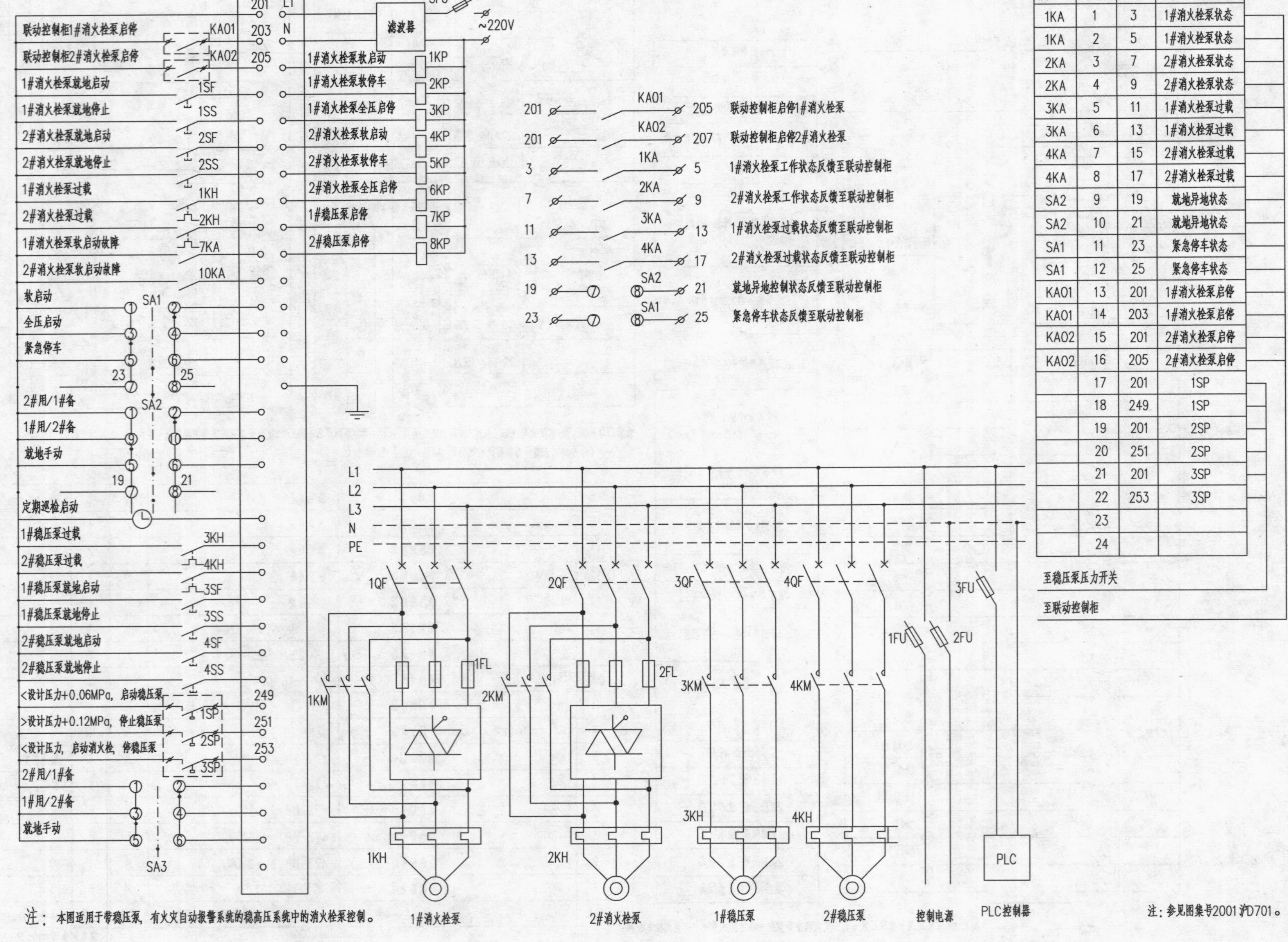

接线端子			
箱内元件	序号	编号	箱外元件
1KA	1	3	1#消火栓泵状态
1KA	2	5	1#消火栓泵状态
2KA	3	7	2#消火栓泵状态
2KA	4	9	2#消火栓泵状态
3KA	5	11	1#消火栓泵过载
3KA	6	13	1#消火栓泵过载
4KA	7	15	2#消火栓泵过载
4KA	8	17	2#消火栓泵过载
SA2	9	19	就地异地状态
SA2	10	21	就地异地状态
SA1	11	23	紧急停车状态
SA1	12	25	紧急停车状态
KA01	13	201	1#消火栓泵启停
KA01	14	203	1#消火栓泵启停
KA02	15	201	2#消火栓泵启停
KA02	16	205	2#消火栓泵启停
	17	201	1SP
	18	249	1SP
	19	201	2SP
	20	251	2SP
	21	201	3SP
	22	253	3SP
	23		
	24		

注：本图适用于带稳压泵，有火灾自动报警系统的稳高压系统中的消火栓泵控制。

注：参见图集号2001沪D701。

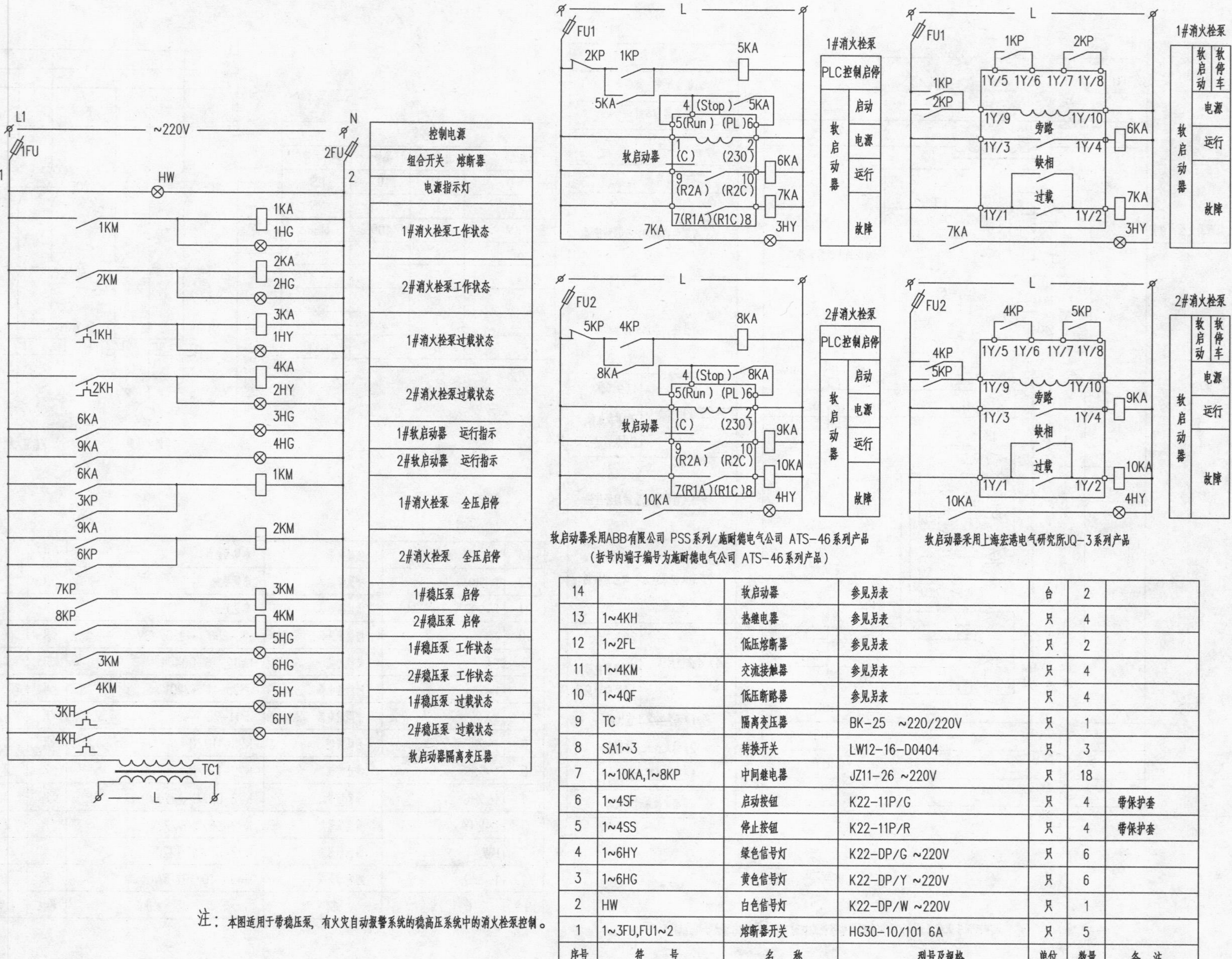

软启动器采用ABB有限公司 PSS系列/施耐德电气公司 ATS-46系列产品
（括号内端子编号为施耐德电气公司 ATS-46系列产品）

软启动器采用上海宏港电气研究所JQ-3系列产品

序号	符号	名称	型号及规格	单位	数量	备注
14		软启动器	参见另表	台	2	
13	1~4KH	热继电器	参见另表	只	4	
12	1~2FL	低压熔断器	参见另表	只	2	
11	1~4KM	交流接触器	参见另表	只	4	
10	1~4QF	低压断路器	参见另表	只	4	
9	TC	隔离变压器	BK-25 ~220/220V	只	1	
8	SA1~3	转换开关	LW12-16-D0404	只	3	
7	1~10KA,1~8KP	中间继电器	JZ11-26 ~220V	只	18	
6	1~4SF	启动按钮	K22-11P/G	只	4	带保护套
5	1~4SS	停止按钮	K22-11P/R	只	4	带保护套
4	1~6HY	绿色信号灯	K22-DP/G ~220V	只	6	
3	1~6HG	黄色信号灯	K22-DP/Y ~220V	只	6	
2	HW	白色信号灯	K22-DP/W ~220V	只	1	
1	1~3FU,FU1~2	熔断器开关	HG30-10/101 6A	只	5	

注：本图适用于带稳压泵，有火灾自动报警系统的稳高压系统中的消火栓泵控制。

注：参见图集号2001沪D701。

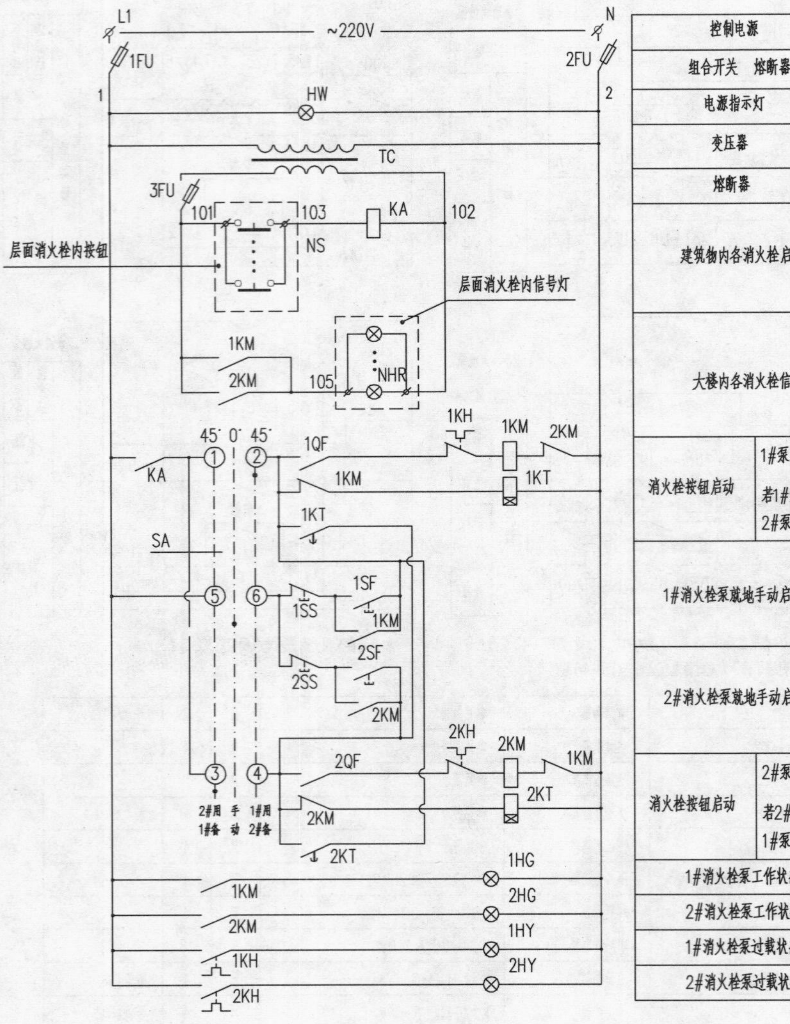

接线端子

箱内元件	序号	编号	箱外元件
3FU	1	101	NS
KA	2	103	NS
1KM	3	105	NHR
KA	4	102	NHR
	5		
	6		
	7		
	8		

至消火栓按钮、信号灯

L1
L2
L3
N
PE
1QF
2QF
1FU
2FU
1KM
2KM
1KH
2KH
1#消火栓泵
2#消火栓泵
控制电源

序号	符号	名称	型号及规格	单位	数量	备注
13	1~2KH	热继电器	参见另表	只	2	
12	1~2KM	交流接触器	参见另表	只	2	
11	1~2QF	低压断路器	参见另表	只	2	
10	TC	控制变压器	BK-250 ~220/48V	只	1	
9	SA	转换开关	LW12-16-D0404	只	1	
8	1~2KT	时间继电器	JS23-11 ~220V	只	2	
7	KA	中间继电器	JZ11-26 ~48V	只	1	
6	1~2SF	启动按钮	K22-11P/G	只	2	带保护套
5	1~2SS	停止按钮	K22-11P/R	只	2	带保护套
4	1~2HG	绿色信号灯	K22-DP/G ~220V	只	2	
3	1~2HY	黄色信号灯	K22-DP/Y ~220V	只	2	
2	HW	白色信号灯	K22-DP/W ~220V	只	1	
1	1~3FU	熔断器开关	HG30-10/101 6A	只	3	

注：本图适用于无稳压泵、无火灾自动报警系统的临时高压系统中的消火栓泵控制。

注：参见图集号2001沪D701。

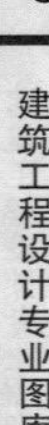

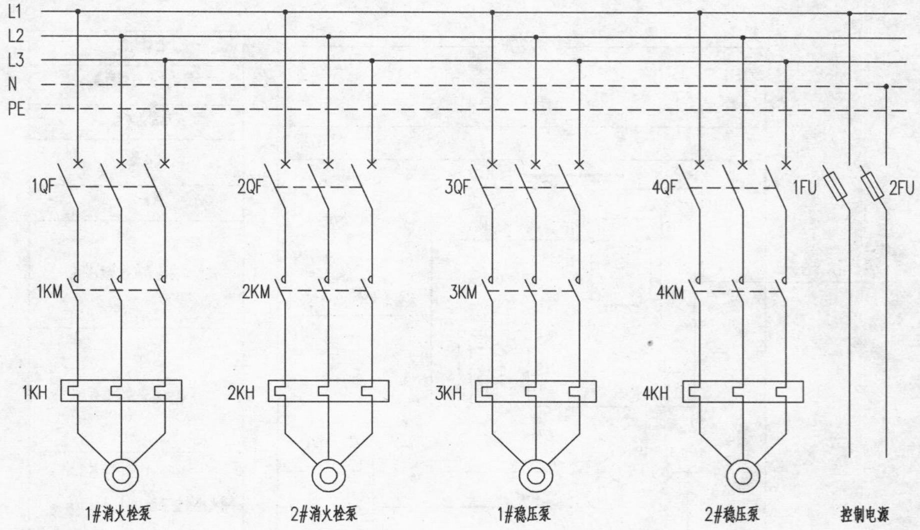

L1
L2
L3
N
PE
1QF 2QF 3QF 4QF 1FU 2FU
1KM 2KM 3KM 4KM
1KH 2KH 3KH 4KH
1#消火栓泵 2#消火栓泵 1#稳压泵 2#稳压泵 控制电源

接线端子			
箱内元件	序号	编号	箱外元件
3FU	1	101	NS
KA	2	103	NS
1KM	3	105	NHR
KA	4	102	NHR
1FU	5	1	压力开关1SP
1KA	6	3	压力开关1SP
SA1—8	7	5	压力开关2SP
1KA	8	7	压力开关2SP

至稳压泵压力开关
至消火栓按钮,信号灯

序号	符号	名称	型号及规格	单位	数量	备注
15	1~4KH	热继电器	参见另表	只	4	
14	1~4KM	交流接触器	参见另表	只	4	
13	1~4QF	低压断路器	参见另表	只	4	
12	TC	控制变压器	BK-250 ~220/48V	只	1	
11	SA1	转换开关	LW12-16-D5411	只	1	
10	SA	转换开关	LW12-16-D0404	只	1	
9	1~4KT	时间继电器	JS23-11 ~220V	只	4	
8	KA	中间继电器	JZ11-26 ~48V	只	1	
7	1~2KA	中间继电器	JZ11-26 ~220V	只	2	
6	1~4SF	启动按钮	K22-11P/G	只	4	带保护套
5	1~4SS	停止按钮	K22-11P/R	只	4	带保护套
4	1~4HG	绿色信号灯	K22-DP/G ~220V	只	4	
3	1~4HY	黄色信号灯	K22-DP/Y ~220V	只	4	
2	HW	白色信号灯	K22-DP/W ~220V	只	1	
1	1~3FU	熔断器开关	HG30-10/101 6A	只	3	

注:本图适用于带稳压泵,无火灾自动报警系统的临时高压系统中的消火栓泵控制。

注:参见图集号2001沪D701。

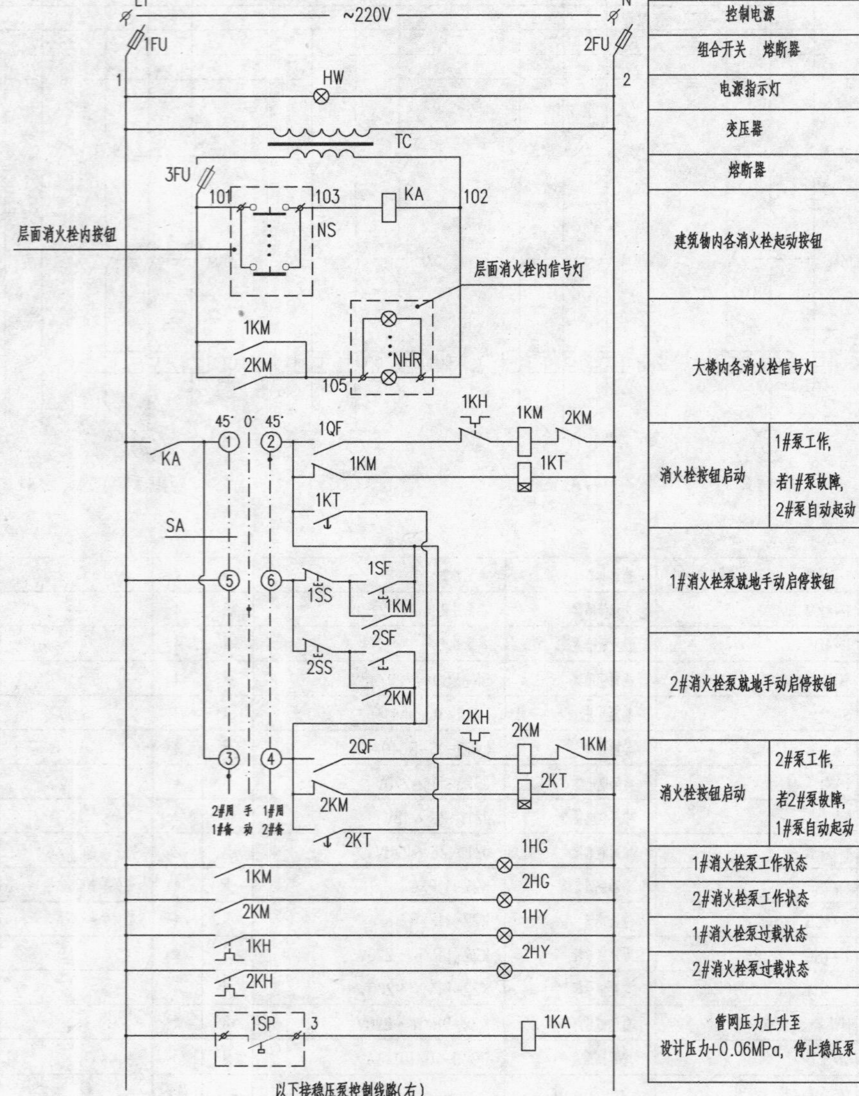
L1
~220V
N
1FU
2FU
HW
TC
3FU
101
103
KA
102
NS
层面消火栓内按钮
层面消火栓内信号灯
NHR
105
1KM
2KM
45° 0° 45°
1QF
1KH
1KT
SA
1SF
1SS
2SF
2SS
2KH
2QF
2KT
2#用 1#备
手动
1#用 2#备
1HG
2HG
1HY
2HY
1SP
1KA
以下接稳压泵控制线路(右)
控制电源
组合开关 熔断器
电源指示灯
变压器
熔断器
建筑物内各消火栓起动按钮
大楼内各消火栓信号灯
消火栓按钮启动
1#泵工作，若1#泵故障，2#泵自动起动
1#消火栓泵就地手动启停按钮
2#消火栓泵就地手动启停按钮
消火栓按钮启动
2#泵工作，若2#泵故障，1#泵自动起动
1#消火栓泵工作状态
2#消火栓泵工作状态
1#消火栓泵过载状态
2#消火栓泵过载状态
管网压力上升至设计压力+0.06MPa，停止稳压泵

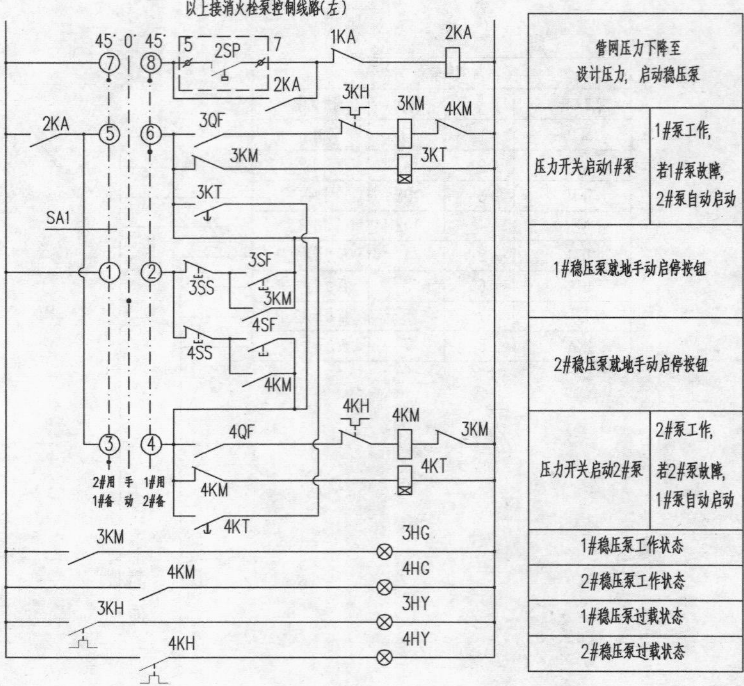
以上接消火栓泵控制线路(左)
45° 0° 45°
2SP
1KA
2KA
3KH
3KM
4KM
3QF
3KT
SA1
3SF
3SS
4SF
4SS
4KH
4QF
4KT
2#用 1#备
手动
1#用 2#备
3HG
4HG
3HY
4HY
管网压力下降至设计压力，启动稳压泵
压力开关启动1#泵
1#泵工作，若1#泵故障，2#泵自动启动
1#稳压泵就地手动启停按钮
2#稳压泵就地手动启停按钮
压力开关启动2#泵
2#泵工作，若2#泵故障，1#泵自动启动
1#稳压泵工作状态
2#稳压泵工作状态
1#稳压泵过载状态
2#稳压泵过载状态

注：本图适用于带稳压泵，无火灾自动报警系统的临时高压系统中的消火栓泵控制。

注：参见图集号2001沪D701。

接线端子			
箱内元件	序号	编号	箱外元件
1FU	1	1	压力开关1SP
KT	2	3	压力开关1SP
	3	1	压力开关2SP
2KA	4	5	压力开关2SP
SA1—8	5	7	压力开关3SP
1KA	6	9	压力开关3SP
	7		
	8		

至稳压泵压力开关

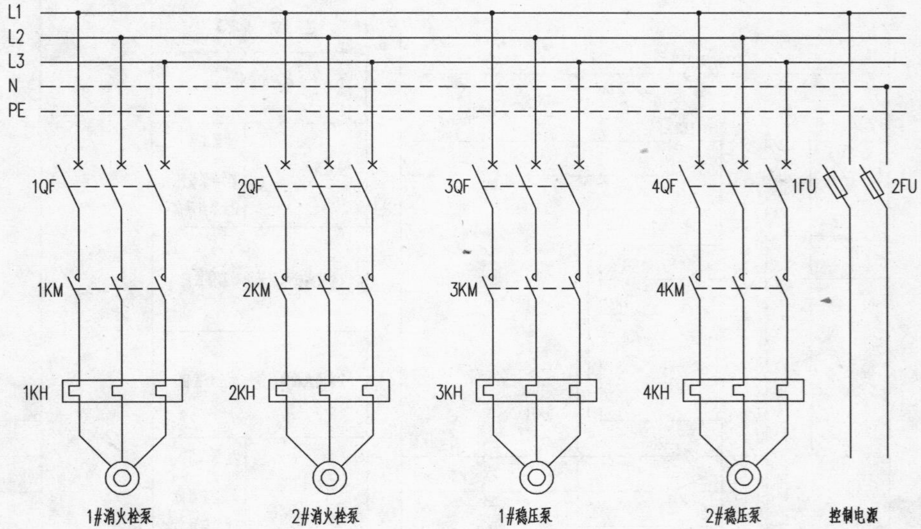

L1
L2
L3
N
PE

1QF 2QF 3QF 4QF 1FU 2FU

1KM 2KM 3KM 4KM

1KH 2KH 3KH 4KH

1#消火栓泵 2#消火栓泵 1#稳压泵 2#稳压泵 控制电源

注：本图适用于带稳压泵、无火灾自动报警系统的稳高压系统中的消火栓泵控制。

注：参见图集号2001沪D701。

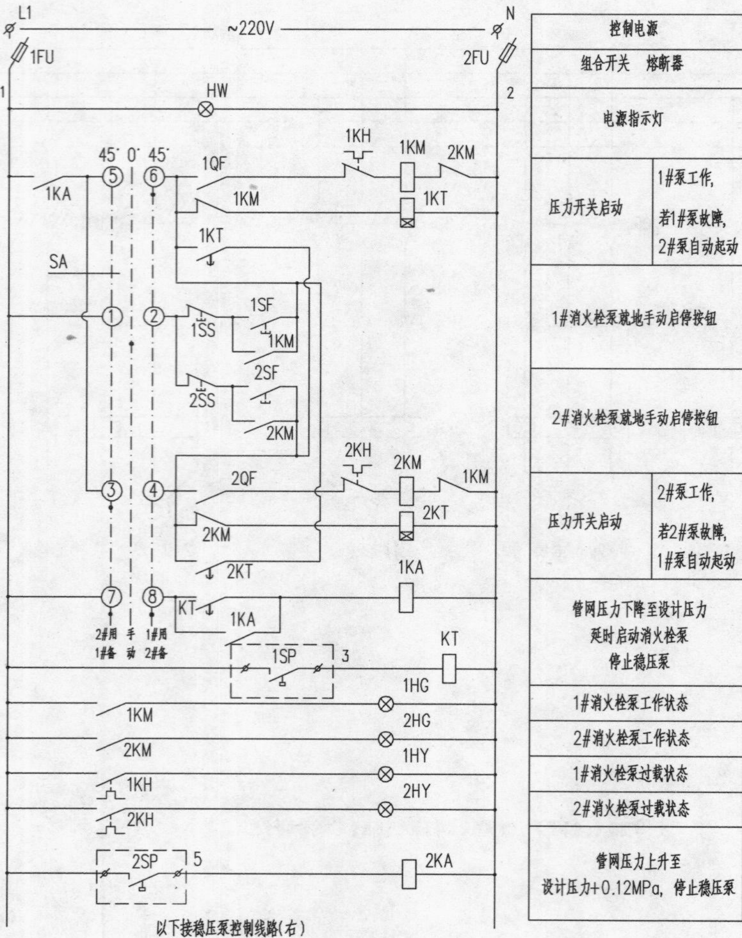

控制电源	
组合开关 熔断器	
电源指示灯	
压力开关启动	1#泵工作，若1#泵故障，2#泵自动起动
1#消火栓泵就地手动启停按钮	
2#消火栓泵就地手动启停按钮	
压力开关启动	2#泵工作，若2#泵故障，1#泵自动起动
管网压力下降至设计压力延时启动消火栓泵停止稳压泵	
1#消火栓泵工作状态	
2#消火栓泵工作状态	
1#消火栓泵过载状态	
2#消火栓泵过载状态	
管网压力上升至设计压力+0.12MPa，停止稳压泵	

以下接稳压泵控制线路(右)

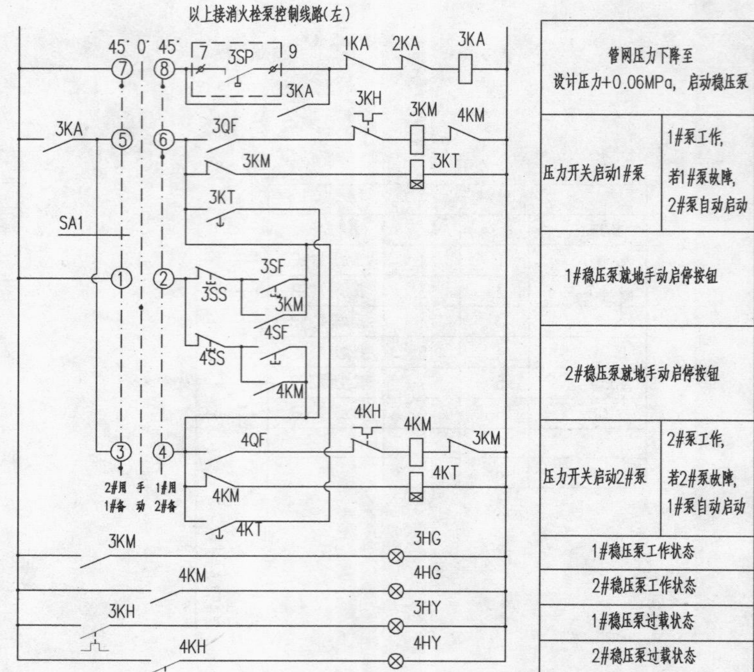

管网压力下降至设计压力+0.06MPa，启动稳压泵	
压力开关启动1#泵	1#泵工作，若1#泵故障，2#泵自动启动
1#稳压泵就地手动启停按钮	
2#稳压泵就地手动启停按钮	
压力开关启动2#泵	2#泵工作，若2#泵故障，1#泵自动启动
1#稳压泵工作状态	
2#稳压泵工作状态	
1#稳压泵过载状态	
2#稳压泵过载状态	

序号	符号	名称	型号及规格	单位	数量	备注
12	1~4KH	热继电器	参见另表	只	4	
11	1~4KM	交流接触器	参见另表	只	4	
10	1~4QF	低压断路器	参见另表	只	4	
9	SA,SA1	转换开关	LW12-16-D5411	只	2	
8	1~4KT,KT	时间继电器	JS23-11 ~220V	只	5	
7	1~3KA	中间继电器	JZ11-26 ~220V	只	3	
6	1~4SF	启动按钮	K22-11P/G	只	4	带保护套
5	1~4SS	停止按钮	K22-11P/R	只	4	带保护套
4	1~4HG	绿色信号灯	K22-DP/G ~220V	只	4	
3	1~4HY	黄色信号灯	K22-DP/Y ~220V	只	4	
2	HW	白色信号灯	K22-DP/W ~220V	只	1	
1	1~2FU	熔断器开关	HG30-10/101 6A	只	2	

注：本图适用于带稳压泵、无火灾自动报警系统的稳高压系统中的消火栓泵控制。

注：参见图集号2001沪D701。

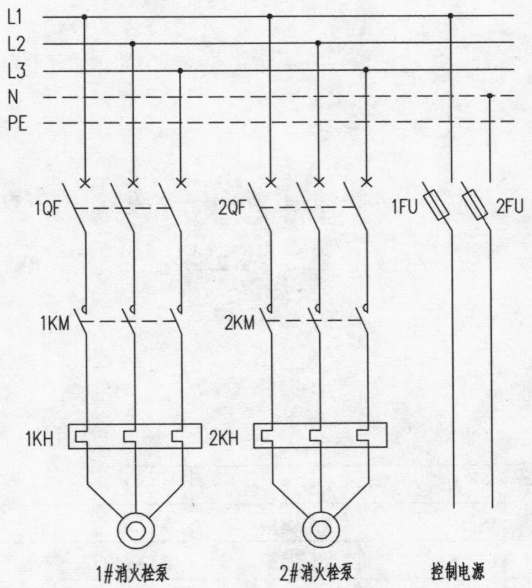

L1
L2
L3
N
PE

1QF 2QF 1FU 2FU

1KM 2KM

1KH 2KH

1#消火栓泵 2#消火栓泵 控制电源

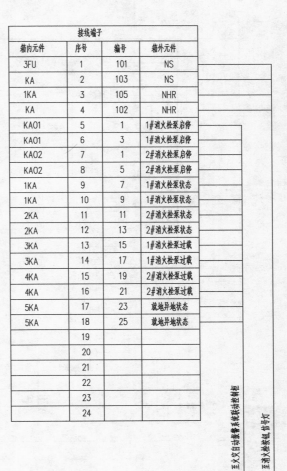

接线端子			
箱内元件	序号	编号	箱外元件
3FU	1	101	NS
KA	2	103	NS
1KA	3	105	NHR
KA	4	102	NHR
KA01	5	1	1#消火栓泵启停
KA01	6	3	1#消火栓泵启停
KA02	7	1	2#消火栓泵启停
KA02	8	5	2#消火栓泵启停
1KA	9	7	1#消火栓泵状态
1KA	10	9	1#消火栓泵状态
2KA	11	11	2#消火栓泵状态
2KA	12	13	2#消火栓泵状态
3KA	13	15	1#消火栓泵过载
3KA	14	17	1#消火栓泵过载
4KA	15	19	2#消火栓泵过载
4KA	16	21	2#消火栓泵过载
5KA	17	23	就地异地状态
5KA	18	25	就地异地状态
	19		
	20		
	21		
	22		
	23		
	24		

至火灾自动报警系统联动控制柜

至消火栓按钮，信号灯

注：本图适用于无稳压泵，有火灾自动报警系统的临时高压系统中的消火栓泵控制。

注：参见图集号2001沪D701。

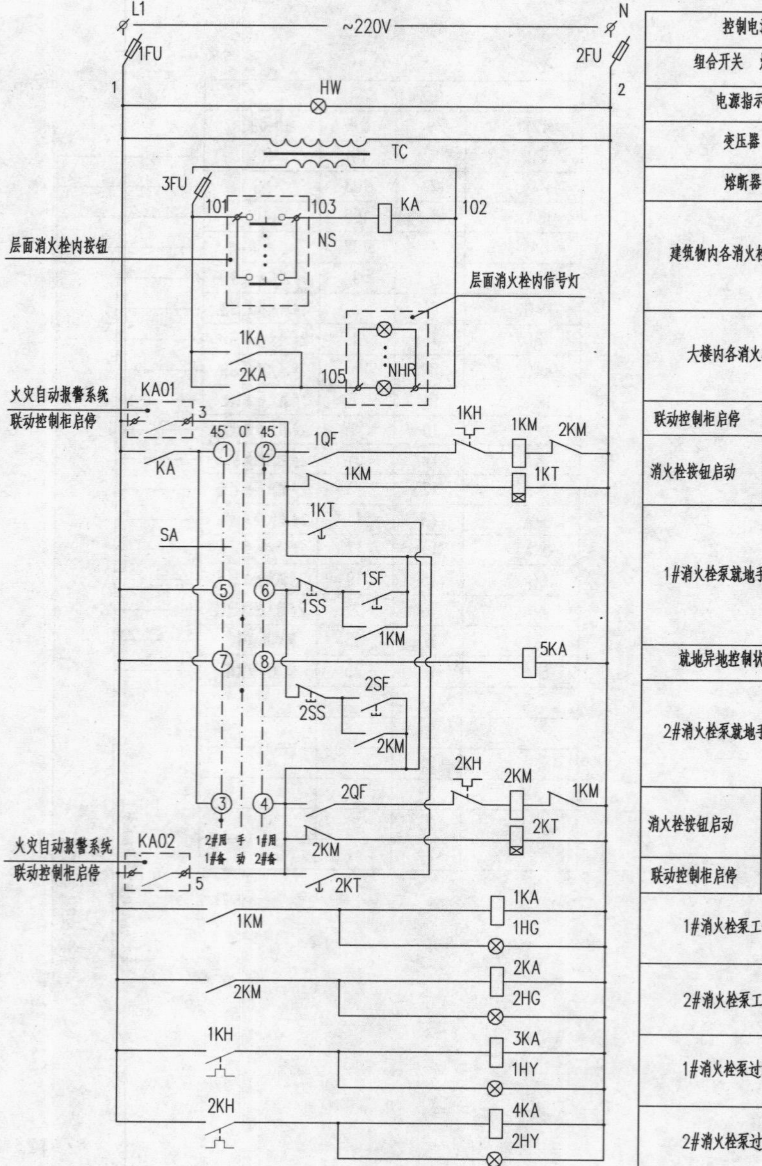

端子	触点	端子	说明
1	KA01	3	联动控制柜启停1#消火栓泵
1	KA02	5	联动控制柜启停2#消火栓泵
7	1KA	9	1#消火栓泵工作状态反馈至联动控制柜
11	2KA	13	2#消火栓泵工作状态反馈至联动控制柜
15	3KA	17	1#消火栓泵过载状态反馈至联动控制柜
19	4KA	21	2#消火栓泵过载状态反馈至联动控制柜
23	5KA	25	就地异地控制状态反馈至联动控制柜

序号	符　号	名　称	型号及规格	单位	数量	备　注
14	1~2KH	热继电器	参见另表	只	2	
13	1~2KM	交流接触器	参见另表	只	2	
12	1~2QF	低压断路器	参见另表	只	2	
11	TC	控制变压器	BK-250　~220/48V	只	1	
10	SA	转换开关	LW12-16-D0404	只	1	
9	1~2KT	时间继电器	JS23-11 ~220V	只	2	
8	KA	中间继电器	JZ11-26 ~48V	只	1	
7	1~5KA	中间继电器	JZ11-26 ~220V	只	5	
6	1~2SF	启动按钮	K22-11P/G	只	2	带保护套
5	1~2SS	停止按钮	K22-11P/R	只	2	带保护套
4	1~2HG	绿色信号灯	K22-DP/G ~220V	只	2	
3	1~2HY	黄色信号灯	K22-DP/Y ~220V	只	2	
2	HW	白色信号灯	K22-DP/W ~220V	只	1	
1	1~3FU	熔断器开关	HG30-10/101 6A	只	3	

注：本图适用于无稳压泵，有火灾自动报警系统的临时高压系统中的消火栓泵控制。

注：参见图集号2001沪D701。

接线端子			
箱内元件	序号	编号	箱外元件
3FU	1	101	NS
KA	2	103	NS
1KM	3	105	NHR
KA	4	102	NHR
KA01	5	1	1#消火栓泵启停
KA01	6	3	1#消火栓泵启停
KA02	7	1	2#消火栓泵启停
KA02	8	5	2#消火栓泵启停
1KA	9	7	1#消火栓泵状态
1KA	10	9	1#消火栓泵状态
2KA	11	11	2#消火栓泵状态
2KA	12	13	2#消火栓泵状态
3KA	13	15	1#消火栓泵过载
3KA	14	17	1#消火栓泵过载
4KA	15	19	2#消火栓泵过载
4KA	16	21	2#消火栓泵过载
5KA	17	23	就地异地状态
5KA	18	25	就地异地状态
1FU	19	1	压力开关1SP
6KA	20	27	压力开关1SP
SA1—8	21	29	压力开关2SP
6KA	22	31	压力开关2SP
	23		
	24		

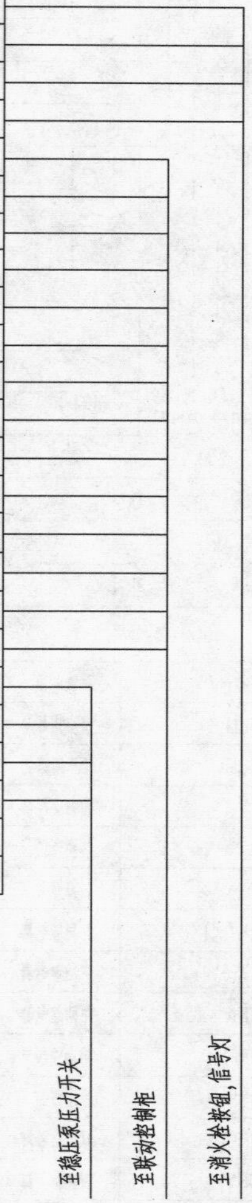

至稳压泵压力开关
至联动控制柜
至消火栓按钮，信号灯

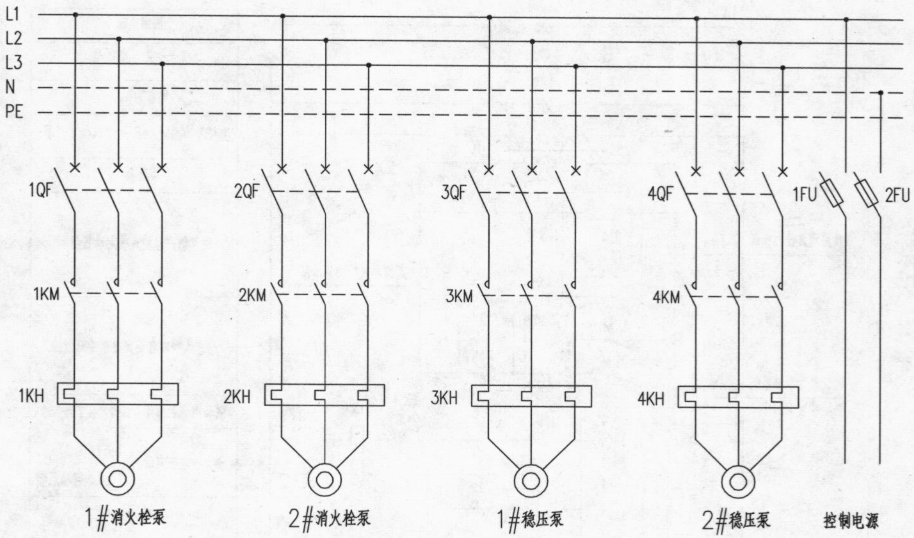

L1
L2
L3
N
PE
1QF 2QF 3QF 4QF 1FU 2FU
1KM 2KM 3KM 4KM
1KH 2KH 3KH 4KH
1#消火栓泵 2#消火栓泵 1#稳压泵 2#稳压泵 控制电源

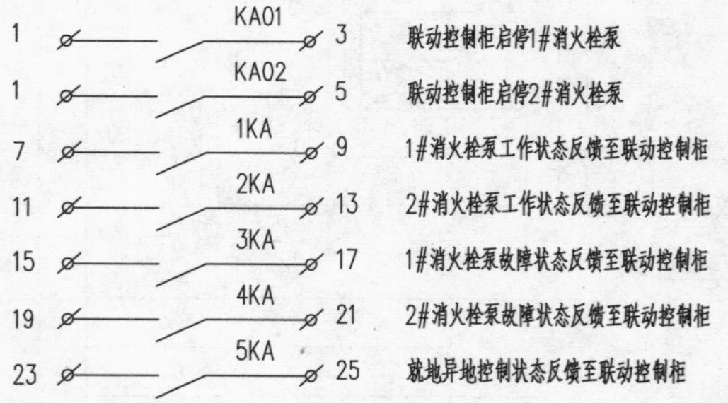

		触点		说明
1		KA01	3	联动控制柜启停1#消火栓泵
1		KA02	5	联动控制柜启停2#消火栓泵
7		1KA	9	1#消火栓泵工作状态反馈至联动控制柜
11		2KA	13	2#消火栓泵工作状态反馈至联动控制柜
15		3KA	17	1#消火栓泵故障状态反馈至联动控制柜
19		4KA	21	2#消火栓泵故障状态反馈至联动控制柜
23		5KA	25	就地异地控制状态反馈至联动控制柜

注：本图适用于带稳压泵，有火灾自动报警系统的临时高压系统中的消火栓泵控制。

注：参见图集号2001沪D701。

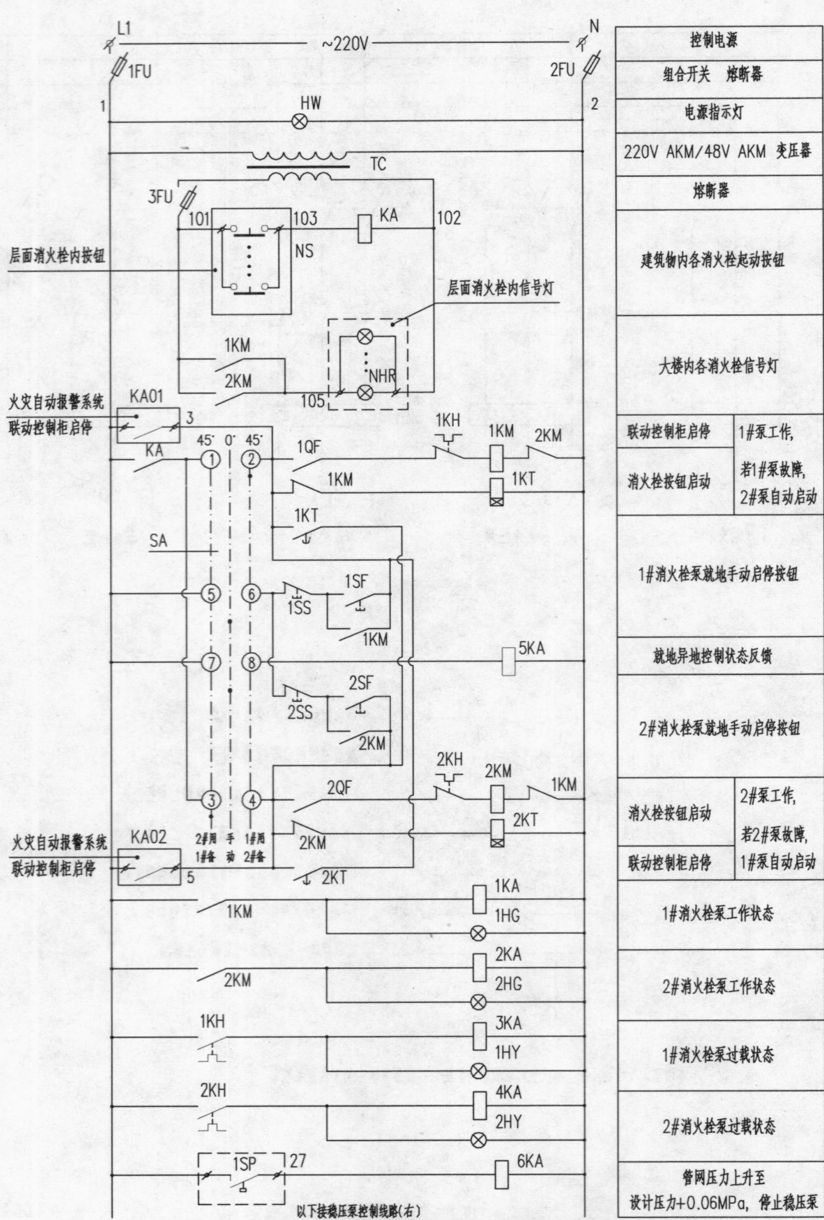

L1
N
~220V
1FU
2FU
HW
TC
3FU
KA
NS
层面消火栓内按钮
层面消火栓内信号灯
NHR
火灾自动报警系统
联动控制柜启停
KA01
KA02
SA
控制电源
组合开关 熔断器
电源指示灯
220V AKM/48V AKM 变压器
熔断器
建筑物内各消火栓起动按钮
大楼内各消火栓信号灯
联动控制柜启停
消火栓按钮启动
1#泵工作,
若1#泵故障,
2#泵自动启动
1#消火栓泵就地手动启停按钮
就地异地控制状态反馈
2#消火栓泵就地手动启停按钮
消火栓按钮启动
联动控制柜启停
2#泵工作,
若2#泵故障,
1#泵自动启动
1#消火栓泵工作状态
2#消火栓泵工作状态
1#消火栓泵过载状态
2#消火栓泵过载状态
管网压力上升至
设计压力+0.06MPa，停止稳压泵
以下接稳压泵控制线路(右)

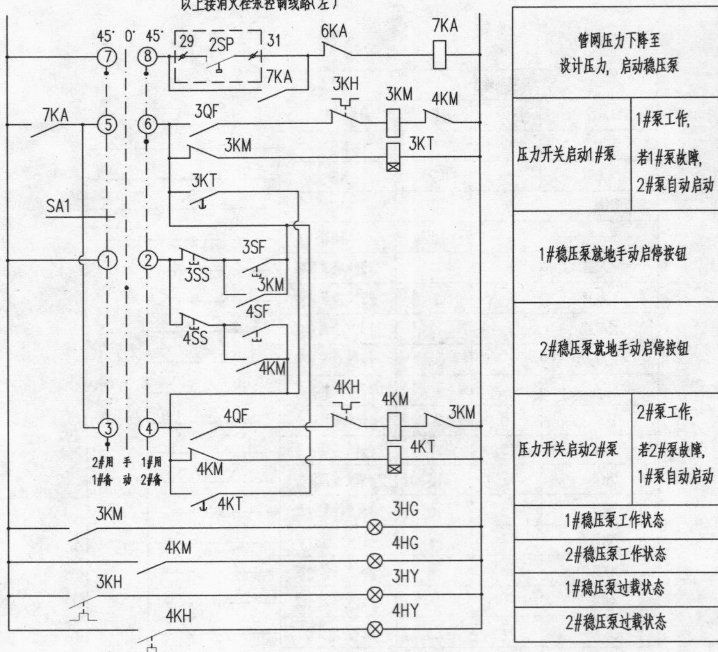

注：本图适用于带稳压泵、有火灾自动报警系统的临时高压系统中的消火栓泵控制。

序号	符号	名称	型号及规格	单位	数量	备注
15	1~4KH	热继电器	参见另表	只	4	
14	1~4KM	交流接触器	参见另表	只	4	
13	1~4QF	低压断路器	参见另表	只	4	
12	TC	控制变压器	BK-250 ~220/48V	只	1	
11	SA1	转换开关	LW12-16-D5411	只	1	
10	SA	转换开关	LW12-16-D0404	只	1	
9	1~4KT,KT	时间继电器	JS23-11 ~220V	只	5	
8	KA	中间继电器	JZ11-26 ~48V	只	1	
7	1~7KA	中间继电器	JZ11-26 ~220V	只	7	
6	1~4SF	启动按钮	K22-11P/G	只	4	带保护套
5	1~4SS	停止按钮	K22-11P/R	只	4	带保护套
4	1~4HG	绿色信号灯	K22-DP/G ~220V	只	4	
3	1~4HY	黄色信号灯	K22-DP/Y ~220V	只	4	
2	HW	白色信号灯	K22-DP/W ~220V	只	1	
1	1~3FU	熔断器开关	HG30-10/101 6A	只	3	

注：参见图集号2001沪D701。

接线端子			
箱内元件	序号	编号	箱外元件
KA01	1	1	1#消火栓泵启停
KA01	2	3	1#消火栓泵启停
KA02	3	1	2#消火栓泵启停
KA02	4	5	2#消火栓泵启停
1KA	5	7	1#消火栓泵状态
1KA	6	9	1#消火栓泵状态
2KA	7	11	2#消火栓泵状态
2KA	8	13	2#消火栓泵状态
3KA	9	15	1#消火栓泵过载
3KA	10	17	1#消火栓泵过载
4KA	11	19	2#消火栓泵过载
4KA	12	21	2#消火栓泵过载
5KA	13	23	就地异地状态
5KA	14	25	就地异地状态
1FU	15	1	压力开关1SP
KT	16	27	压力开关1SP
	17	1	压力开关2SP
7KA	18	29	压力开关2SP
SA1—8	19	31	压力开关3SP
6KA	20	33	压力开关3SP
	21		
	22		
	23		
	24		

至稳压泵压力开关

至联动控制柜

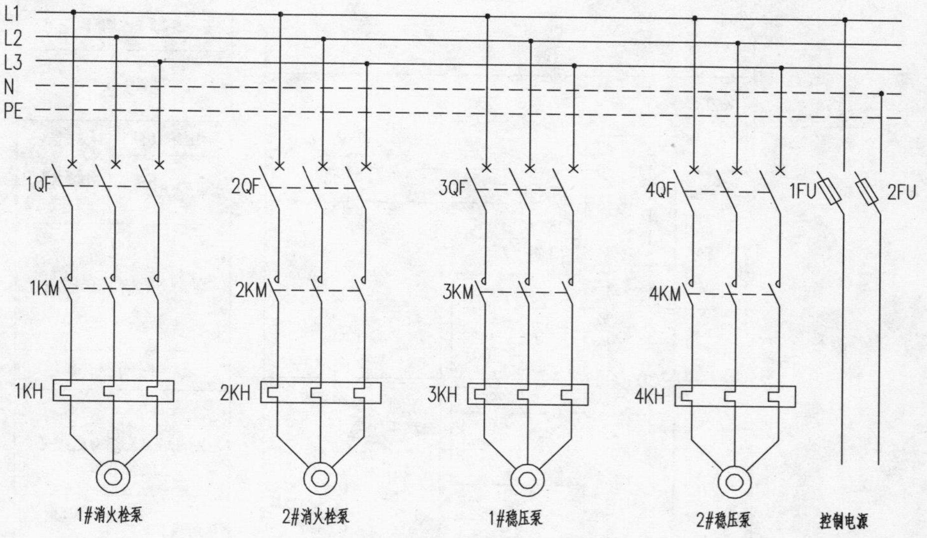

L1 L2 L3 N PE

1QF 2QF 3QF 4QF 1FU 2FU

1KM 2KM 3KM 4KM

1KH 2KH 3KH 4KH

1#消火栓泵　2#消火栓泵　1#稳压泵　2#稳压泵　控制电源

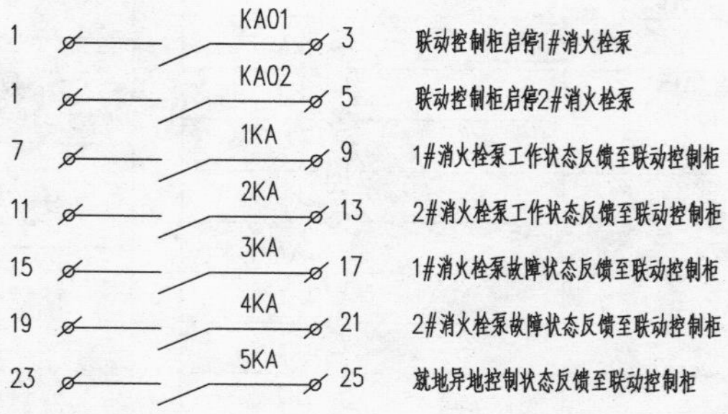

	触点		说明
1	KA01	3	联动控制柜启停1#消火栓泵
1	KA02	5	联动控制柜启停2#消火栓泵
7	1KA	9	1#消火栓泵工作状态反馈至联动控制柜
11	2KA	13	2#消火栓泵工作状态反馈至联动控制柜
15	3KA	17	1#消火栓泵故障状态反馈至联动控制柜
19	4KA	21	2#消火栓泵故障状态反馈至联动控制柜
23	5KA	25	就地异地控制状态反馈至联动控制柜

注：本图适用于带稳压泵，有火灾自动报警系统的稳高压系统中的消火栓泵控制。

注：参见图集号2001沪D701。

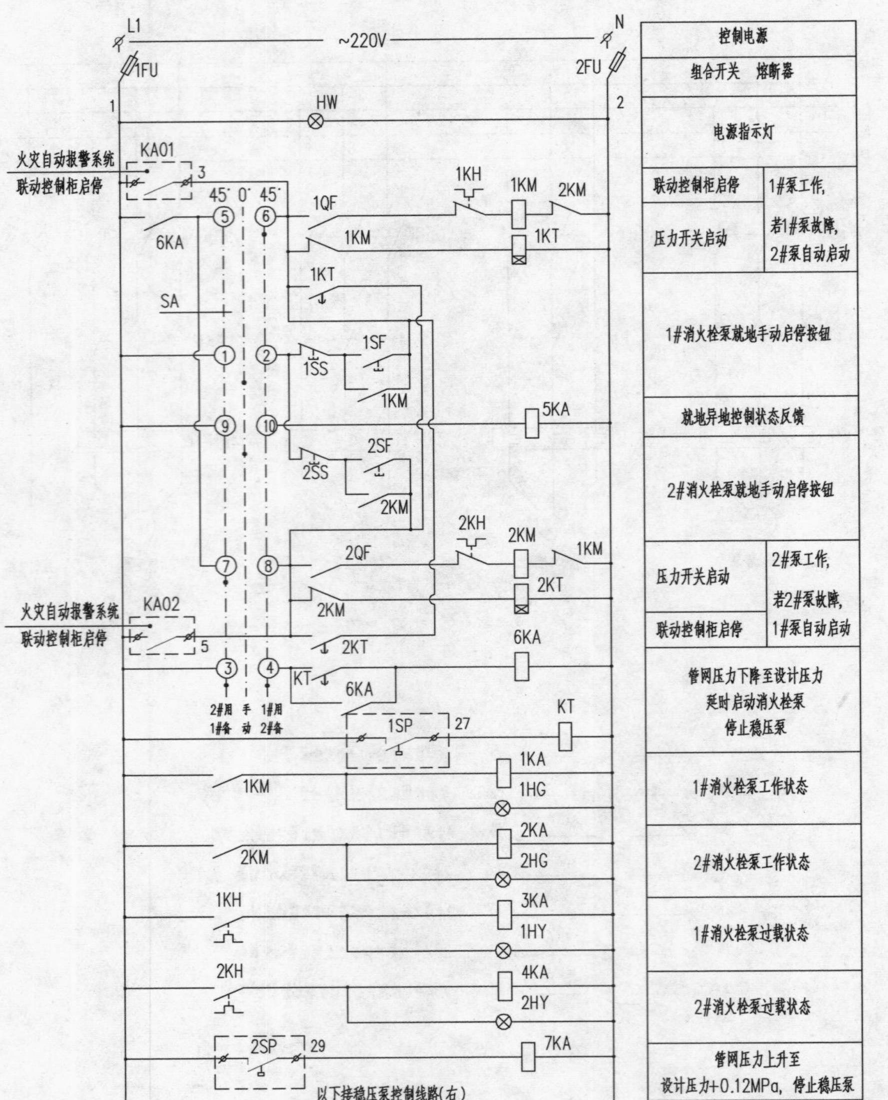

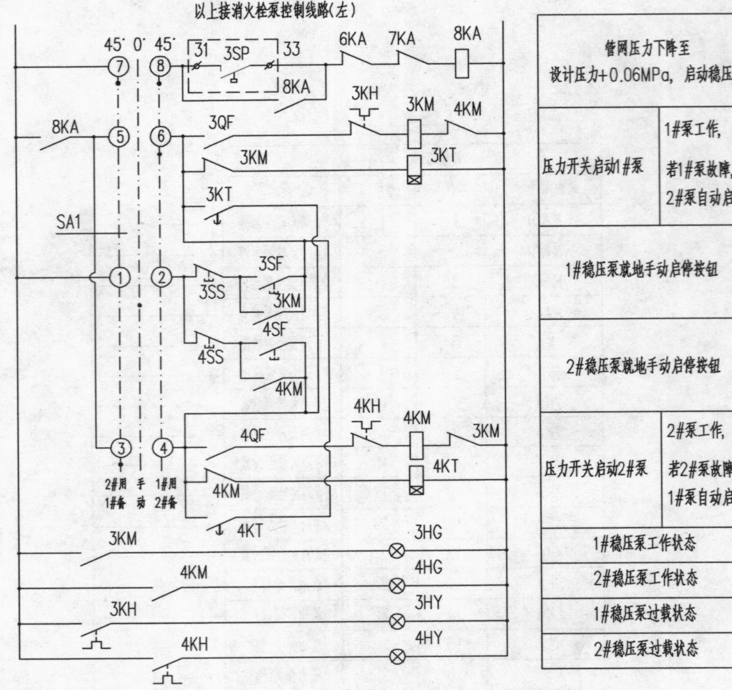

序号	符号	名称	型号及规格	单位	数量	备注
13	1~4KH	热继电器	参见另表	只	4	
12	1~4KM	交流接触器	参见另表	只	4	
11	1~4QF	低压断路器	参见另表	只	4	
10	SA1	转换开关	LW12-16-D5411	只	1	
9	SA	转换开关	LW12-16-D0721	只	1	
8	1~4KT,KT	时间继电器	JS23-11 ~220V	只	5	
7	1~8KA	中间继电器	JZ11-26 ~220V	只	8	
6	1~4SF	启动按钮	K22-11P/G	只	4	带保护套
5	1~4SS	停止按钮	K22-11P/R	只	4	带保护套
4	1~4HG	绿色信号灯	K22-DP/G ~220V	只	4	
3	1~4HY	黄色信号灯	K22-DP/Y ~220V	只	4	
2	HW	白色信号灯	K22-DP/W ~220V	只	1	
1	1~2FU	熔断器开关	HG30-10/101 6A	只	2	

注:本图适用于带稳压泵,有火灾自动报警系统的稳高压系统中的消火栓泵控制。

注:参见图集号2001沪D701。

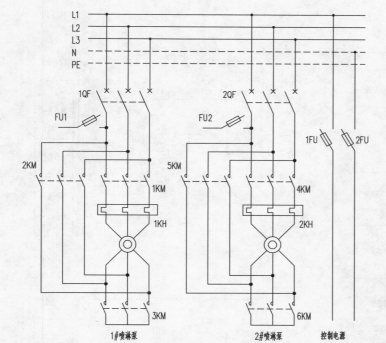

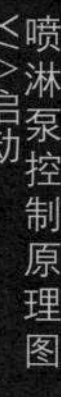

接线端子			
箱内元件	序号	编号	箱外元件
1FU	1	1	NSP
KT	2	3	NSP
	3		
	4		

序号	符号	名称	型号及规格	单位	数量	备注
13	1~2KH	热继电器	参见另表	只	2	
12	1~6KM	交流接触器	参见另表	只	6	
11	1~2QF	低压断路器	参见另表	只	2	
10	SA	转换开关	LW12-16-D5411	只	1	
9	1~4KT,KT	时间继电器	JS23-11 ~220V	只	5	
8	1~4KA,KA	中间继电器	JZ11-26 ~220V	只	5	
7	1~2SF	启动按钮	K22-11P/G	只	2	带保护套
6	1~2SS	停止按钮	K22-11P/R	只	2	带保护套
5	1~2HG	绿色信号灯	K22-DP/G ~220V	只	2	
4	1~2HY	黄色信号灯	K22-DP/Y ~220V	只	2	
3	1~2HR	红色信号灯	K22-DP/R ~220V	只	2	
2	HW	白色信号灯	K22-DP/W ~220V	只	1	
1	1~2FU,FU1~2	熔断器开关	HG30-10/101 6A	只	4	

注：本图适用于无稳压泵，无火灾自动报警系统的临时高压系统中的喷淋泵控制。

注：参见图集号2001沪D701。

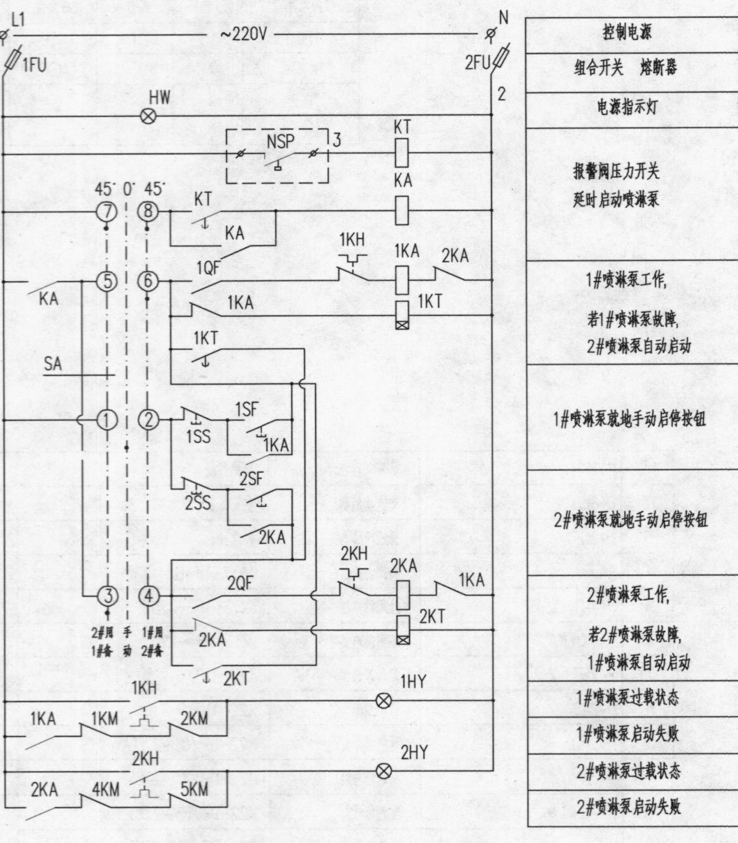

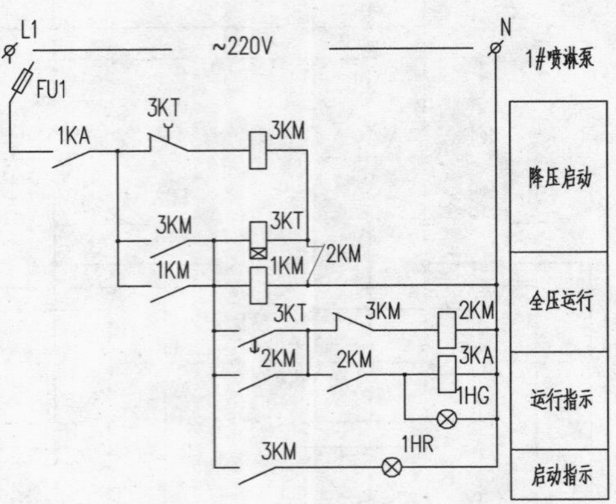

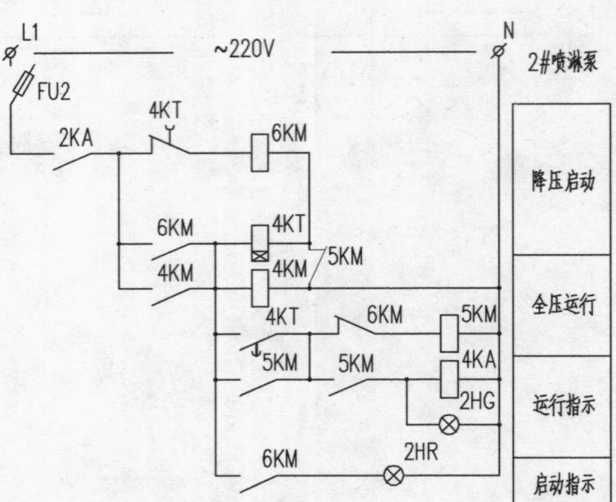

注:本图适用于无稳压泵、无火灾自动报警系统的临时高压系统中的喷淋泵控制。

注:参见图集号2001沪D701。

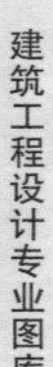

接线端子			
箱内元件	序号	编号	箱外元件
1FU	1	1	NSP
KT	2	3	NSP
	3	1	压力开关1SP
5KA	4	5	压力开关1SP
SA1--8	5	7	压力开关2SP
KA	6	9	压力开关2SP
	7		
	8		

至稳压泵压力开关

至各报警阀压力开关

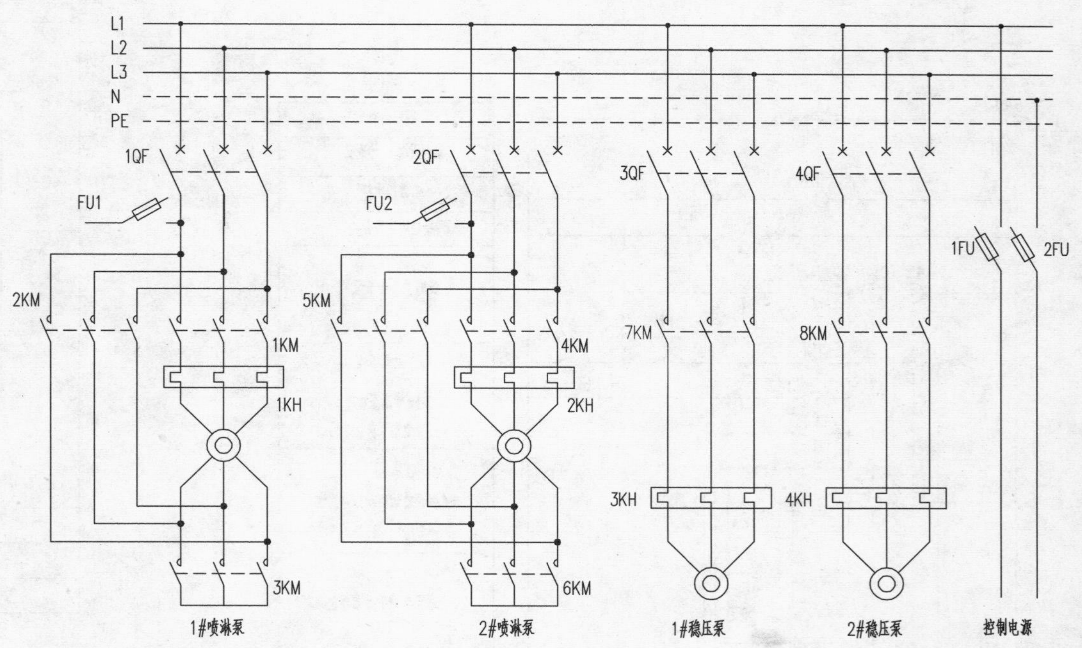

序号	符号	名称	型号及规格	单位	数量	备注
13	1~4KH	热继电器	参见另表	只	4	
12	1~8KM	交流接触器	参见另表	只	8	
11	1~4QF	低压断路器	参见另表	只	4	
10	SA,SA1	转换开关	LW12-16-D5411	只	2	
9	1~6KT,KT	时间继电器	JS23-11 ~220V	只	7	
8	1~6KA,KA	中间继电器	JZ11-26 ~220V	只	7	
7	1~4SF	启动按钮	K22-11P/G	只	4	带保护套
6	1~4SS	停止按钮	K22-11P/R	只	4	带保护套
5	1~4HG	绿色信号灯	K22-DP/G ~220V	只	4	
4	1~4HY	黄色信号灯	K22-DP/Y ~220V	只	4	
3	1~2HR	红色信号灯	K22-DP/R ~220V	只	2	
2	HW	白色信号灯	K22-DP/W ~220V	只	1	
1	1~2FU,FU1~2	熔断器开关	HG30-10/101 6A	只	4	

注：本图适用于带稳压泵、无火灾自动报警系统的临时高压系统中的喷淋泵控制。

注：参见图集号2001沪D701。

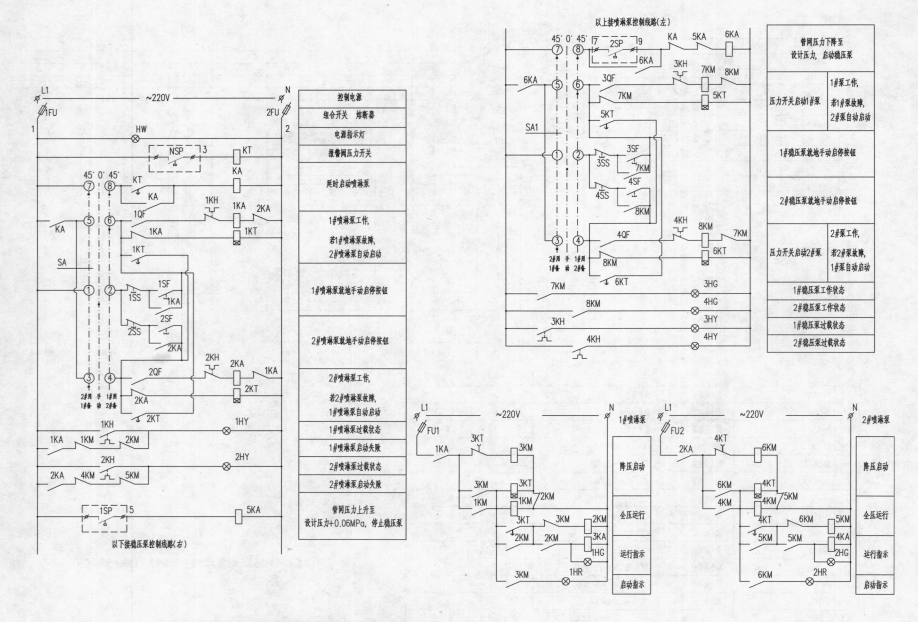

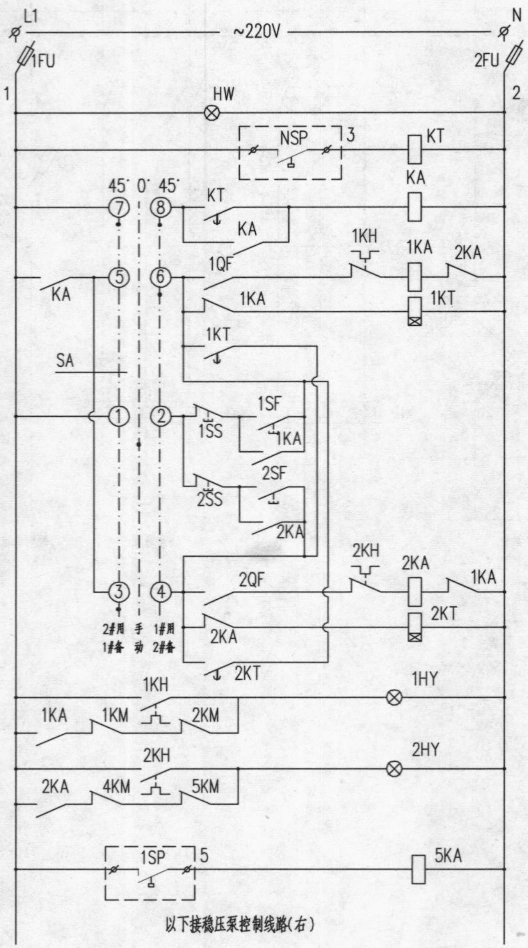

以上接喷淋泵控制线路(左)

控制电源
组合开关 熔断器
电源指示灯
报警阀压力开关
延时启动喷淋泵
1#喷淋泵工作,若1#喷淋泵故障,2#喷淋泵自动启动
1#喷淋泵就地手动启停按钮
2#喷淋泵就地手动启停按钮
2#喷淋泵工作,若2#喷淋泵故障,1#喷淋泵自动启动
1#喷淋泵过载状态
1#喷淋泵启动失败
2#喷淋泵过载状态
2#喷淋泵启动失败
管网压力上升至设计压力+0.06MPa,停止稳压泵

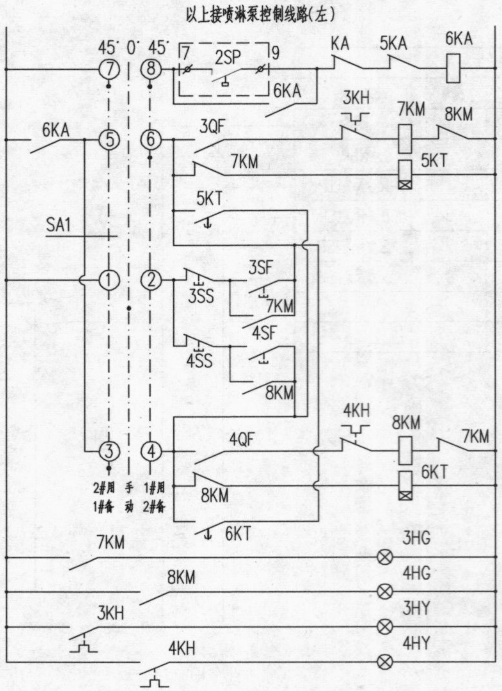

以下接稳压泵控制线路(右)

管网压力下降至设计压力,启动稳压泵	
压力开关启动1#泵	1#泵工作,若1#泵故障,2#泵自动启动
1#稳压泵就地手动启停按钮	
2#稳压泵就地手动启停按钮	
压力开关启动2#泵	2#泵工作,若2#泵故障,1#泵自动启动
1#稳压泵工作状态	
2#稳压泵工作状态	
1#稳压泵过载状态	
2#稳压泵过载状态	

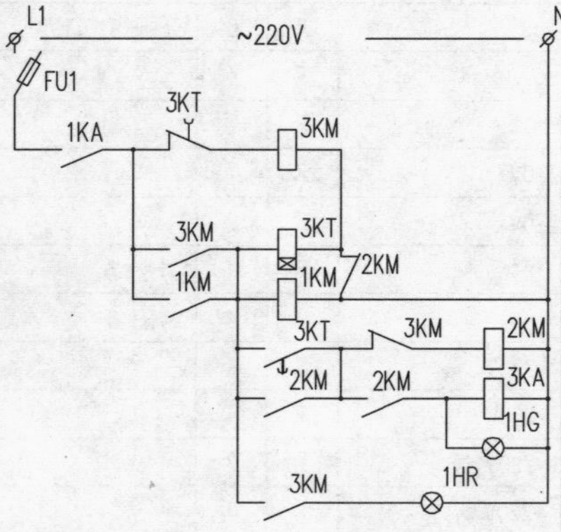

L1 ~220V N 1#喷淋泵

降压启动
全压运行
运行指示
启动指示

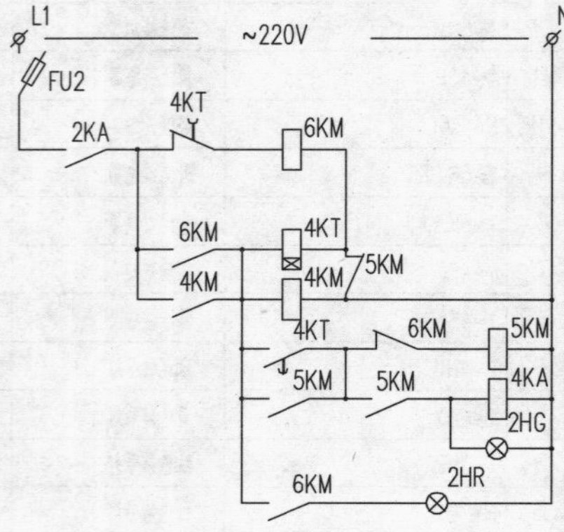

L1 ~220V N 2#喷淋泵

降压启动
全压运行
运行指示
启动指示

注:本图适用于带稳压泵,无火灾自动报警系统的临时高压系统中的喷淋泵控制。

注:参见图集号2001沪D701。

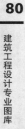

接线端子			
箱内元件	序号	编号	箱外元件
1FU	1	1	NSP
KT	2	3	NSP
	3	1	压力开关3SP
	4	3	压力开关3SP
	5	1	压力开关1SP
5KA	6	5	压力开关1SP
SA1—8	7	7	压力开关2SP
KA	8	9	压力开关2SP

至稳压泵压力开关
至各报警阀压力开关

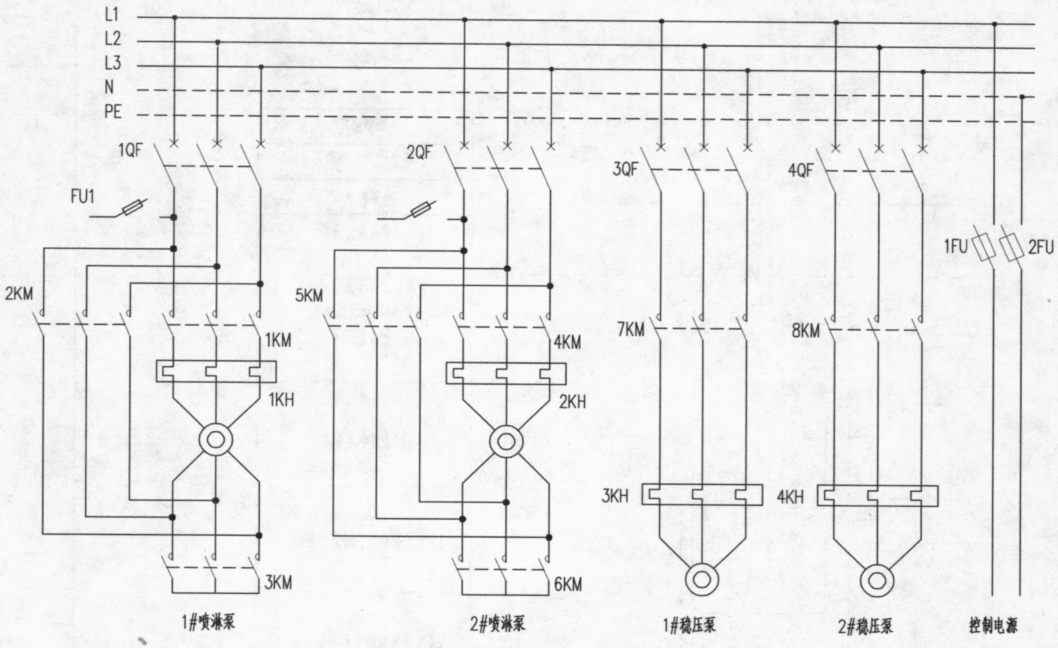

L1 L2 L3 N PE
1QF 2QF 3QF 4QF FU1 1FU 2FU
2KM 1KM 5KM 4KM 7KM 8KM
1KH 2KH 3KH 4KH
3KM 6KM

1#喷淋泵　2#喷淋泵　1#稳压泵　2#稳压泵　控制电源

序号	符号	名称	型号及规格	单位	数量	备注
13	1~4KH	热继电器	参见另表	只	4	
12	1~8KM	交流接触器	参见另表	只	8	
11	1~4QF	低压断路器	参见另表	只	4	
10	SA,SA1	转换开关	LW12-16-D5411	只	2	
9	1~6KT,KT	时间继电器	JS23-11 ~220V	只	7	
8	1~6KA,KA	中间继电器	JZ11-26 ~220V	只	7	
7	1~4SF	启动按钮	K22-11P/G	只	4	带保护套
6	1~4SS	停止按钮	K22-11P/R	只	4	带保护套
5	1~4HG	绿色信号灯	K22-DP/G ~220V	只	4	
4	1~4HY	黄色信号灯	K22-DP/Y ~220V	只	4	
3	1~2HR	红色信号灯	K22-DP/R ~220V	只	2	
2	HW	白色信号灯	K22-DP/W ~220V	只	1	
1	1~2FU,FU1~2	熔断器开关	HG30-10/101 6A	只	4	

注：本图适用于带稳压泵，无火灾自动报警系统的稳高压系统中的喷淋泵控制。

注：参见图集号2001沪D701。

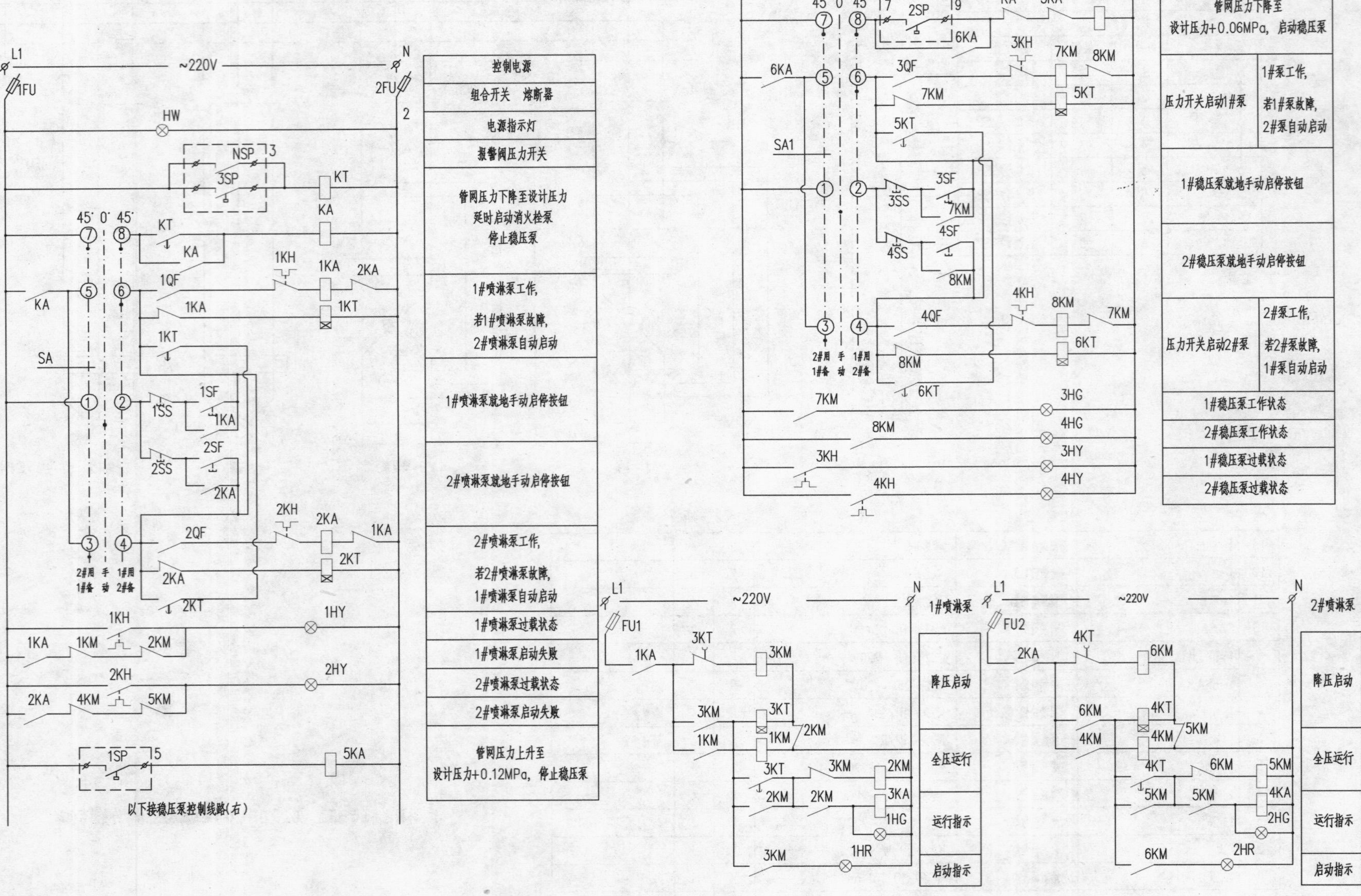
L1
~220V
N
1FU
2FU
HW
NSP
3SP
KT
KA
1KH
1KA
2KA
1KT
1QF
SA
1SF
1SS
2SF
2SS
2KH
2QF
2KT
2#用 1#备
手 动
1#用 2#备
1HY
2HY
1KM
2KM
4KM
5KM
1SP
5KA
以下接稳压泵控制线路(右)
控制电源
组合开关 熔断器
电源指示灯
报警阀压力开关
管网压力下降至设计压力
延时启动消火栓泵
停止稳压泵
1#喷淋泵工作,
若1#喷淋泵故障,
2#喷淋泵自动启动
1#喷淋泵就地手动启停按钮
2#喷淋泵就地手动启停按钮
2#喷淋泵工作,
若2#喷淋泵故障,
1#喷淋泵自动启动
1#喷淋泵过载状态
1#喷淋泵启动失败
2#喷淋泵过载状态
2#喷淋泵启动失败
管网压力上升至
设计压力+0.12MPa，停止稳压泵
以上接喷淋泵控制线路(左)
2SP
6KA
3KH
7KM
8KM
3QF
5KT
SA1
3SF
3SS
4SF
4SS
4KH
4QF
6KT
3HG
4HG
3HY
4HY
管网压力下降至
设计压力+0.06MPa，启动稳压泵
压力开关启动1#泵
1#泵工作,
若1#泵故障,
2#泵自动启动
1#稳压泵就地手动启停按钮
2#稳压泵就地手动启停按钮
压力开关启动2#泵
2#泵工作,
若2#泵故障,
1#泵自动启动
1#稳压泵工作状态
2#稳压泵工作状态
1#稳压泵过载状态
2#稳压泵过载状态
FU1
3KT
3KM
3KA
1HG
1HR
1#喷淋泵
降压启动
全压运行
运行指示
启动指示
FU2
4KT
6KM
4KA
2HG
2HR
2#喷淋泵

注：本图适用于带稳压泵、无火灾自动报警系统的稳高压系统中的喷淋泵控制。

注：参见图集号2001沪D701。

接线端子			
箱内元件	序号	编号	箱外元件
1FU	1	1	NSP
KT	2	3	NSP
KA01	3	1	1#喷淋泵启停
KA01	4	5	1#喷淋泵启停
KA02	5	1	2#喷淋泵启停
KA02	6	7	2#喷淋泵启停
3KA	7	9	1#喷淋泵状态
3KA	8	11	1#喷淋泵状态
4KA	9	13	2#喷淋泵状态
4KA	10	15	2#喷淋泵状态
5KA	11	17	1#喷淋泵过载
5KA	12	19	1#喷淋泵过载
6KA	13	21	2#喷淋泵过载
6KA	14	23	2#喷淋泵过载
7KA	15	25	就地异地状态
7KA	16	27	就地异地状态
	17		
	18		
	19		
	20		
	21		
	22		
	23		
	24		

至联动控制柜

至各报警阀压力开关

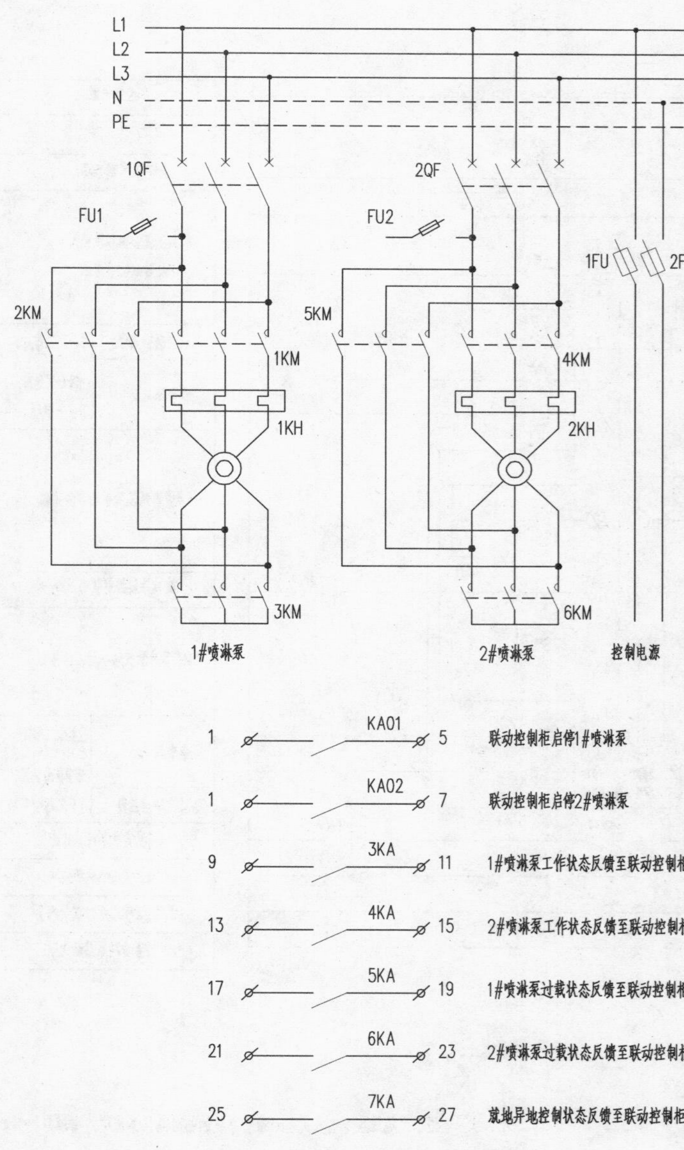

注：本图适用于无稳压泵，有火灾自动报警系统的临时高压系统中的喷淋泵控制。

注：参见图集号2001沪D701。

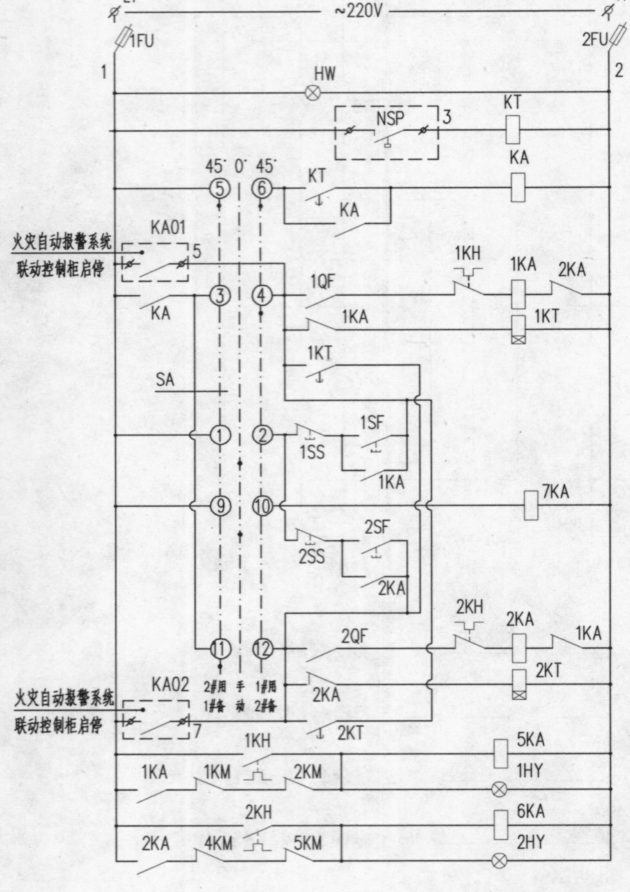

控制电源	
组合开关 熔断器	
电源指示灯	
建筑物内各报警阀延时启动喷淋泵	
联动控制柜启停	1#泵工作,若1#泵故障,2#泵自动启动
报警阀启动	
1#喷淋泵就地手动启停按钮	
就地异地控制状态反馈	
2#喷淋泵就地手动启停按钮	
报警阀启动	2#泵工作,若2#泵故障,1#泵自动启动
联动控制柜启停	
1#喷淋泵过载状态	
1#喷淋泵启动失败	
2#喷淋泵过载状态	
2#喷淋泵启动失败	

L1 ~220V N 1#喷淋泵

FU1 1KA 3KT 3KM 1KM 2KM 3KA 1HG 1HR

1#喷淋泵
降压启动
全压运行
运行指示
启动指示

L1 ~220V N 2#喷淋泵

FU2 2KA 4KT 6KM 4KM 5KM 4KA 2HG 2HR

2#喷淋泵
降压启动
全压运行
运行指示
启动指示

序号	符号	名称	型号及规格	单位	数量	备注
13	1~2KH	热继电器	参见另表	只	2	
12	1~6KM	交流接触器	参见另表	只	6	
11	1~2QF	低压断路器	参见另表	只	2	
10	SA	转换开关	LW12-16-D5737	只	1	
9	1~4KT,KT	时间继电器	JS23-11 ~220V	只	5	
8	KA,1~7KA	中间继电器	JZ11-26 ~220V	只	8	
7	1~2SF	启动按钮	K22-11P/G	只	2	带保护套
6	1~2SS	停止按钮	K22-11P/R	只	2	带保护套
5	1~2HG	绿色信号灯	K22-DP/G ~220V	只	2	
4	1~2HY	黄色信号灯	K22-DP/Y ~220V	只	2	
3	1~2HR	红色信号灯	K22-DP/R ~220V	只	2	
2	HW	白色信号灯	K22-DP/W ~220V	只	1	
1	1~2FU,FU1~2	熔断器开关	HG30-10/101 6A	只	4	

注：本图适用于无稳压泵，有火灾自动报警系统的临时高压系统中的喷淋泵控制。

接线端子			
箱内元件	序号	编号	箱外元件
1FU	1	1	NSP
KT	2	3	NSP
KA01	3	1	1#喷淋泵启停
KA01	4	5	1#喷淋泵启停
KA02	5	1	2#喷淋泵启停
KA02	6	7	2#喷淋泵启停
3KA	7	9	1#喷淋泵状态
3KA	8	11	1#喷淋泵状态
4KA	9	13	2#喷淋泵状态
4KA	10	15	2#喷淋泵状态
5KA	11	17	1#喷淋泵过载
5KA	12	19	1#喷淋泵过载
6KA	13	21	2#喷淋泵过载
6KA	14	23	2#喷淋泵过载
9KA	15	25	就地异地状态
9KA	16	27	就地异地状态
1FU	17	1	压力开关1SP
7KA	18	29	压力开关1SP
SA1—8	19	31	压力开关2SP
KA	20	33	压力开关2SP
	21		
	22		
	23		
	24		

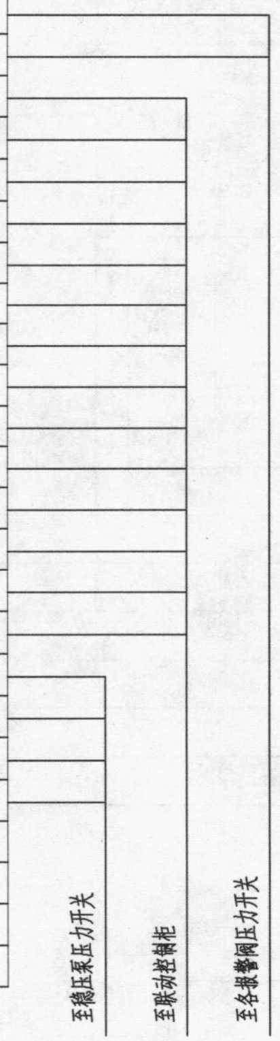

至稳压泵压力开关
至联动控制柜
至各报警阀压力开关

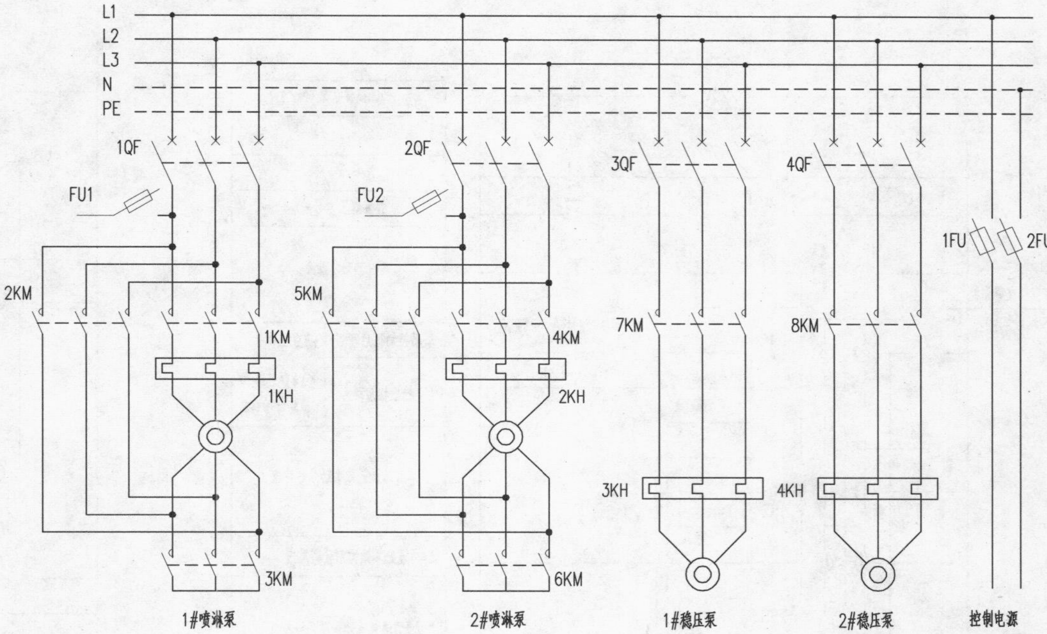

端子	触点	端子	说明
1	KA01	5	联动控制柜启停1#喷淋泵
1	KA02	7	联动控制柜启停2#喷淋泵
9	3KA	11	1#喷淋泵工作状态反馈至联动控制柜
13	4KA	15	2#喷淋泵工作状态反馈至联动控制柜
17	5KA	19	1#喷淋泵过载状态反馈至联动控制柜
21	6KA	23	2#喷淋泵过载状态反馈至联动控制柜
25	9KA	27	就地异地控制状态反馈至联动控制柜

注：本图适用于带稳压泵，有火灾自动报警系统的临时高压系统中的消火栓泵控制。

L1 L2 L3 N PE
1QF FU1 2KM 1KM 1KH 3KM 1#喷淋泵
2QF FU2 5KM 4KM 2KH 6KM 2#喷淋泵
3QF 7KM 3KH 1#稳压泵
4QF 8KM 4KH 2#稳压泵
1FU 2FU 控制电源

序号	符号	名称	型号及规格	单位	数量	备注
14	1~4KH	热继电器	参见另表	只	4	
13	1~8KM	交流接触器	参见另表	只	8	
12	1~4QF	低压断路器	参见另表	只	4	
11	SA1	转换开关	LW12-16-D5411	只	1	
10	SA	转换开关	LW12-16-D5737	只	1	
9	1~6KT,KT	时间继电器	JS23-11 ~220V	只	7	
8	1~9KA,KA	中间继电器	JZ11-26 ~220V	只	10	
7	1~4SF	启动按钮	K22-11P/G	只	4	带保护套
6	1~4SS	停止按钮	K22-11P/R	只	4	带保护套
5	1~4HG	绿色信号灯	K22-DP/G ~220V	只	4	
4	1~4HY	黄色信号灯	K22-DP/Y ~220V	只	4	
3	1~2HR	红色信号灯	K22-DP/R ~220V	只	2	
2	HW	白色信号灯	K22-DP/W ~220V	只	1	
1	1~2FU,FU1~2	熔断器开关	HG30-10/101 6A	只	4	

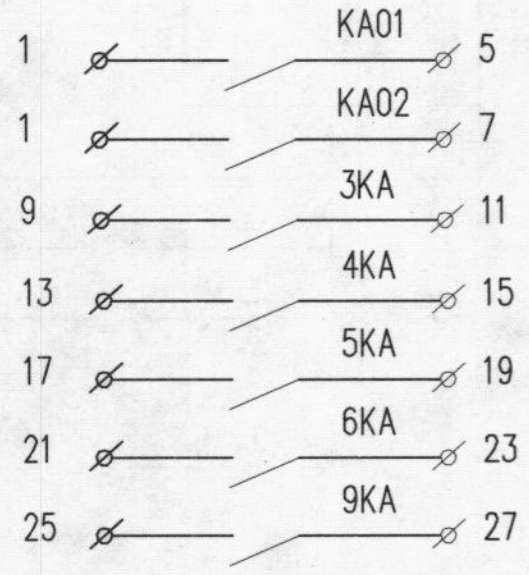

注：参见图集号2001沪D701。

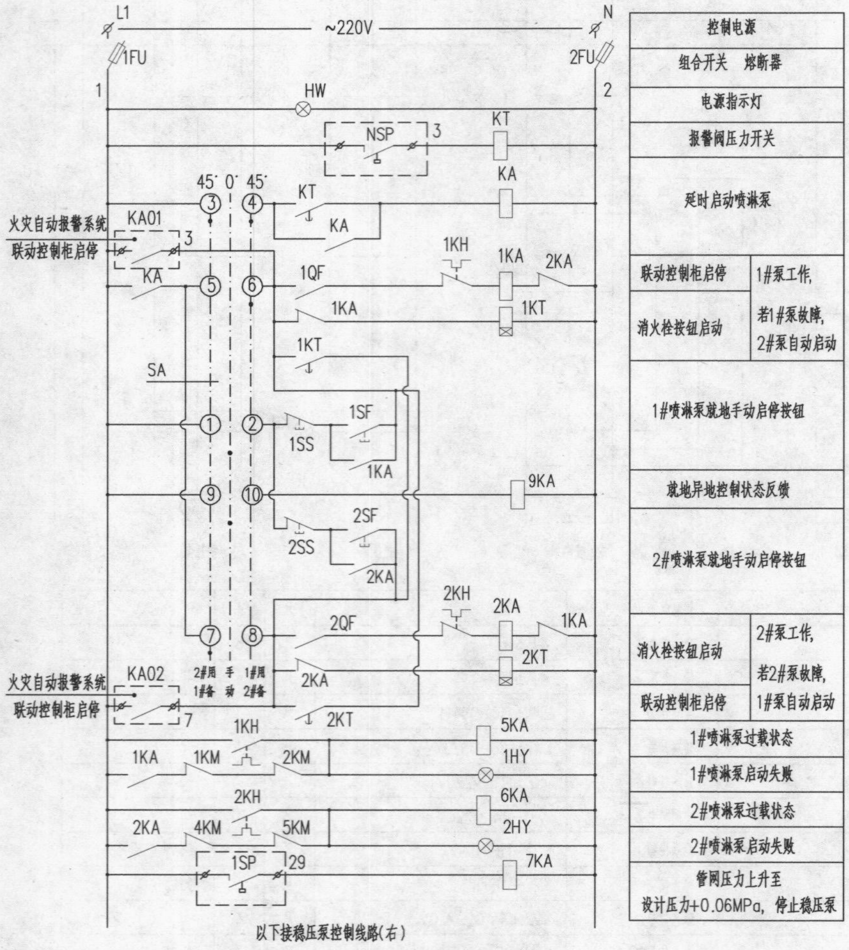

控制电源
组合开关 熔断器
电源指示灯
报警阀压力开关
延时启动喷淋泵
联动控制柜启停 / 消火栓按钮启动 — 1#泵工作，若1#泵故障，2#泵自动启动
1#喷淋泵就地手动启停按钮
就地异地控制状态反馈
2#喷淋泵就地手动启停按钮
消火栓按钮启动 / 联动控制柜启停 — 2#泵工作，若2#泵故障，1#泵自动启动
1#喷淋泵过载状态
1#喷淋泵启动失败
2#喷淋泵过载状态
2#喷淋泵启动失败
管网压力上升至设计压力+0.06MPa，停止稳压泵

以下接稳压泵控制线路(右)

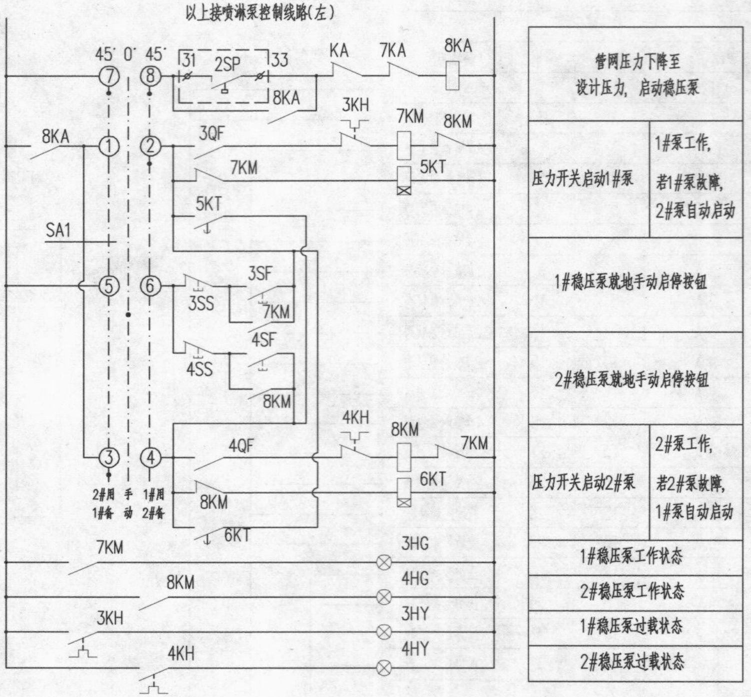

以上接喷淋泵控制线路(左)

管网压力下降至设计压力，启动稳压泵
压力开关启动1#泵 — 1#泵工作，若1#泵故障，2#泵自动启动
1#稳压泵就地手动启停按钮
2#稳压泵就地手动启停按钮
压力开关启动2#泵 — 2#泵工作，若2#泵故障，1#泵自动启动
1#稳压泵工作状态
2#稳压泵工作状态
1#稳压泵过载状态
2#稳压泵过载状态

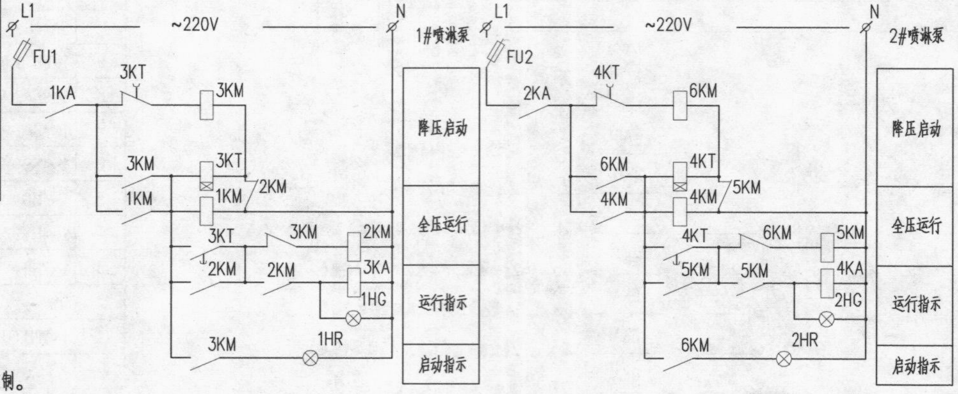

1#喷淋泵
降压启动
全压运行
运行指示
启动指示

2#喷淋泵
降压启动
全压运行
运行指示
启动指示

注：本图适用于带稳压泵，有火灾自动报警系统的临时高压系统中的消火栓泵控制。

注：参见图集号2001沪D701。

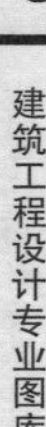

箱内元件	接线端子 序号	编号	箱外元件
1FU	1	1	NSP
KT	2	3	NSP
KA01	3	1	1#喷淋泵启停
KA01	4	5	1#喷淋泵启停
KA02	5	1	2#喷淋泵启停
KA02	6	7	2#喷淋泵启停
3KA	7	9	1#喷淋泵状态
3KA	8	11	1#喷淋泵状态
4KA	9	13	2#喷淋泵状态
4KA	10	15	2#喷淋泵状态
5KA	11	17	1#喷淋泵过载
5KA	12	19	1#喷淋泵过载
6KA	13	21	2#喷淋泵过载
6KA	14	23	2#喷淋泵过载
9KA	15	25	就地异地状态
9KA	16	27	就地异地状态
1FU	17	1	压力开关1SP
7KA	18	27	压力开关1SP
	19	1	压力开关3SP
KT	20	3	压力开关3SP
SA1－8	21	29	压力开关2SP
KA	22	31	压力开关2SP
	23		
	24		

至稳压泵压力开关　至联动控制柜　至各报警阀压力开关

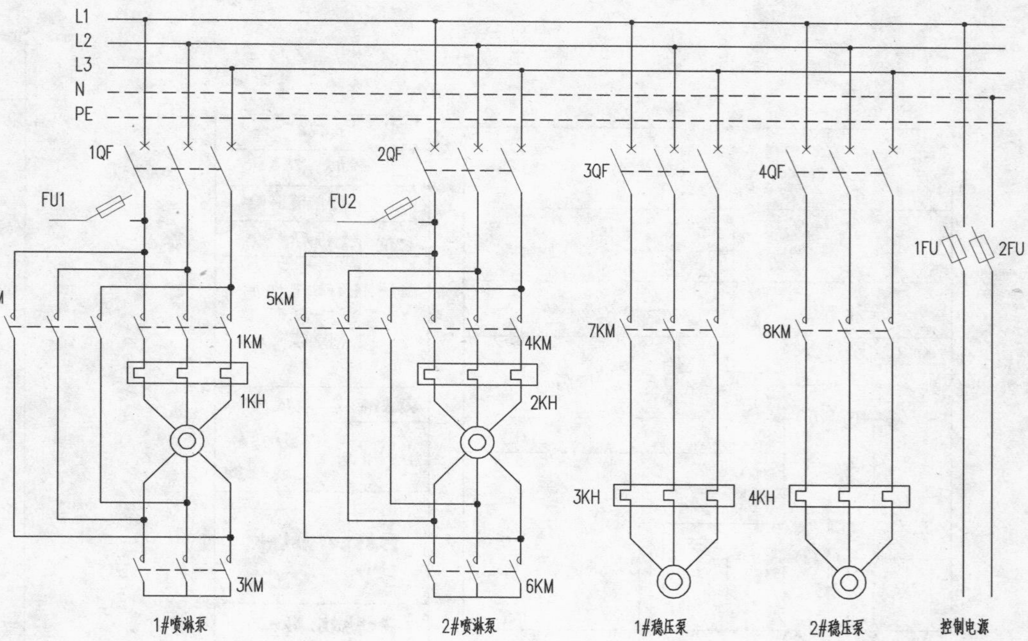

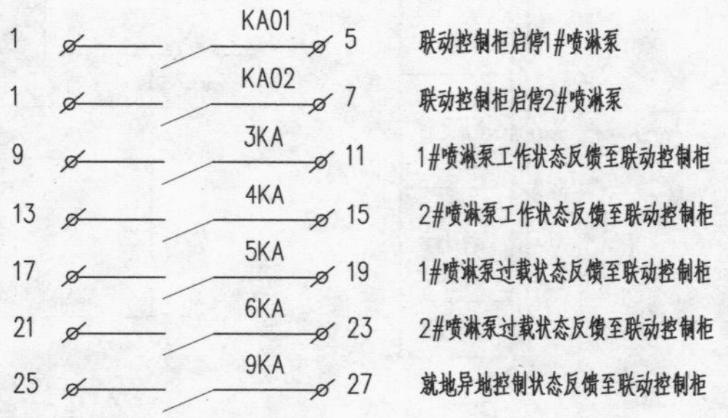

L1 L2 L3 N PE 1QF 2QF 3QF 4QF FU1 FU2 1FU 2FU 2KM 1KM 1KH 3KM 5KM 4KM 2KH 6KM 7KM 3KH 8KM 4KH

1#喷淋泵　2#喷淋泵　1#稳压泵　2#稳压泵　控制电源

1	KA01	5	联动控制柜启停1#喷淋泵
1	KA02	7	联动控制柜启停2#喷淋泵
9	3KA	11	1#喷淋泵工作状态反馈至联动控制柜
13	4KA	15	2#喷淋泵工作状态反馈至联动控制柜
17	5KA	19	1#喷淋泵过载状态反馈至联动控制柜
21	6KA	23	2#喷淋泵过载状态反馈至联动控制柜
25	9KA	27	就地异地控制状态反馈至联动控制柜

序号	符号	名称	型号及规格	单位	数量	备注
14	1~4KH	热继电器	参见另表	只	4	
13	1~8KM	交流接触器	参见另表	只	8	
12	1~4QF	低压断路器	参见另表	只	4	
11	SA1	转换开关	LW12-16-D5411	只	1	
10	SA	转换开关	LW12-16-D5737	只	1	
9	1~6KT,KT	时间继电器	JS23-11 ~220V	只	7	
8	1~9KA,KA	中间继电器	JZ11-26 ~220V	只	10	
7	1~4SF	启动按钮	K22-11P/G	只	4	带保护套
6	1~4SS	停止按钮	K22-11P/R	只	4	带保护套
5	1~4HG	绿色信号灯	K22-DP/G ~220V	只	4	
4	1~4HY	黄色信号灯	K22-DP/Y ~220V	只	4	
3	1~2HR	红色信号灯	K22-DP/R ~220V	只	2	
2	HW	白色信号灯	K22-DP/W ~220V	只	1	
1	1~2FU,FU1~2	熔断器开关	HG30-10/101 6A	只	4	

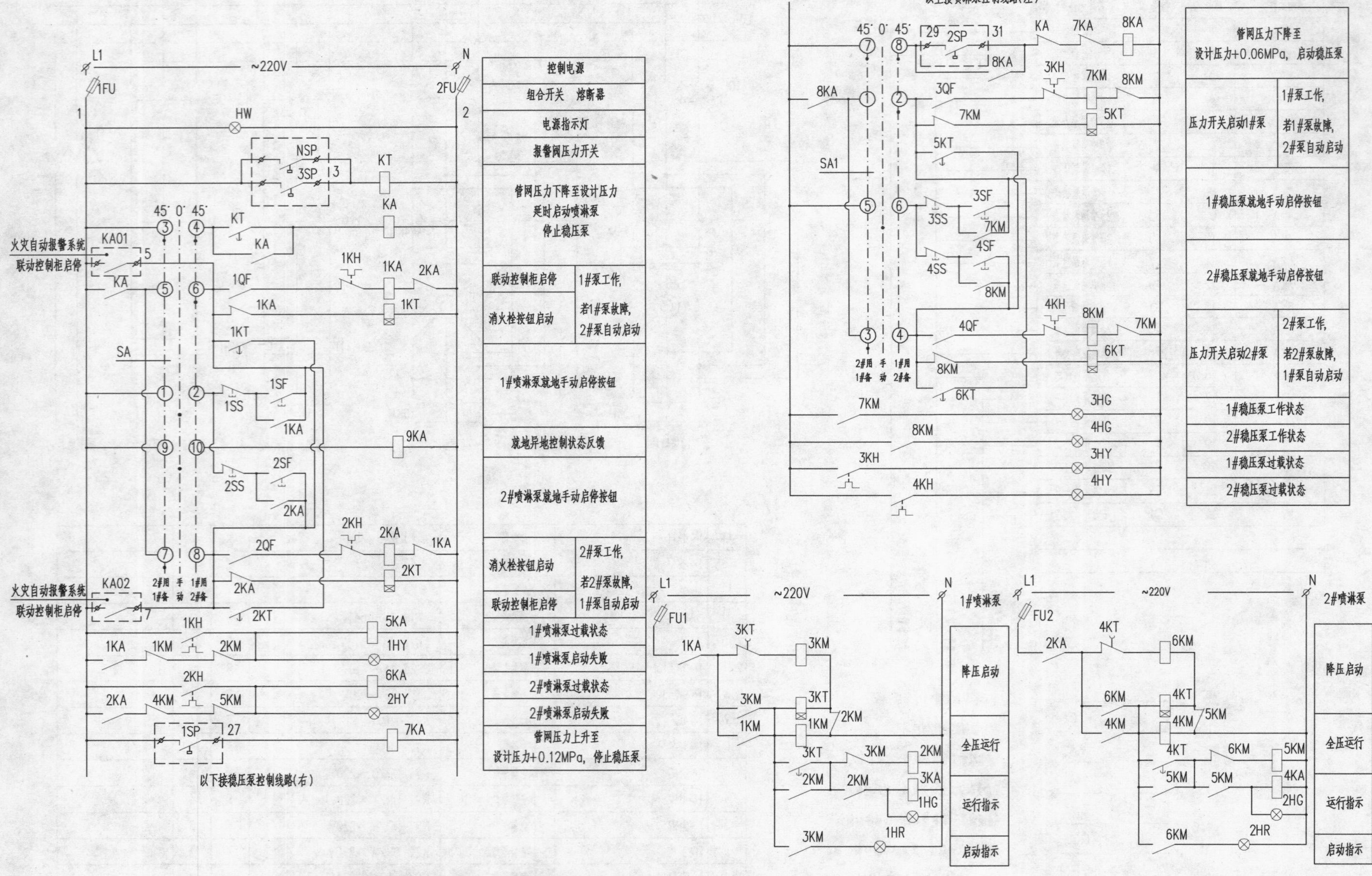
L1
~220V
N
1FU
2FU
HW
NSP
3SP
KT
KA
45° 0° 45°
火灾自动报警系统
联动控制柜启停
KA01
KA02
SA
SA1
1SS
1SF
2SS
2SF
9KA
1KH
2KH
1KA
2KA
1KT
2KT
1QF
2QF
2#用 1#备
手动
1#用 2#备
5KA
1HY
6KA
2HY
1KM
2KM
4KM
5KM
1SP
27
7KA
以下接稳压泵控制线路(右)
控制电源
组合开关 熔断器
电源指示灯
报警阀压力开关
管网压力下降至设计压力
延时启动喷淋泵
停止稳压泵
联动控制柜启停
消火栓按钮启动
1#泵工作,
若1#泵故障,
2#泵自动启动
1#喷淋泵就地手动启停按钮
就地异地控制状态反馈
2#喷淋泵就地手动启停按钮
消火栓按钮启动
联动控制柜启停
2#泵工作,
若2#泵故障,
1#泵自动启动
1#喷淋泵过载状态
1#喷淋泵启动失败
2#喷淋泵过载状态
2#喷淋泵启动失败
管网压力上升至
设计压力+0.12MPa,停止稳压泵
以上接喷淋泵控制线路(左)
2SP
29
31
7KA
8KA
3KH
4KH
7KM
8KM
5KT
6KT
3QF
4QF
3SS
3SF
4SS
4SF
3HG
4HG
3HY
4HY
管网压力下降至
设计压力+0.06MPa,启动稳压泵
压力开关启动1#泵
1#泵工作,
若1#泵故障,
2#泵自动启动
1#稳压泵就地手动启停按钮
2#稳压泵就地手动启停按钮
压力开关启动2#泵
2#泵工作,
若2#泵故障,
1#泵自动启动
1#稳压泵工作状态
2#稳压泵工作状态
1#稳压泵过载状态
2#稳压泵过载状态
FU1
FU2
1#喷淋泵
2#喷淋泵
3KT
4KT
3KM
6KM
3KA
4KA
1HG
2HG
1HR
2HR
降压启动
全压运行
运行指示
启动指示

注：本图适用于带稳压泵、有火灾自动报警系统的稳高压系统中的喷淋泵控制。

注：参见图集号2001沪D701。

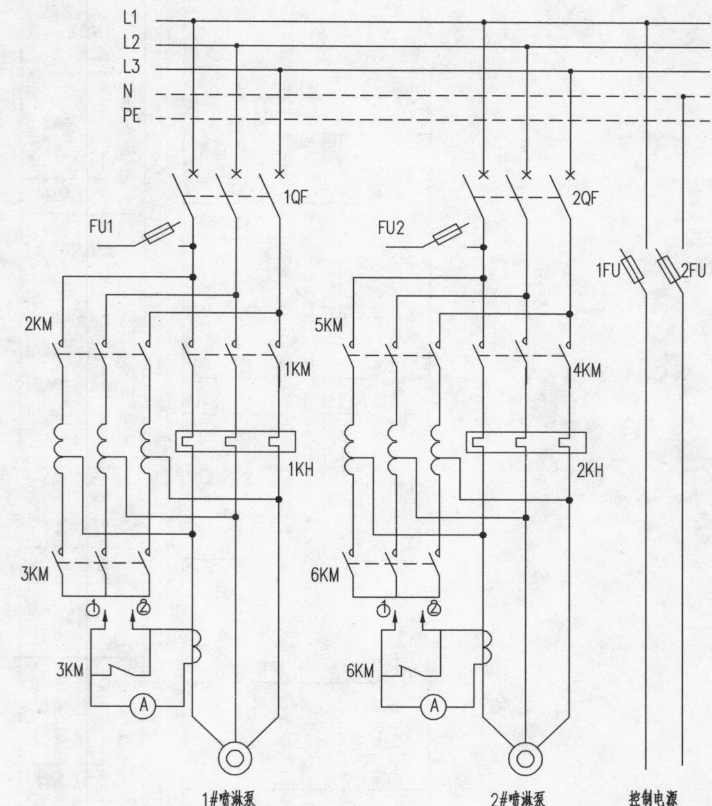

注：本图适用于无稳压泵、无火灾自动报警系统的临时高压系统中的喷淋泵控制。

接线端子			
箱内元件	序号	编号	箱外元件
1FU	1	1	NSP
KT	2	3	NSP
	3		
	4		

至各报警阀压力开关

序号	符号	名称	型号及规格	单位	数量	备注
14	1~2KH	热继电器	参见另表	只	2	
13	1~6KM	交流接触器	参见另表	只	6	
12	1~2QF	低压断路器	参见另表	只	2	
11	SA	转换开关	LW12-16-D5411	只	1	
10	1~2KCT	时间电流转换器	DJ1-A	只	2	
9	1~2KT,KT	时间继电器	JS23-11 ~220V	只	3	
8	1~6KA,KA	中间继电器	JZ11-26 ~220V	只	7	
7	1~2SF	启动按钮	K22-11P/G	只	2	带保护套
6	1~2SS	停止按钮	K22-11P/R	只	2	带保护套
5	1~2HG	绿色信号灯	K22-DP/G ~220V	只	2	
4	1~2HY	黄色信号灯	K22-DP/Y ~220V	只	2	
3	1~2HR	红色信号灯	K22-DP/R ~220V	只	2	
2	HW	白色信号灯	K22-DP/W ~220V	只	1	
1	1~2FU,FU1~2	熔断器开关	HG30-10/101 6A	只	4	

注：参见图集号2001沪D701。

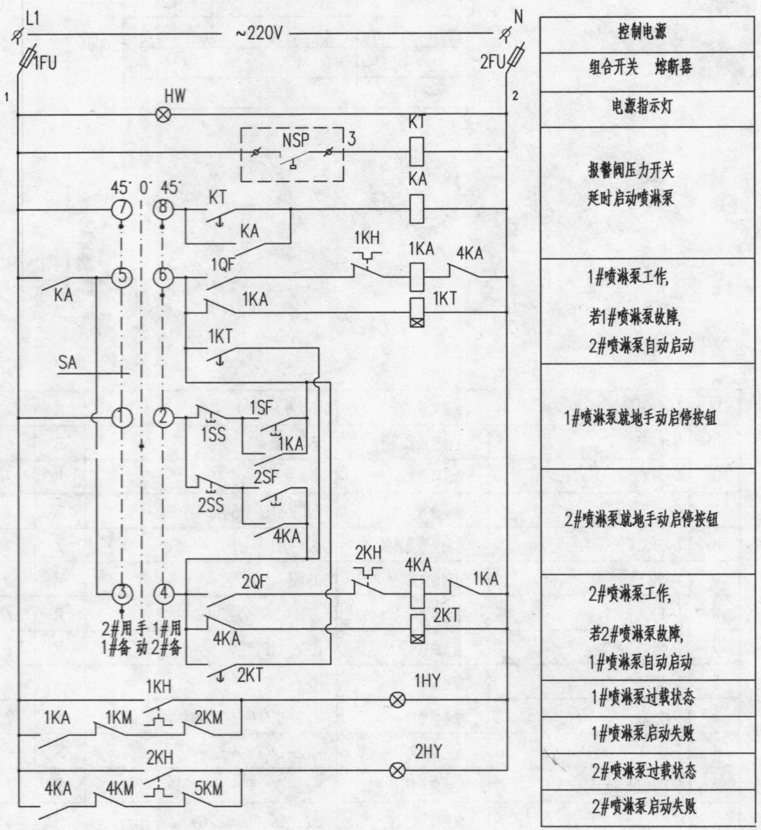

注：本图适用于无稳压泵、无火灾自动报警系统的临时高压系统中的喷淋泵控制。

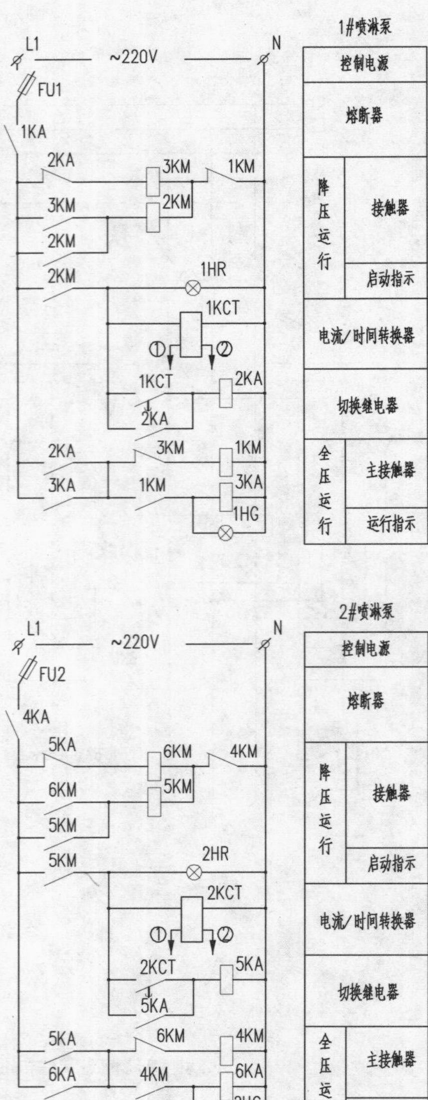

注：参见图集号2001沪D701。

接线端子			
箱内元件	序号	编号	箱外元件
1FU	1	1	NSP
KT	2	3	NSP
	3	1	压力开关1SP
7KA	4	5	压力开关1SP
SA1—8	5	7	压力开关2SP
KA	6	9	压力开关2SP
	7		
	8		

至稳压泵压力开关

至各报警阀压力开关

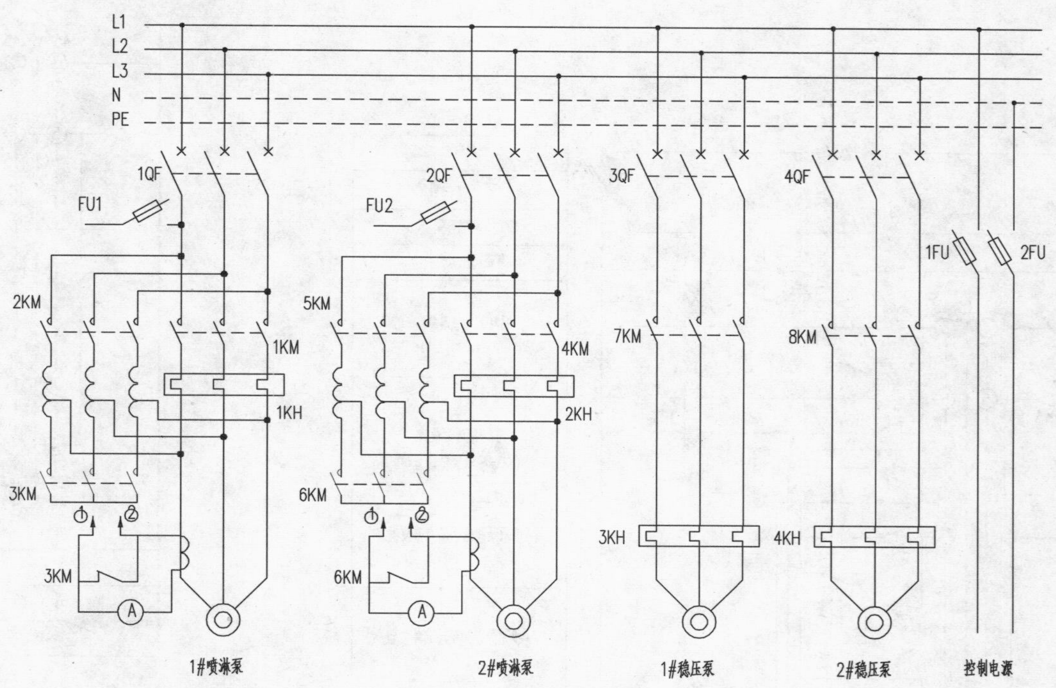

14	1~4KH	热继电器	参见另表	只	4	
13	1~8KM	交流接触器	参见另表	只	8	
12	1~4QF	低压断路器	参见另表	只	4	
11	SA,SA1	转换开关	LW12-16-D5411	只	2	
10	1~2KCT	时间电流转换器	DJ1-A	只	2	
9	1~4KT,KT	时间继电器	JS23-11	只	5	
8	1~8KA,KA	中间继电器	JZ11-26 ~220V	只	9	
7	1~4SF	启动按钮	K22-11P/G	只	4	带保护套
6	1~4SS	停止按钮	K22-11P/R	只	4	带保护套
5	1~4HG	绿色信号灯	K22-DP/G ~220V	只	4	
4	1~4HY	黄色信号灯	K22-DP/Y ~220V	只	4	
3	1~2HR	红色信号灯	K22-DP/R ~220V	只	2	
2	HW	白色信号灯	K22-DP/W ~220V	只	1	
1	1~2FU,FU1~2	熔断器开关	HG30-10/101 6A	只	4	
序号	符　号	名　称	型号及规格	单位	数量	备　注

注：本图适用于带稳压泵，无火灾自动报警系统的临时高压系统中的喷淋泵控制。

注：参见图集号2001沪D701。

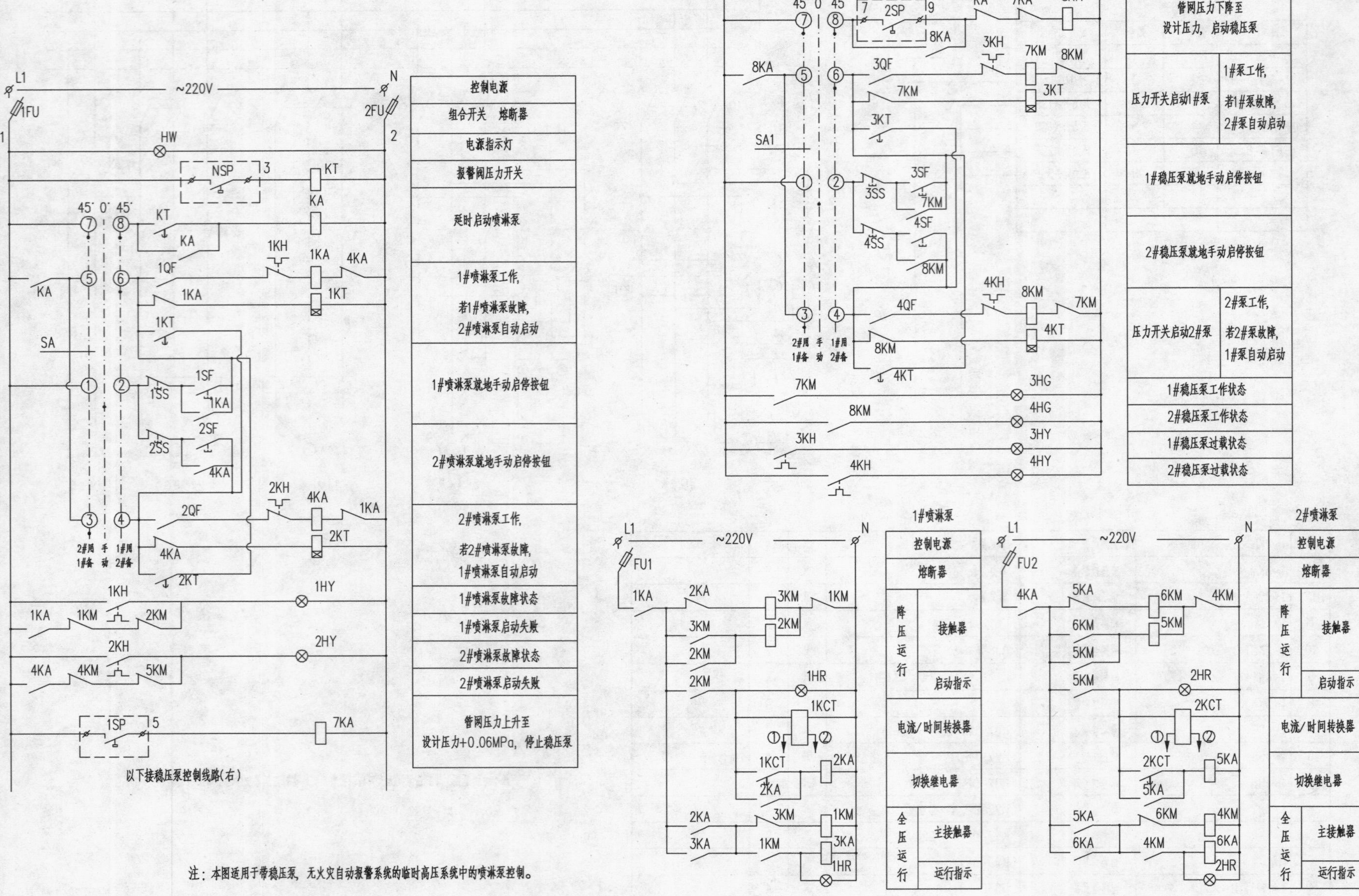
以上接喷淋泵控制线路(左)
L1
~220V
N
1FU
2FU
HW
NSP
KT
KA
1KH
1KA
4KA
1QF
1KT
SA
1SS
1SF
2SS
2SF
2KH
2QF
2KT
1HY
2HY
1KM
2KM
4KM
5KM
1SP
7KA
45° 0° 45°
2#用 1#备
手 动
1#用 2#备
控制电源
组合开关 熔断器
电源指示灯
报警阀压力开关
延时启动喷淋泵
1#喷淋泵工作,
若1#喷淋泵故障,
2#喷淋泵自动启动
1#喷淋泵就地手动启停按钮
2#喷淋泵就地手动启停按钮
2#喷淋泵工作,
若2#喷淋泵故障,
1#喷淋泵自动启动
1#喷淋泵故障状态
1#喷淋泵启动失败
2#喷淋泵故障状态
2#喷淋泵启动失败
管网压力上升至
设计压力+0.06MPa，停止稳压泵
以下接稳压泵控制线路(右)
2SP
8KA
3KH
7KM
8KM
3QF
3KT
SA1
3SS
3SF
4SS
4SF
4KH
4QF
4KT
3HG
4HG
3HY
4HY
管网压力下降至
设计压力，启动稳压泵
压力开关启动1#泵
1#泵工作,
若1#泵故障,
2#泵自动启动
1#稳压泵就地手动启停按钮
2#稳压泵就地手动启停按钮
压力开关启动2#泵
2#泵工作,
若2#泵故障,
1#泵自动启动
1#稳压泵工作状态
2#稳压泵工作状态
1#稳压泵过载状态
2#稳压泵过载状态
FU1
2KA
3KM
1HR
1KCT
3KA
1#喷淋泵
控制电源
熔断器
降压运行
接触器
启动指示
电流/时间转换器
切换继电器
全压运行
主接触器
运行指示
FU2
5KA
6KM
2HR
2KCT
6KA
2#喷淋泵

注：本图适用于带稳压泵，无火灾自动报警系统的临时高压系统中的喷淋泵控制。

注：参见图集号2001沪D701。

接线端子			
箱内元件	序号	编号	箱外元件
1FU	1	1	NSP
KT	2	3	NSP
	3	1	压力开关3SP
	4	1	压力开关3SP
	5	3	压力开关1SP
7KA	6	5	压力开关1SP
SA1—8	7	7	压力开关2SP
KA	8	9	压力开关2SP

至稳压泵压力开关

至各报警阀压力开关

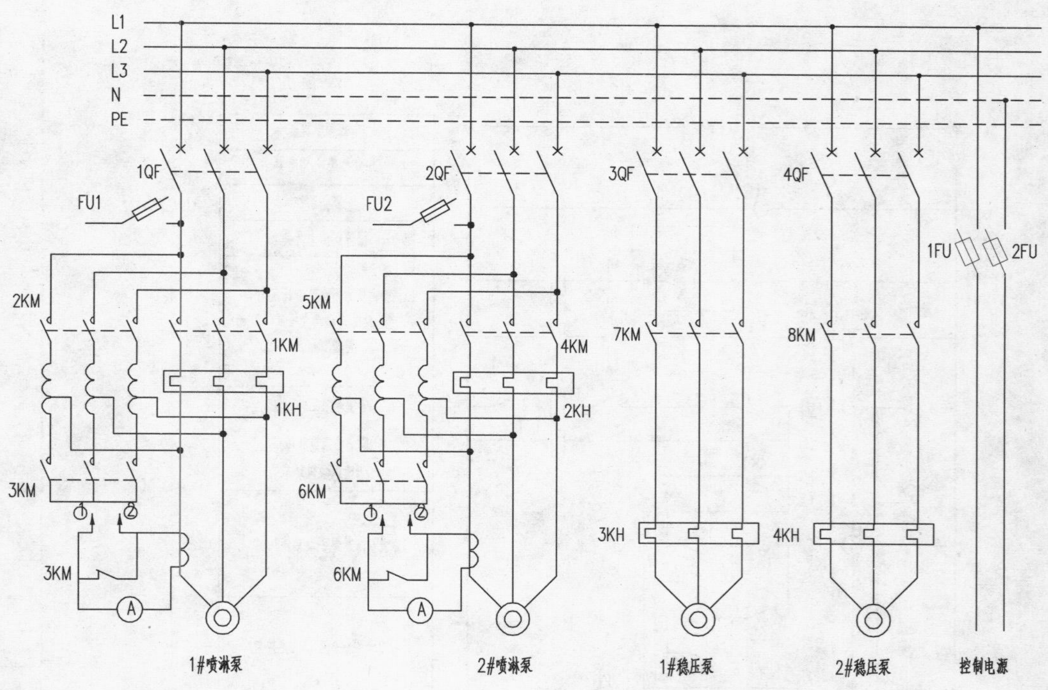

序号	符　号	名　称	型号及规格	单位	数量	备　注
14	1~4KH	热继电器	参见另表	只	4	
13	1~8KM	交流接触器	参见另表	只	8	
12	1~4QF	低压断路器	参见另表	只	4	
11	SA,SA1	转换开关	LW12-16-D5411	只	2	
10	1~2KCT	时间电流转换器	DJ1-A	只	2	
9	1~4KT,KT	时间继电器	JS23-11	只	5	
8	1~8KA,KA	中间继电器	JZ11-26 ~220V	只	9	
7	1~4SF	启动按钮	K22-11P/G	只	4	带保护套
6	1~4SS	停止按钮	K22-11P/R	只	4	带保护套
5	1~4HG	绿色信号灯	K22-DP/G ~220V	只	4	
4	1~4HY	黄色信号灯	K22-DP/Y ~220V	只	4	
3	1~2HR	红色信号灯	K22-DP/R ~220V	只	2	
2	HW	白色信号灯	K22-DP/W ~220V	只	1	
1	1~2FU,FU1~2	熔断器开关	HG30-10/101 6A	只	4	

注：本图适用于带稳压泵、无火灾自动报警系统的稳高压系统中的喷淋泵控制。

注：参见图集号2001沪D701。

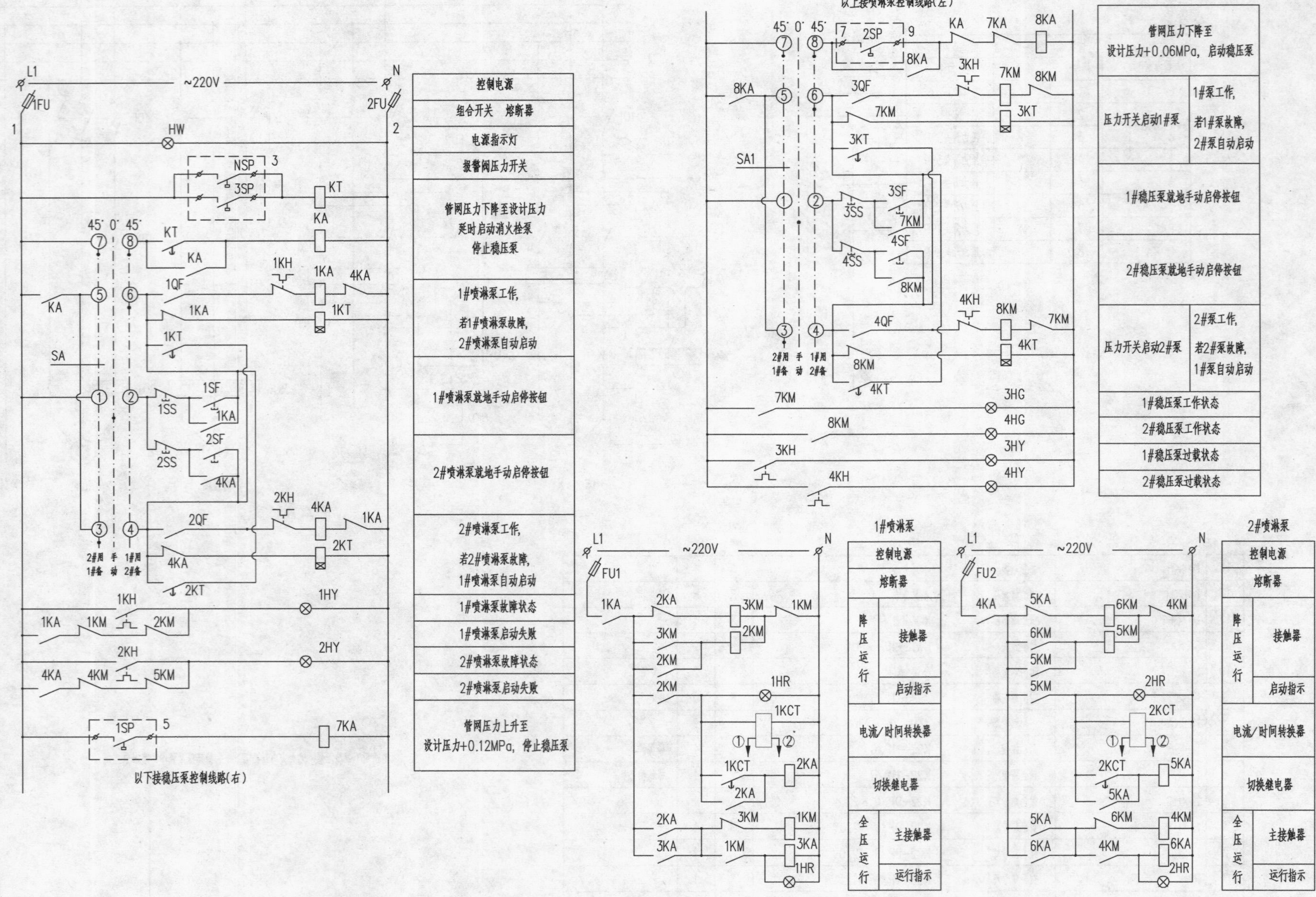

以上接喷淋泵控制线路(左)
管网压力下降至设计压力+0.06MPa，启动稳压泵
压力开关启动1#泵
1#泵工作，若1#泵故障，2#泵自动启动
1#稳压泵就地手动启停按钮
2#稳压泵就地手动启停按钮
压力开关启动2#泵
2#泵工作，若2#泵故障，1#泵自动启动
1#稳压泵工作状态
2#稳压泵工作状态
1#稳压泵过载状态
2#稳压泵过载状态
~220V
控制电源
组合开关 熔断器
电源指示灯
报警阀压力开关
管网压力下降至设计压力延时启动消火栓泵停止稳压泵
1#喷淋泵工作，若1#喷淋泵故障，2#喷淋泵自动启动
1#喷淋泵就地手动启停按钮
2#喷淋泵就地手动启停按钮
2#喷淋泵工作，若2#喷淋泵故障，1#喷淋泵自动启动
1#喷淋泵故障状态
1#喷淋泵启动失败
2#喷淋泵故障状态
2#喷淋泵启动失败
管网压力上升至设计压力+0.12MPa，停止稳压泵
以下接稳压泵控制线路(右)
1#喷淋泵
控制电源
熔断器
降压运行
接触器
启动指示
电流/时间转换器
切换继电器
全压运行
主接触器
运行指示
2#喷淋泵

注：本图适用于带稳压泵、无火灾自动报警系统的稳高压系统中的喷淋泵控制。

注：参见图集号2001沪D701。

接线端子			
箱内元件	序号	编号	箱外元件
1FU	1	1	NSP
KT	2	3	NSP
KA01	3	1	1#喷淋泵启停
KA01	4	5	1#喷淋泵启停
KA02	5	1	2#喷淋泵启停
KA02	6	7	2#喷淋泵启停
1KA	7	9	1#喷淋泵状态
1KA	8	11	1#喷淋泵状态
4KA	9	13	2#喷淋泵状态
4KA	10	15	2#喷淋泵状态
7KA	11	17	1#喷淋泵过载
7KA	12	19	1#喷淋泵过载
8KA	13	21	2#喷淋泵过载
8KA	14	23	2#喷淋泵过载
9KA	15	25	就地异地状态
9KA	16	27	就地异地状态
	17		
	18		

至联动控制柜

至各报警阀压力开关

1 KA01 5 联动控制柜启停1#喷淋泵

1 KA02 7 联动控制柜启停2#喷淋泵

9 1KA 11 1#喷淋泵工作状态反馈至联动控制柜

13 4KA 15 2#喷淋泵工作状态反馈至联动控制柜

17 7KA 19 1#喷淋泵过载状态反馈至联动控制柜

21 8KA 23 2#喷淋泵过载状态反馈至联动控制柜

25 9KA 27 就地异地控制状态反馈至联动控制柜

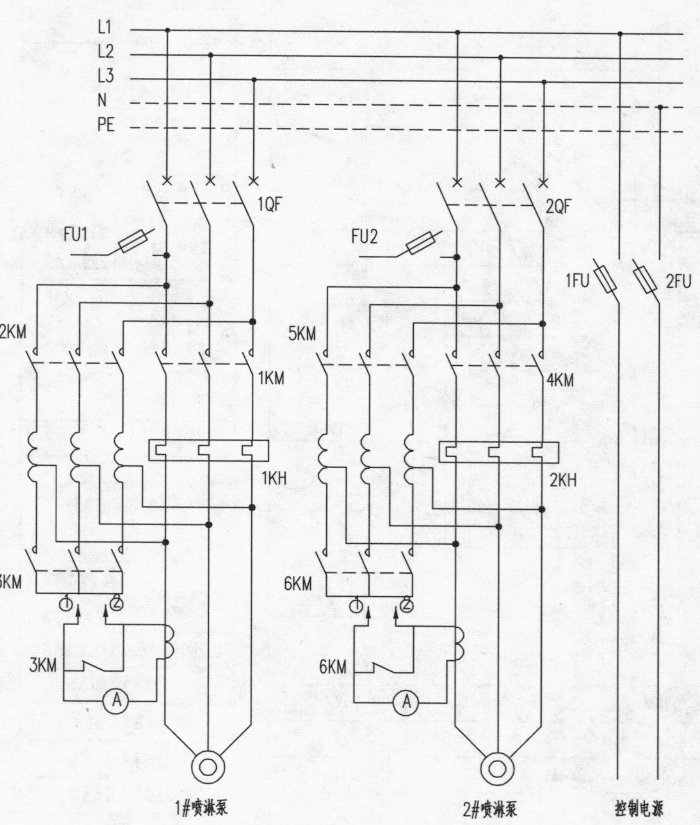

注：本图适用于无稳压泵，有火灾自动报警系统的临时高压系统中的喷淋泵控制。

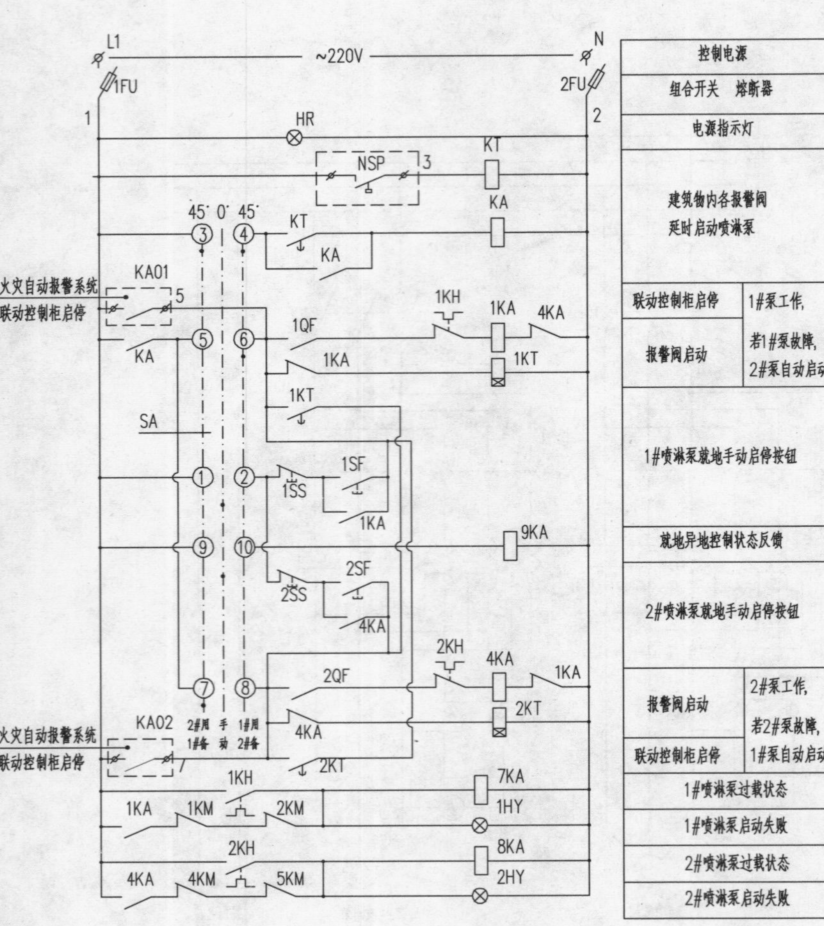

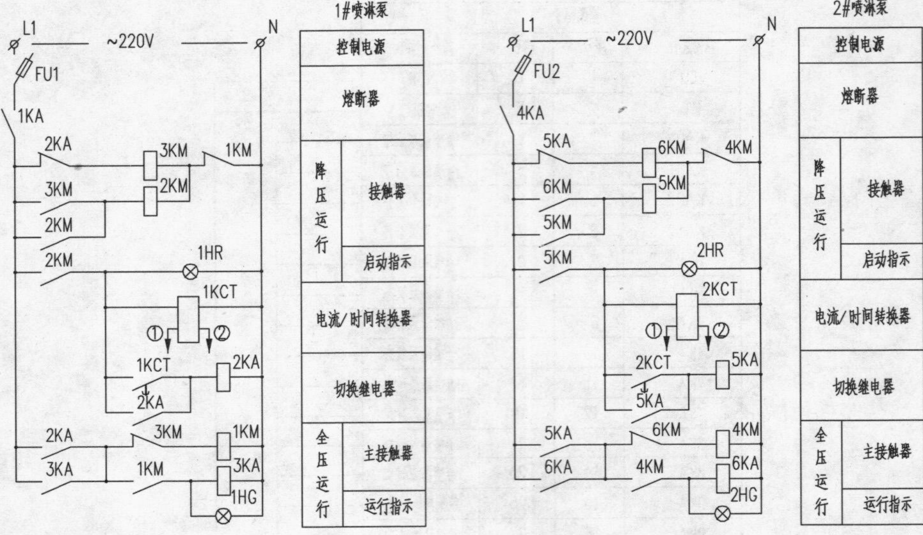

13	1~2KH	热继电器	参见另表	只	2	
12	1~6KM	交流接触器	参见另表	只	6	
11	1~2QF	低压断路器	参见另表	只	2	
10	SA	转换开关	LW12-16-D0721	只	1	
9	1~2KT,KT	时间继电器	JS23-11 ~220V	只	3	
8	KA,1~9KA	中间继电器	JZ11-26 ~220V	只	10	
7	1~2SF	启动按钮	K22-11P/G	只	2	带保护套
6	1~2SS	停止按钮	K22-11P/R	只	2	带保护套
5	1~2HG	绿色信号灯	K22-DP/G ~220V	只	2	
4	1~2HY	黄色信号灯	K22-DP/Y ~220V	只	2	
3	1~2HR	红色信号灯	K22-DP/R ~220V	只	2	
2	HW	白色信号灯	K22-DP/W ~220V	只	1	
1	1~2FU,FU1~2	熔断器开关	HG30-10/101 6A	只	4	
序号	符　号	名　称	型号及规格	单位	数量	备　注

注：本图适用于无稳压泵，有火灾自动报警系统的临时高压系统中的喷淋泵控制。

接线端子			
箱内元件	序号	编号	箱外元件
1FU	1	1	NSP
KT	2	3	NSP
KA01	3	1	1#喷淋泵启停
KA01	4	5	1#喷淋泵启停
KA02	5	1	2#喷淋泵启停
KA02	6	7	2#喷淋泵启停
1KA	7	9	1#喷淋泵状态
1KA	8	11	1#喷淋泵状态
4KA	9	13	2#喷淋泵状态
4KA	10	15	2#喷淋泵状态
3KA	11	17	1#喷淋泵过载
3KA	12	19	1#喷淋泵过载
10KA	13	21	2#喷淋泵过载
10KA	14	23	2#喷淋泵过载
11KA	15	25	就地异地状态
11KA	16	27	就地异地状态
1FU	17	1	压力开关1SP
7KA	18	29	压力开关1SP
SA1—8	19	31	压力开关2SP
KA	20	33	压力开关2SP
	21		
	22		
	23		
	24		

至稳压泵压力开关
至联动控制柜
至各报警阀压力开关

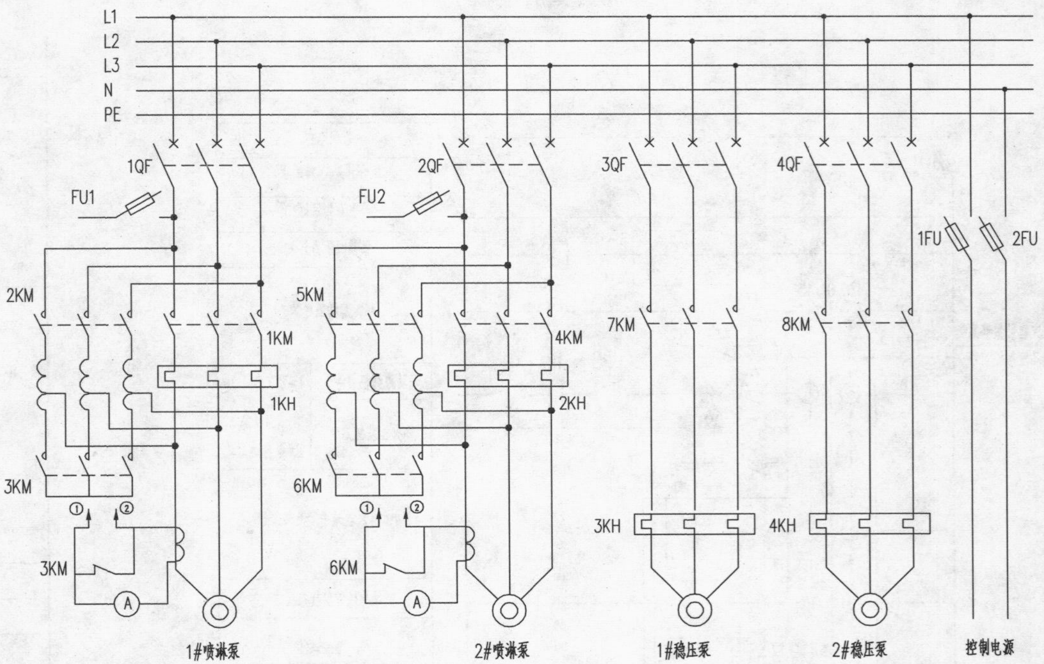

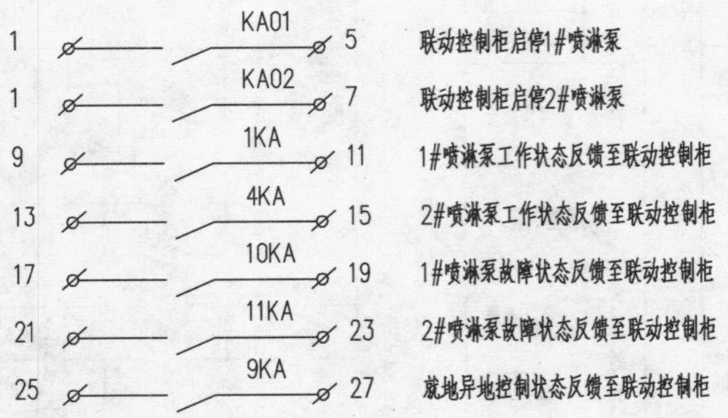

1 KA01 5 联动控制柜启停1#喷淋泵
1 KA02 7 联动控制柜启停2#喷淋泵
9 1KA 11 1#喷淋泵工作状态反馈至联动控制柜
13 4KA 15 2#喷淋泵工作状态反馈至联动控制柜
17 10KA 19 1#喷淋泵故障状态反馈至联动控制柜
21 11KA 23 2#喷淋泵故障状态反馈至联动控制柜
25 9KA 27 就地异地控制状态反馈至联动控制柜

注：本图适用于带稳压泵、有火灾自动报警系统的临时高压系统中的喷淋泵控制。

L1 L2 L3 N PE
1QF FU1 2KM 1KM 1KH 3KM 3KM Ⓐ 1#喷淋泵
2QF FU2 5KM 4KM 2KH 6KM 6KM Ⓐ 2#喷淋泵
3QF 7KM 3KH 1#稳压泵
4QF 8KM 4KH 2#稳压泵
1FU 2FU 控制电源

序号	符号	名称	型号及规格	单位	数量	备注
14	1~4KH	热继电器	参见另表	只	4	
13	1~8KM	交流接触器	参见另表	只	8	
12	1~4QF	低压断路器	参见另表	只	4	
11	SA1	转换开关	LW12-16-D0721	只	1	
10	SA	转换开关	LW12-16-D5411	只	1	
9	1~4KT,KT	时间继电器	JS23-11 ~220V	只	5	
8	1~11KA,KA	中间继电器	JZ11-26 ~220V	只	12	
7	1~4SF	启动按钮	K22-11P/G	只	4	带保护套
6	1~4SS	停止按钮	K22-11P/R	只	4	带保护套
5	1~4HG	绿色信号灯	K22-DP/G ~220V	只	4	
4	1~4HY	黄色信号灯	K22-DP/Y ~220V	只	4	
3	1~2HR	红色信号灯	K22-DP/R ~220V	只	2	
2	HW	白色信号灯	K22-DP/W ~220V	只	1	
1	1~2FU,FU1~2	熔断器开关	HG30-10/101 6A	只	4	

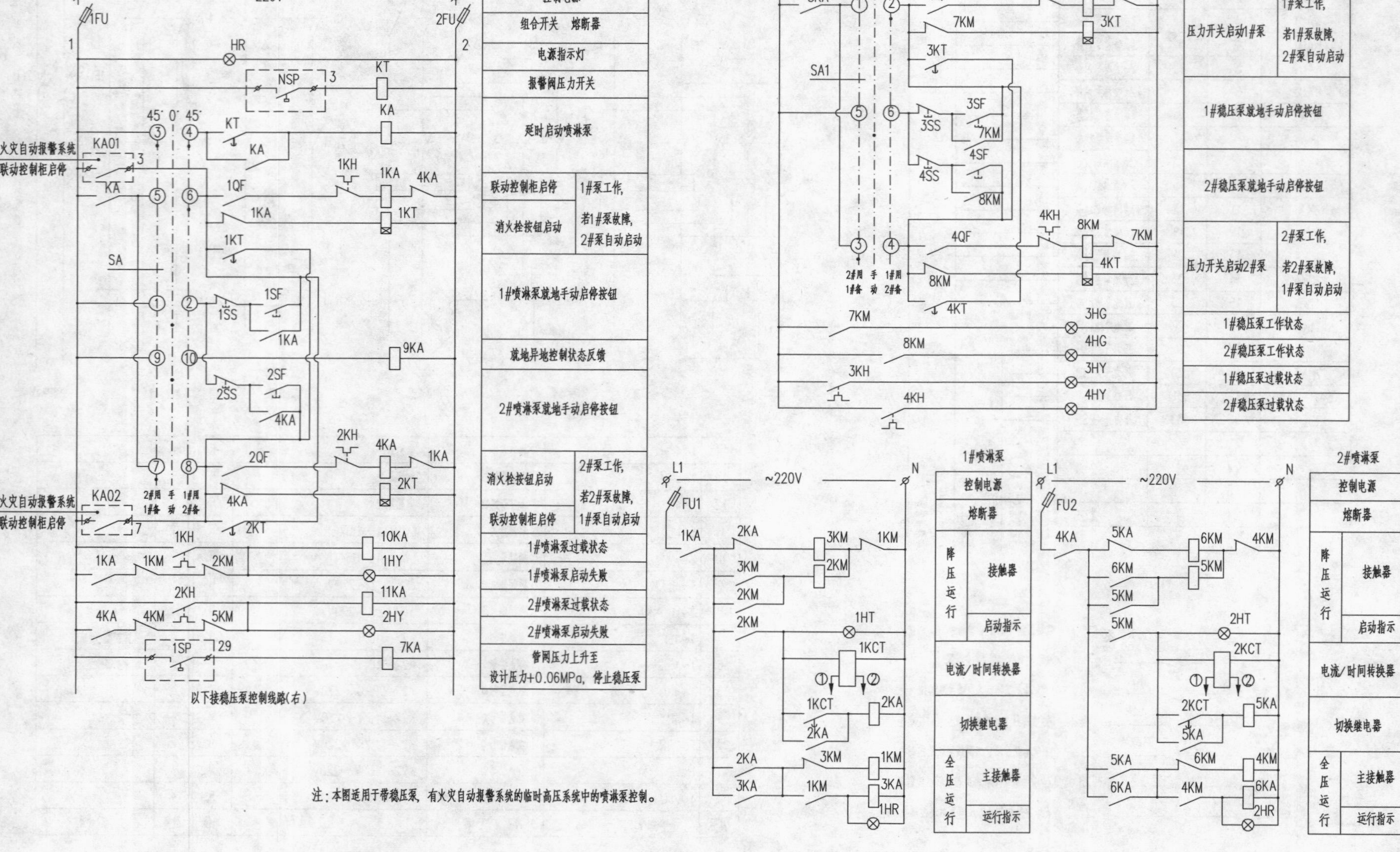
控制电源
组合开关 熔断器
电源指示灯
报警阀压力开关
延时启动喷淋泵
联动控制柜启停
消火栓按钮启动
1#泵工作，若1#泵故障，2#泵自动启动
1#喷淋泵就地手动启停按钮
就地异地控制状态反馈
2#喷淋泵就地手动启停按钮
消火栓按钮启动
联动控制柜启停
2#泵工作，若2#泵故障，1#泵自动启动
1#喷淋泵过载状态
1#喷淋泵启动失败
2#喷淋泵过载状态
2#喷淋泵启动失败
管网压力上升至设计压力+0.06MPa，停止稳压泵
以下接稳压泵控制线路(右)
火灾自动报警系统联动控制柜启停
以上接喷淋泵控制线路(左)
管网压力下降至设计压力，启动稳压泵
压力开关启动1#泵
1#泵工作，若1#泵故障，2#泵自动启动
1#稳压泵就地手动启停按钮
2#稳压泵就地手动启停按钮
压力开关启动2#泵
2#泵工作，若2#泵故障，1#泵自动启动
1#稳压泵工作状态
2#稳压泵工作状态
1#稳压泵过载状态
2#稳压泵过载状态
1#喷淋泵
控制电源
熔断器
降压运行
接触器
启动指示
电流/时间转换器
切换继电器
全压运行
主接触器
运行指示
2#喷淋泵
控制电源
熔断器
降压运行
接触器
启动指示
电流/时间转换器
切换继电器
全压运行
主接触器
运行指示

注：本图适用于带稳压泵、有火灾自动报警系统的临时高压系统中的喷淋泵控制。

接线端子			
箱内元件	序号	编号	箱外元件
1FU	1	1	NSP
KT	2	3	NSP
KA01	3	1	1#喷淋泵启停
KA01	4	5	1#喷淋泵启停
KA02	5	1	2#喷淋泵启停
KA02	6	7	2#喷淋泵启停
1KA	7	9	1#喷淋泵状态
1KA	8	11	1#喷淋泵状态
4KA	9	13	2#喷淋泵状态
4KA	10	15	2#喷淋泵状态
10KA	11	17	1#喷淋泵过载
10KA	12	19	1#喷淋泵过载
11KA	13	21	2#喷淋泵过载
11KA	14	23	2#喷淋泵过载
9KA	15	25	就地异地状态
9KA	16	27	就地异地状态
1FU	17	1	压力开关1SP
7KA	18	29	压力开关1SP
SA1--8	19	31	压力开关2SP
KA	20	33	压力开关2SP
1FU	21	1	压力开关3SP
KT	22	3	压力开关3SP
	23		
	24		

至稳压泵压力开关
至联动控制柜
至各报警阀压力开关

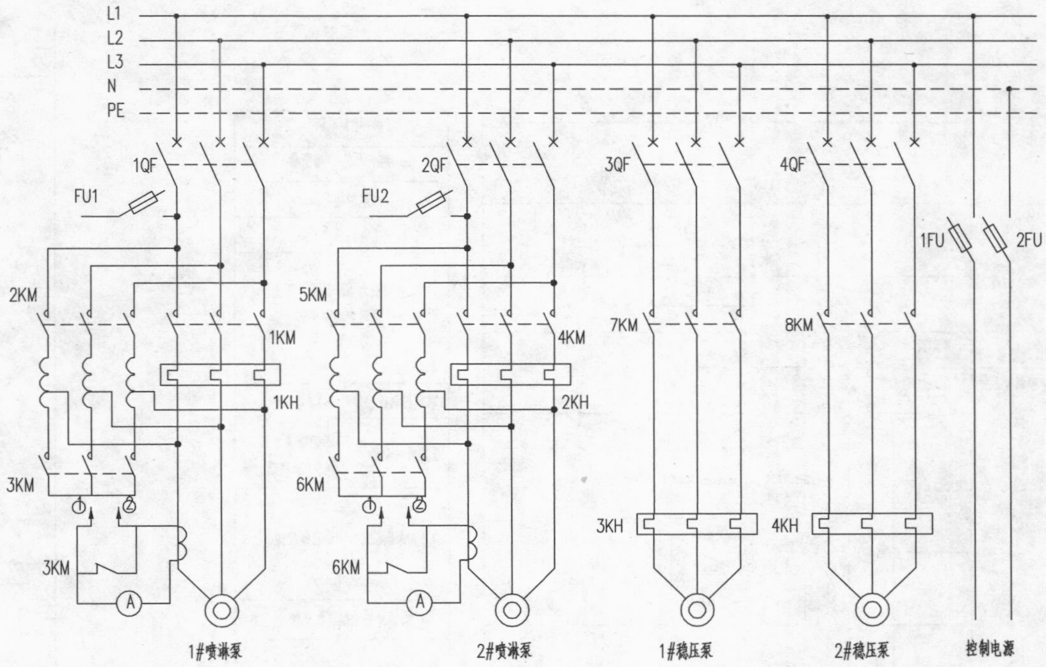

1 — KA01 — 5 联动控制柜启停1#喷淋泵
1 — KA02 — 7 联动控制柜启停2#喷淋泵
9 — 1KA — 11 1#喷淋泵工作状态反馈至联动控制柜
13 — 4KA — 15 2#喷淋泵工作状态反馈至联动控制柜
17 — 10KA — 19 1#喷淋泵故障状态反馈至联动控制柜
21 — 11KA — 23 2#喷淋泵故障状态反馈至联动控制柜
25 — 9KA — 27 就地异地控制状态反馈至联动控制柜

注：本图适用于带稳压泵、有火灾自动报警系统的稳高压系统中的喷淋泵控制。

L1 L2 L3 N PE
1QF 2QF 3QF 4QF
FU1 FU2 1FU 2FU
2KM 1KM 5KM 4KM 7KM 8KM
1KH 2KH 3KH 4KH
3KM 6KM
A
1#喷淋泵 2#喷淋泵 1#稳压泵 2#稳压泵 控制电源

序号	符号	名称	型号及规格	单位	数量	备注
14	1~4KH	热继电器	参见另表	只	4	
13	1~8KM	交流接触器	参见另表	只	8	
12	1~4QF	低压断路器	参见另表	只	4	
11	SA1	转换开关	LW12-16-D0721	只	1	
10	SA	转换开关	LW12-16-D5411	只	1	
9	1~4KT,KT	时间继电器	JS23-11 ~220V	只	5	
8	1~11KA,KA	中间继电器	JZ11-26 ~220V	只	12	
7	1~4SF	启动按钮	K22-11P/G	只	4	带保护套
6	1~4SS	停止按钮	K22-11P/R	只	4	带保护套
5	1~4HG	绿色信号灯	K22-DP/G ~220V	只	4	
4	1~4HY	黄色信号灯	K22-DP/Y ~220V	只	4	
3	1~2HR	红色信号灯	K22-DP/R ~220V	只	2	
2	HW	白色信号灯	K22-DP/W ~220V	只	1	
1	1~2FU,FU1~2	熔断器开关	HG30-10/101 6A	只	4	

注：参见图集号2001沪D701。

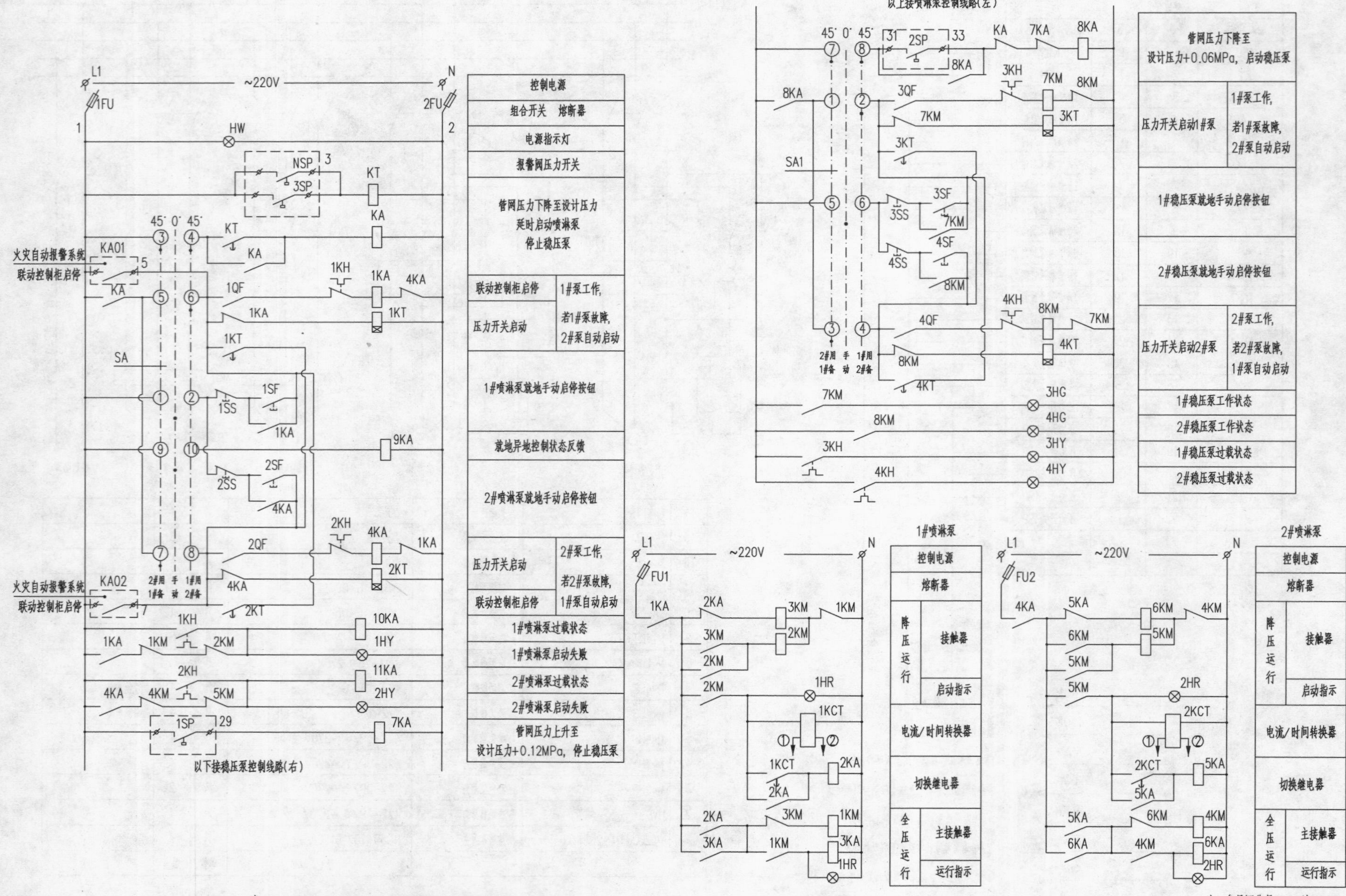

注：本图适用于带稳压泵，有火灾自动报警系统的稳高压系统中的喷淋泵控制。

注：参见图集号2001沪D701。

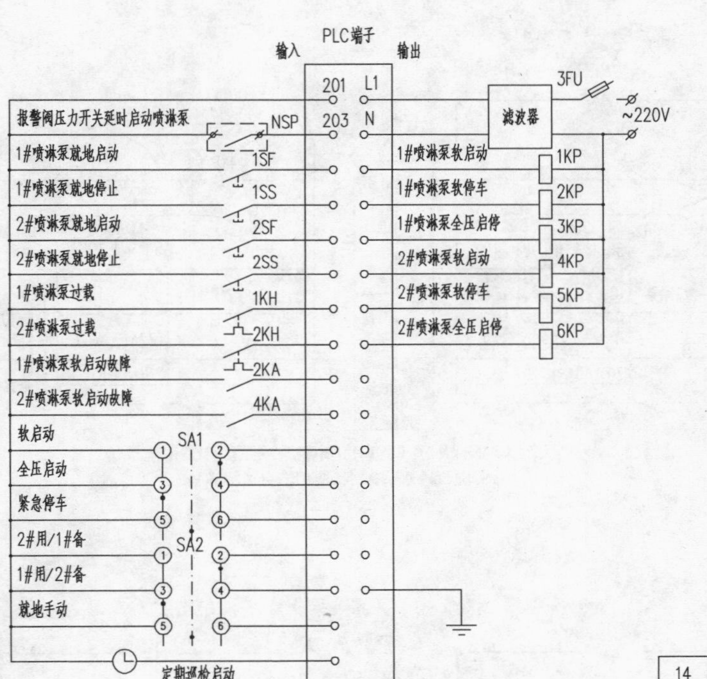

L1
L2
L3
N
PE
1QF
2QF
3FU
1FU
2FU
1FL
2FL
1KM
2KM
1KH
2KH
PLC
1#喷淋泵
2#喷淋泵
控制电源
PLC控制器

接线端子			
箱内元件	序号	编号	箱外元件
	1	201	NSP
	2	203	NSP
	3		
	4		

至各报警阀压力开关

序号	符　号	名　称	型号及规格	单位	数量	备　注
14		软启动器	参见另表	台	2	
13	1~2KH	热继电器	参见另表	只	2	
12	1~2FL	低压熔断器	参见另表	只	2	
11	1~2KM	交流接触器	参见另表	只	2	
10	1~2QF	低压断路器	参见另表	只	2	
9	TC	隔离变压器	BK-25　~220/220V	只	1	
8	SA1~2	转换开关	LW12-16-D0404	只	2	
7	1~6KA,1~6KP	中间继电器	JZ11-26 ~220V	只	13	
6	1~2SF	启动按钮	K22-11P/G	只	2	带保护套
5	1~2SS	停止按钮	K22-11P/R	只	2	带保护套
4	1~4HY	绿色信号灯	K22-DP/G ~220V	只	4	
3	1~4HG	黄色信号灯	K22-DP/Y ~220V	只	4	
2	HW	白色信号灯	K22-DP/W ~220V	只	1	
1	1~3FU,FU1~2	熔断器开关	HG30-10/101 6A	只	5	

注：本图适用于无稳压泵、无火灾自动报警系统的临时高压系统中的喷淋泵控制。

注：参见图集号2001沪D701。

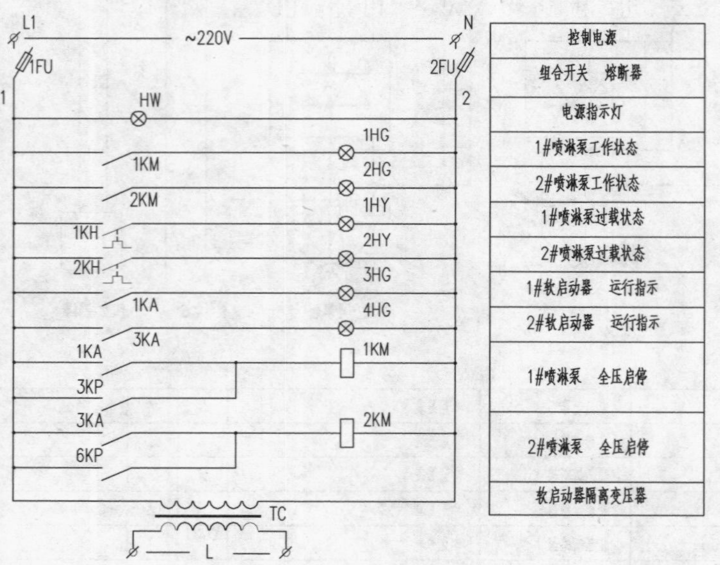

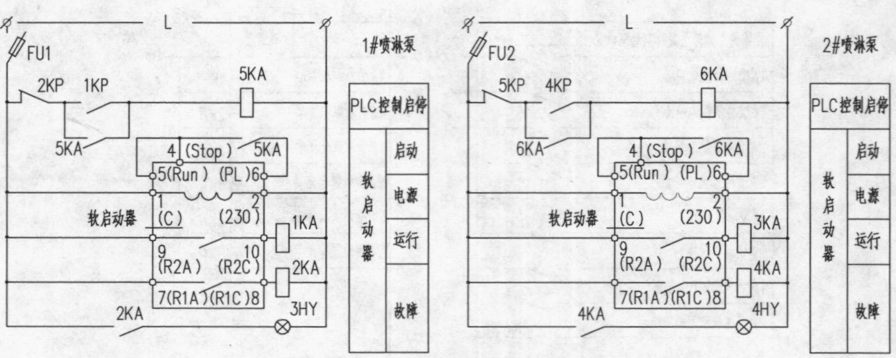

软启动器采用ABB有限公司 PSS系列/施耐德电气公司 ATS-46系列产品
(括号内端子编号为施耐德电气公司 ATS-46系列产品)

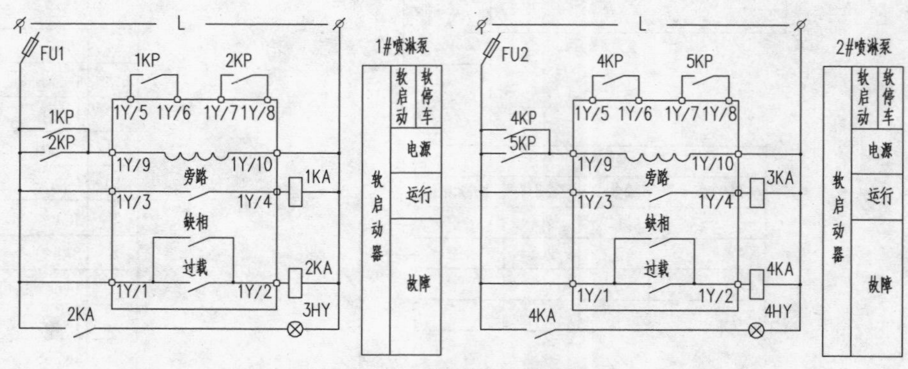

软启动器采用上海宏浩电气研究所JQ-3系列产品

注：本图适用于无稳压泵、无火灾自动报警系统的临时高压系统中的喷淋泵控制。

注：参见图集号2001沪D701。

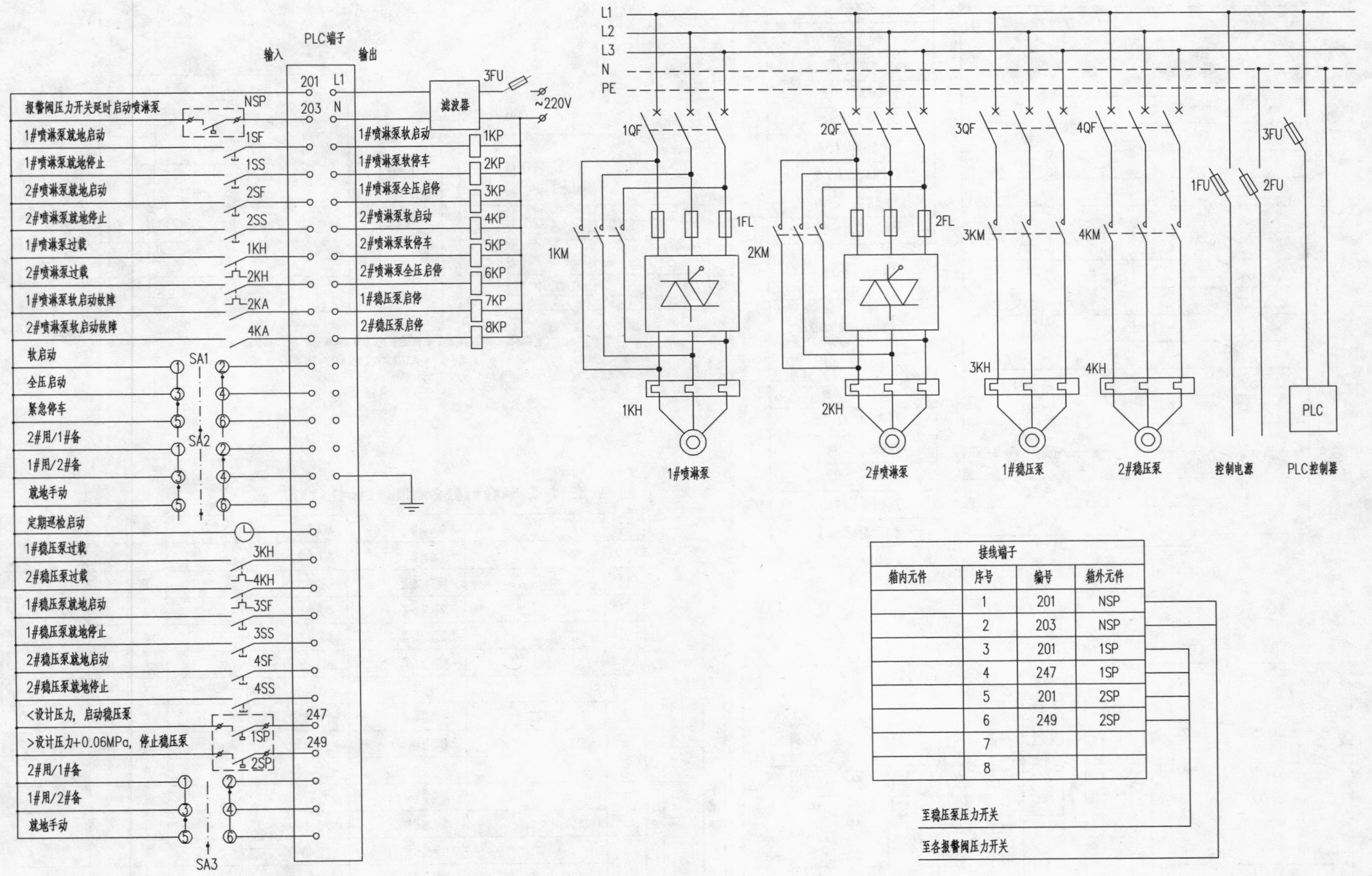

接线端子			
箱内元件	序号	编号	箱外元件
	1	201	NSP
	2	203	NSP
	3	201	1SP
	4	247	1SP
	5	201	2SP
	6	249	2SP
	7		
	8		

注：本图适用于带稳压泵、无火灾自动报警系统的临时高压系统中的喷淋泵控制。

注：参见图集号2001沪D701。

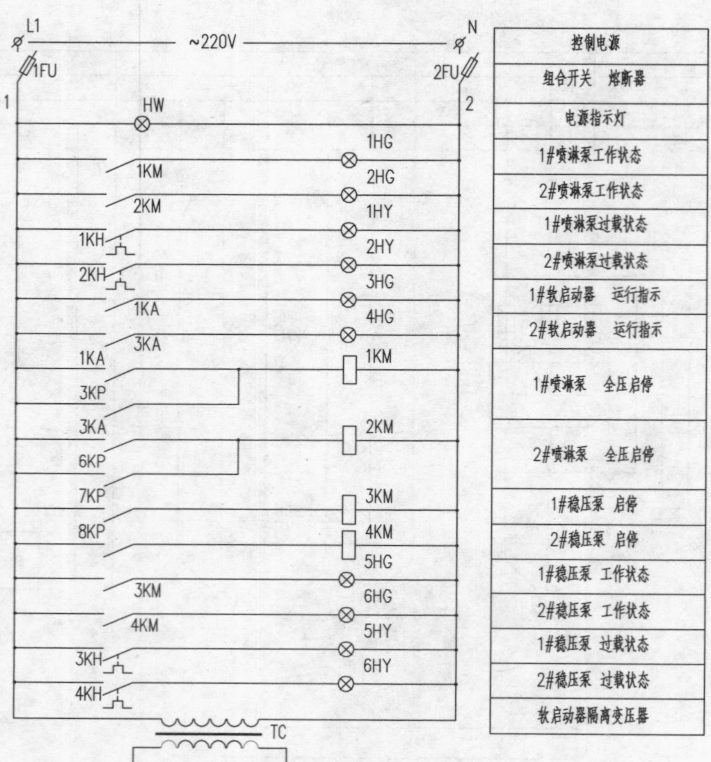

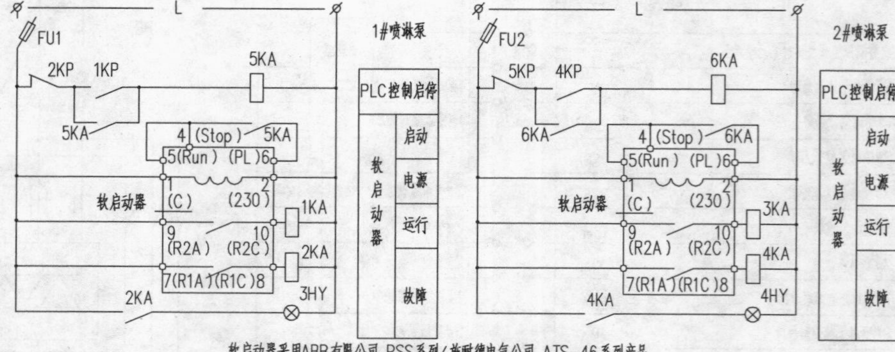

软启动器采用ABB有限公司 PSS系列/施耐德电气公司 ATS-46系列产品
（括号内端子编号为施耐德电气公司 ATS-46系列产品）

注：本图适用于带稳压泵，无火灾自动报警系统的临时高压系统中的喷淋泵控制。

序号	符号	名称	型号及规格	单位	数量	备注
14		软启动器	参见另表	台	2	
13	1~4KH	热继电器	参见另表	只	4	
12	1~2FL	低压熔断器	参见另表	只	2	
11	1~4KM	交流接触器	参见另表	只	4	
10	1~4QF	低压断路器	参见另表	只	4	
9	TC	隔离变压器	BK-25 ~220/220V	只	1	
8	SA1~3	转换开关	LW12-16-D0404	只	3	
7	1~6KA,1~8KP	中间继电器	JZ11-26 ~220V	只	14	
6	1~4SF	启动按钮	K22-11P/G	只	4	带保护套
5	1~4SS	停止按钮	K22-11P/R	只	4	带保护套
4	1~6HY	绿色信号灯	K22-DP/G ~220V	只	6	
3	1~6HG	黄色信号灯	K22-DP/Y ~220V	只	6	
2	HW	白色信号灯	K22-DP/W ~220V	只	1	
1	1~3FU,FU1~2	熔断器开关	HG30-10/101 6A	只	5	

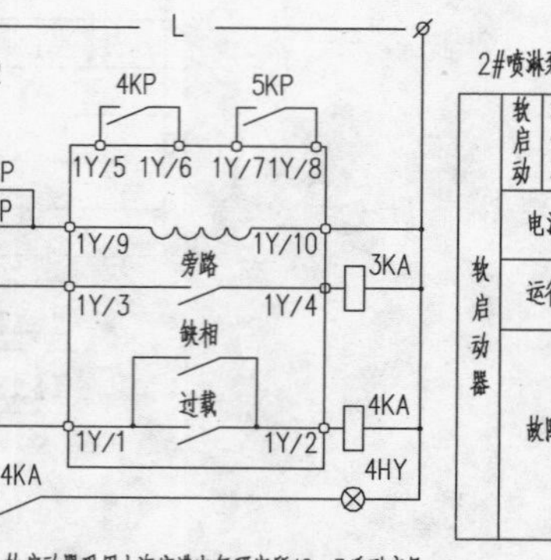

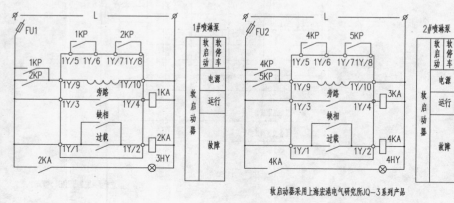

软启动器采用上海宏港电气研究所JQ-3系列产品

注：参见图集号2001沪D701。

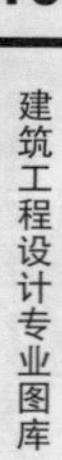

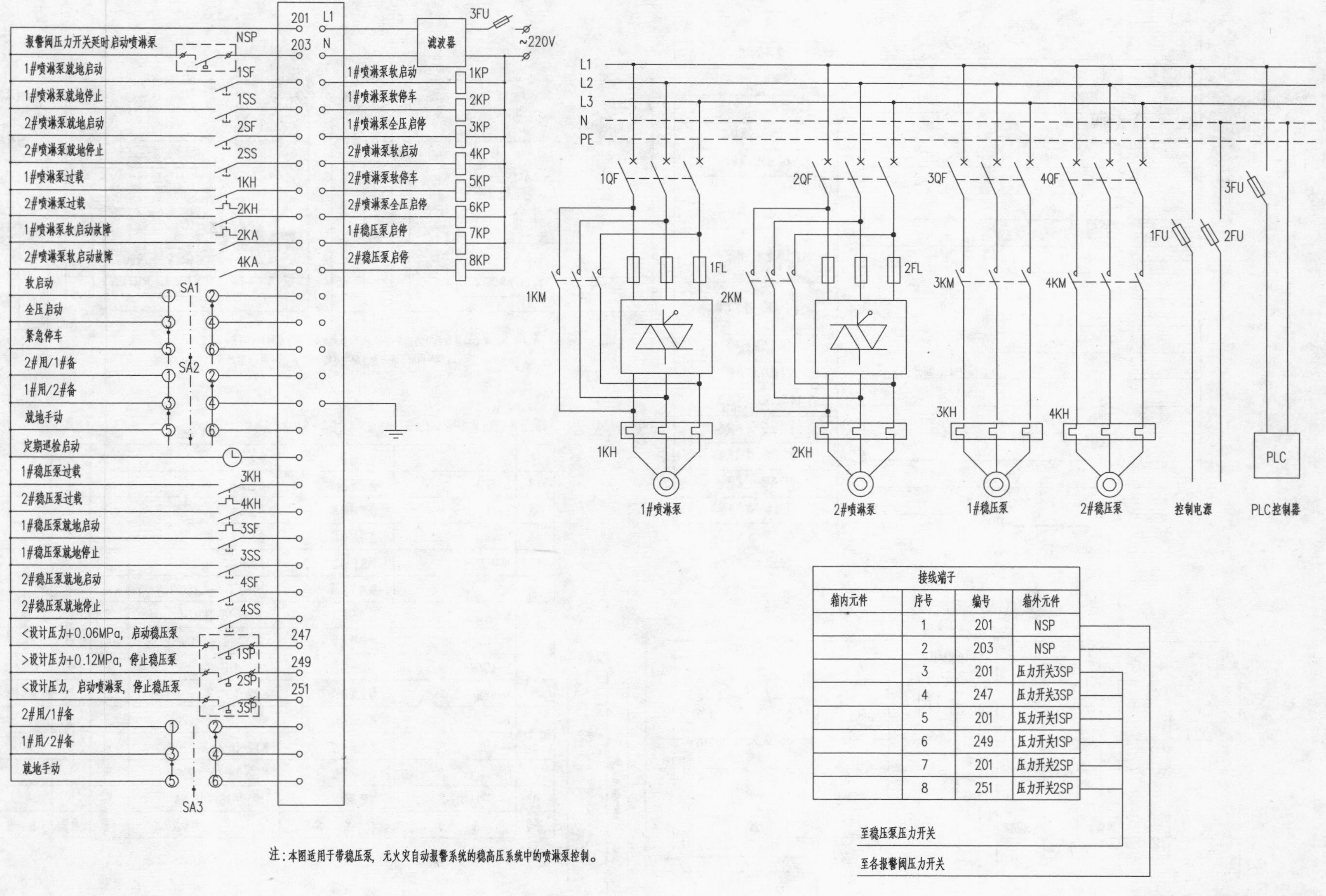

接线端子			
箱内元件	序号	编号	箱外元件
	1	201	NSP
	2	203	NSP
	3	201	压力开关3SP
	4	247	压力开关3SP
	5	201	压力开关1SP
	6	249	压力开关1SP
	7	201	压力开关2SP
	8	251	压力开关2SP

至稳压泵压力开关

至各报警阀压力开关

注：本图适用于带稳压泵、无火灾自动报警系统的稳高压系统中的喷淋泵控制。

注：参见图集号2001沪D701。

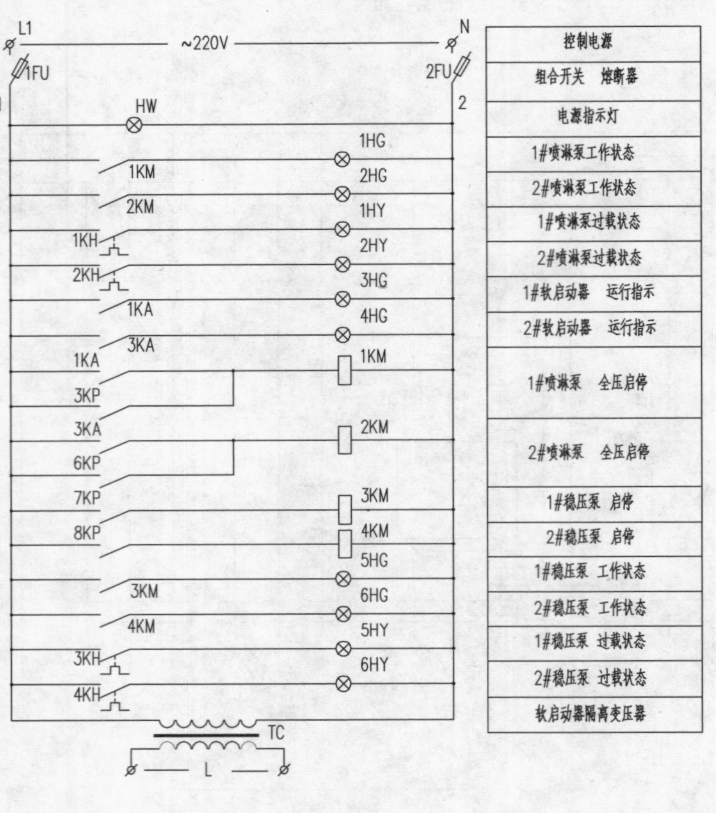

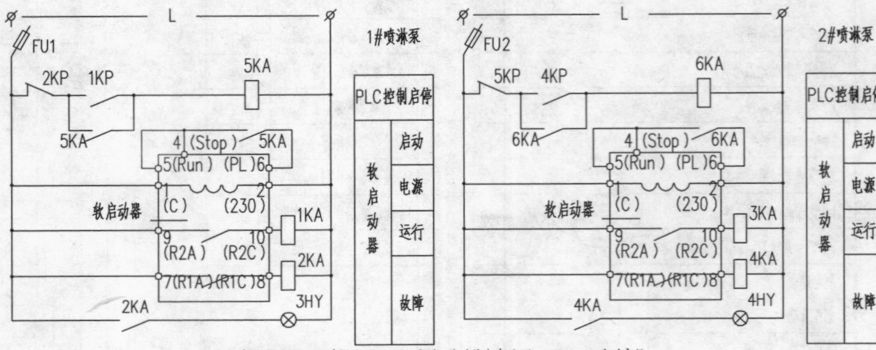

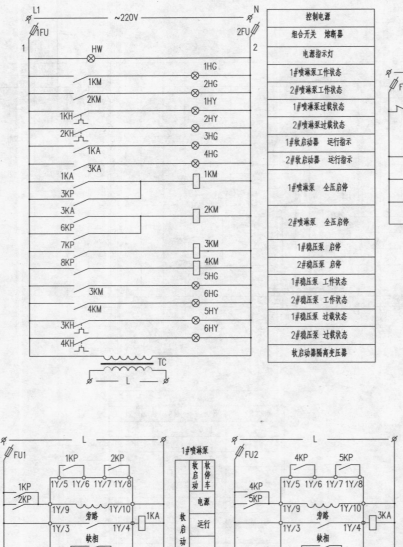

软启动器采用ABB有限公司 PSS系列/施耐德电气公司 ATS-46系列产品
（括号内端子编号为施耐德电气公司 ATS-46系列产品）

注：本图适用于带稳压泵，无火灾自动报警系统的稳高压系统中的喷淋泵控制。

14		软启动器	参见另表	台	2	
13	1~4KH	热继电器	参见另表	只	4	
12	1~2FL	低压熔断器	参见另表	只	2	
11	1~4KM	交流接触器	参见另表	只	4	
10	1~4QF	低压断路器	参见另表	只	4	
9	TC	隔离变压器	BK-25　~220/220V	只	1	
8	SA1~3	转换开关	LW12-16-D0404	只	3	
7	1~6KA,1~8KP,KA	中间继电器	JZ11-26 ~220V	只	15	
6	1~4SF	启动按钮	K22-11P/G	只	4	带保护套
5	1~4SS	停止按钮	K22-11P/R	只	4	带保护套
4	1~6HY	绿色信号灯	K22-DP/G ~220V	只	6	
3	1~6HG	黄色信号灯	K22-DP/Y ~220V	只	6	
2	HW	白色信号灯	K22-DP/W ~220V	只	1	
1	1~3FU,FU1~2	熔断器开关	HG30-10/101 6A	只	5	
序号	符　号	名　称	型号及规格	单位	数量	备　注

软启动器采用上海宏港电气研究所JQ-3系列产品

注：参见图集号2001沪D701。

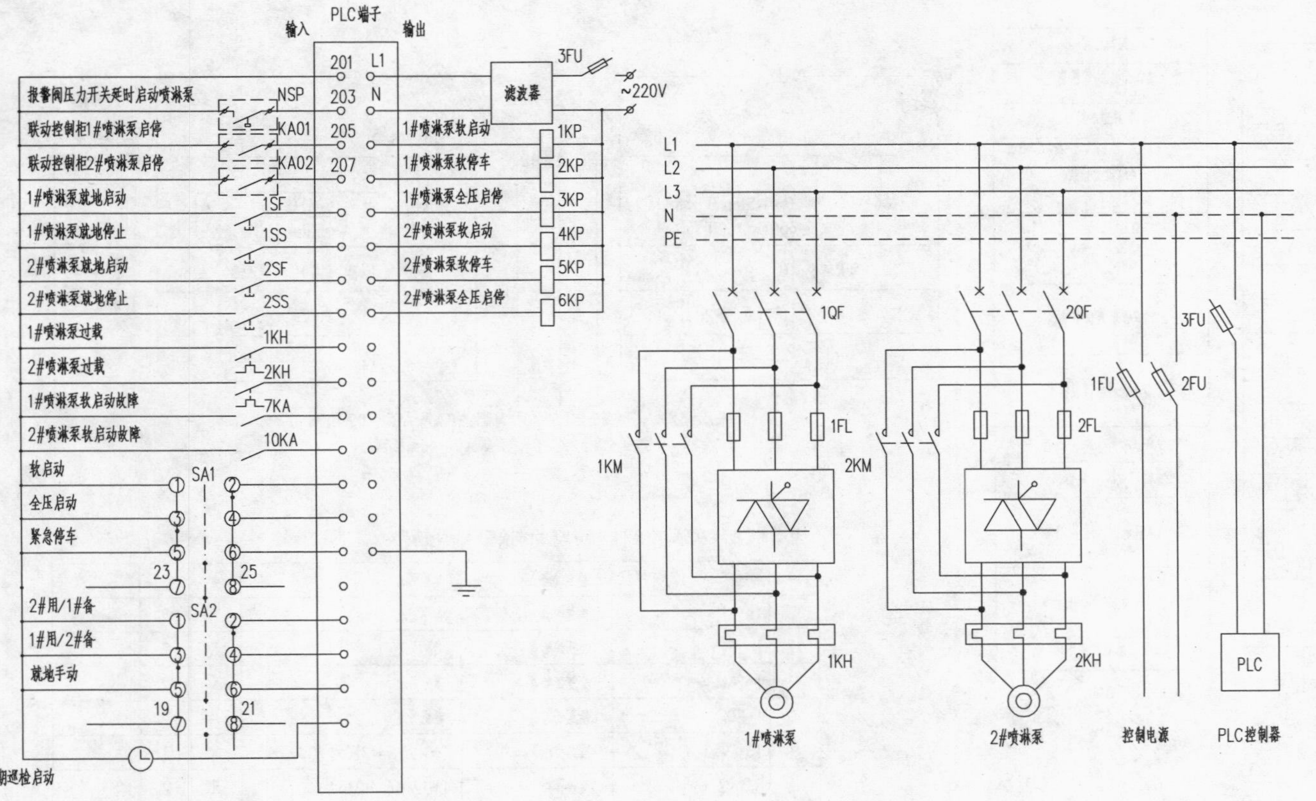

接线端子			
箱内元件	序号	编号	箱外元件
	1	201	NSP
	2	203	NSP
1KA	3	3	1#喷淋泵状态
1KA	4	5	1#喷淋泵状态
2KA	5	7	2#喷淋泵状态
2KA	6	9	2#喷淋泵状态
3KA	7	11	1#喷淋泵过载
3KA	8	13	1#喷淋泵过载
4KA	9	15	2#喷淋泵过载
4KA	10	17	2#喷淋泵过载
SA2	11	19	就地异地状态
SA2	12	21	就地异地状态
SA1	13	23	紧急停车状态
SA1	14	25	紧急停车状态
KA01	15	201	1#喷淋泵启停
KA01	16	205	1#喷淋泵启停
KA02	17	201	2#喷淋泵启停
KA02	18	207	2#喷淋泵启停
	19		
	20		
	21		
	22		
	23		
	24		

至联动控制柜
至各报警阀压力开关

端子	元件	端子	说明
201	KA01	205	联动控制柜启停1#喷淋泵
201	KA02	207	联动控制柜启停2#喷淋泵
3	1KA	5	1#喷淋泵工作状态反馈至联动控制柜
7	2KA	9	2#喷淋泵工作状态反馈至联动控制柜
11	3KA	13	1#喷淋泵过载状态反馈至联动控制柜
15	4KA	17	2#喷淋泵过载状态反馈至联动控制柜
19 ⑦	SA2 ⑧	21	就地异地控制状态反馈至联动控制柜
23 ⑦	SA1 ⑧	25	紧急停车状态反馈至联动控制柜

注：本图适用于无稳压泵，有火灾自动报警系统的临时高压系统中的喷淋泵控制。

注：参见图集号2001沪D701。

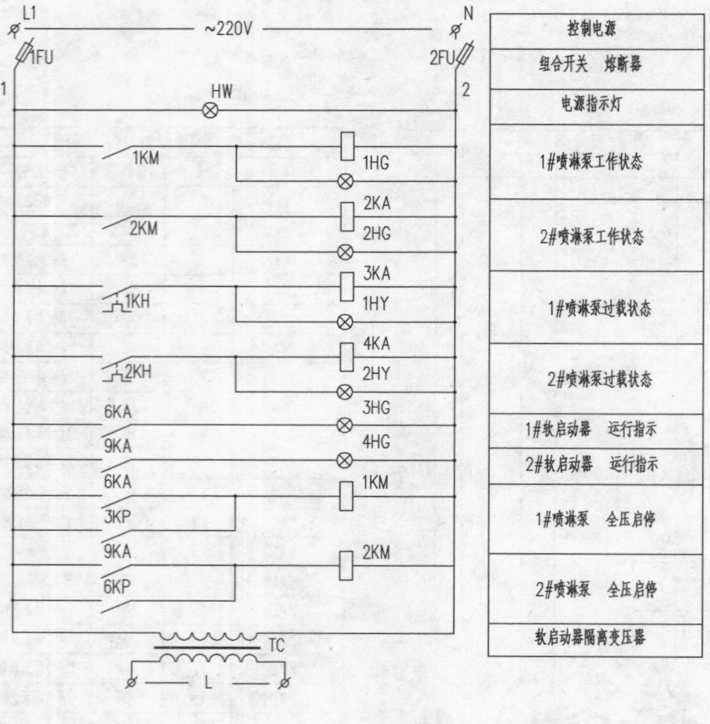

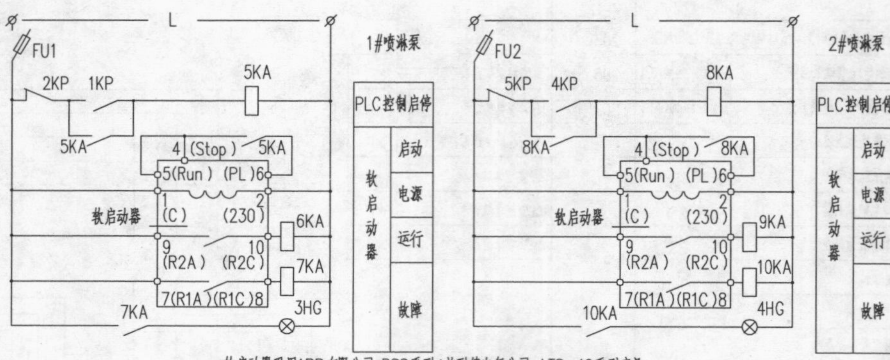

软启动器采用ABB有限公司 PSS系列/施耐德电气公司 ATS-46系列产品
（括号内端子编号为施耐德电气公司 ATS-46系列产品）

注：本图适用于无稳压泵，有火灾自动报警系统的临时高压系统中的喷淋泵控制。

序号	符　号	名　称	型号及规格	单位	数量	备　注
14		软启动器	参见另表	台	2	
13	1~2KH	热继电器	参见另表	只	2	
12	1~2FL	低压熔断器	参见另表	只	2	
11	1~2KM	交流接触器	参见另表	只	2	
10	1~2QF	低压断路器	参见另表	只	2	
9	TC	隔离变压器	BK-25 ~220/220V	只	1	
8	SA1~2	转换开关	LW12-16-D0404	只	2	
7	1~10KA,1~6KP,KA	中间继电器	JZ11-26 ~220V	只	17	
6	1~2SF	启动按钮	K22-11P/G	只	2	带保护套
5	1~2SS	停止按钮	K22-11P/R	只	2	带保护套
4	1~4HY	绿色信号灯	K22-DP/G ~220V	只	4	
3	1~4HG	黄色信号灯	K22-DP/Y ~220V	只	4	
2	HW	白色信号灯	K22-DP/W ~220V	只	1	
1	1~3FU,FU1~2	熔断器开关	HG30-10/101 6A	只	5	

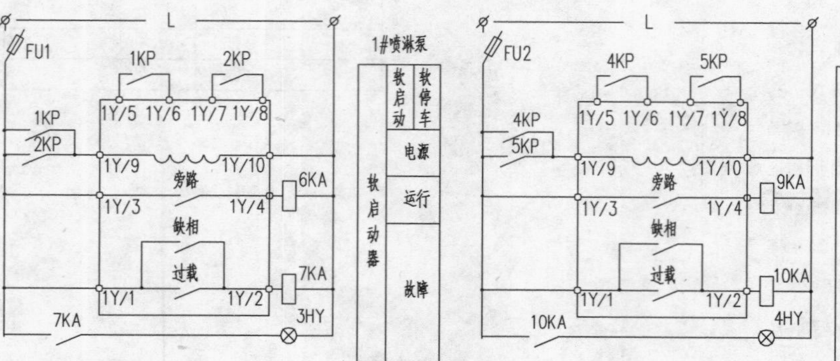

注：软启动器采用上海宏浩电气研究所JQ-3系列产品。

注：参见图集号2001沪D701。

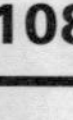

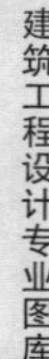

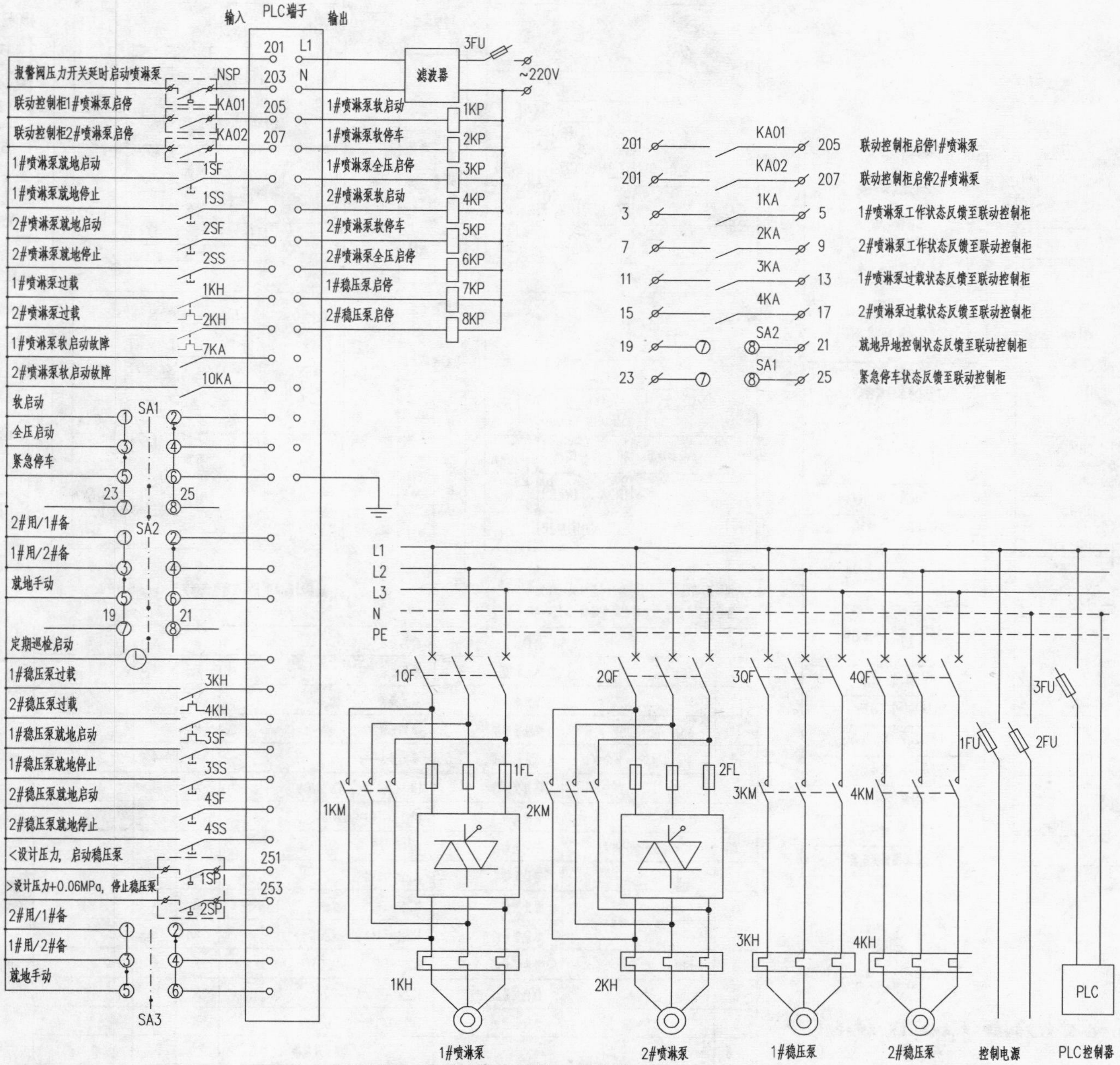

输入 PLC端子 输出

- 报警阀压力开关延时启动喷淋泵 NSP
- 联动控制柜1#喷淋泵启停 KA01
- 联动控制柜2#喷淋泵启停 KA02
- 1#喷淋泵就地启动 1SF
- 1#喷淋泵就地停止 1SS
- 2#喷淋泵就地启动 2SF
- 2#喷淋泵就地停止 2SS
- 1#喷淋泵过载 1KH
- 2#喷淋泵过载 2KH
- 1#喷淋泵软启动故障 7KA
- 2#喷淋泵软启动故障 10KA
- 软启动
- 全压启动
- 紧急停车 SA1
- 2#用/1#备
- 1#用/2#备
- 就地手动 SA2
- 定期巡检启动
- 1#稳压泵过载 3KH
- 2#稳压泵过载 4KH
- 1#稳压泵就地启动 3SF
- 1#稳压泵就地停止 3SS
- 2#稳压泵就地启动 4SF
- 2#稳压泵就地停止 4SS
- <设计压力，启动稳压泵 251 1SP
- >设计压力+0.06MPa，停止稳压泵 253 2SP
- 2#用/1#备
- 1#用/2#备
- 就地手动 SA3

PLC端子：201 L1、203 N、205、207

- 1#喷淋泵软启动 1KP
- 1#喷淋泵软停车 2KP
- 1#喷淋泵全压启停 3KP
- 2#喷淋泵软启动 4KP
- 2#喷淋泵软停车 5KP
- 2#喷淋泵全压启停 6KP
- 1#稳压泵启停 7KP
- 2#稳压泵启停 8KP

3FU 滤波器 ~220V

- 201 KA01 205 联动控制柜启停1#喷淋泵
- 201 KA02 207 联动控制柜启停2#喷淋泵
- 3 1KA 5 1#喷淋泵工作状态反馈至联动控制柜
- 7 2KA 9 2#喷淋泵工作状态反馈至联动控制柜
- 11 3KA 13 1#喷淋泵过载状态反馈至联动控制柜
- 15 4KA 17 2#喷淋泵过载状态反馈至联动控制柜
- 19 ⑦ SA2 ⑧ 21 就地异地控制状态反馈至联动控制柜
- 23 ⑦ SA1 ⑧ 25 紧急停车状态反馈至联动控制柜

接线端子			
箱内元件	序号	编号	箱外元件
	1	201	NSP
	2	203	NSP
1KA	3	3	1#喷淋泵状态
1KA	4	5	1#喷淋泵状态
2KA	5	7	2#喷淋泵状态
2KA	6	9	2#喷淋泵状态
3KA	7	11	1#喷淋泵过载
3KA	8	13	1#喷淋泵过载
4KA	9	15	2#喷淋泵过载
4KA	10	17	2#喷淋泵过载
SA2	11	19	就地异地状态
SA2	12	21	就地异地状态
SA1	13	23	紧急停车状态
SA1	14	25	紧急停车状态
KA01	15	201	1#喷淋泵启停
KA01	16	205	1#喷淋泵启停
KA02	17	201	2#喷淋泵启停
KA02	18	207	2#喷淋泵启停
	19	201	1SP
	20	251	1SP
	21	201	2SP
	22	253	2SP
	23		
	24		

- 至稳压泵压力开关
- 至联动控制柜
- 至各报警阀压力开关

L1 L2 L3 N PE

1QF 2QF 3QF 4QF 3FU 1FU 2FU 1FL 2FL 1KM 2KM 3KM 4KM 1KH 2KH 3KH 4KH PLC

1#喷淋泵 2#喷淋泵 1#稳压泵 2#稳压泵 控制电源 PLC控制器

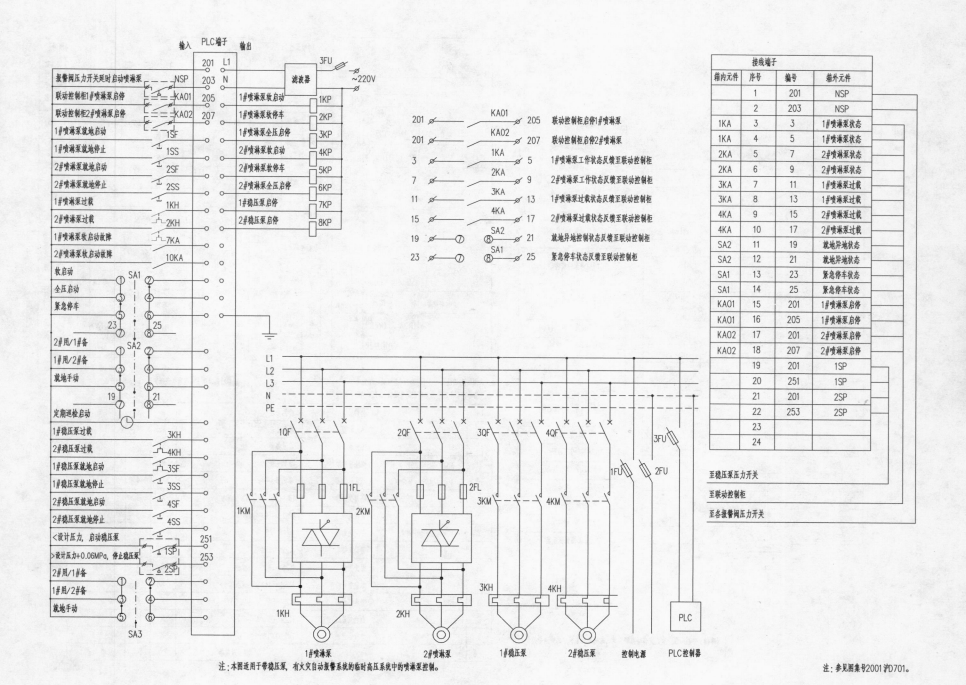

注：本图适用于带稳压泵，有火灾自动报警系统的临时高压系统中的喷淋泵控制。

注：参见图集号2001沪D701。

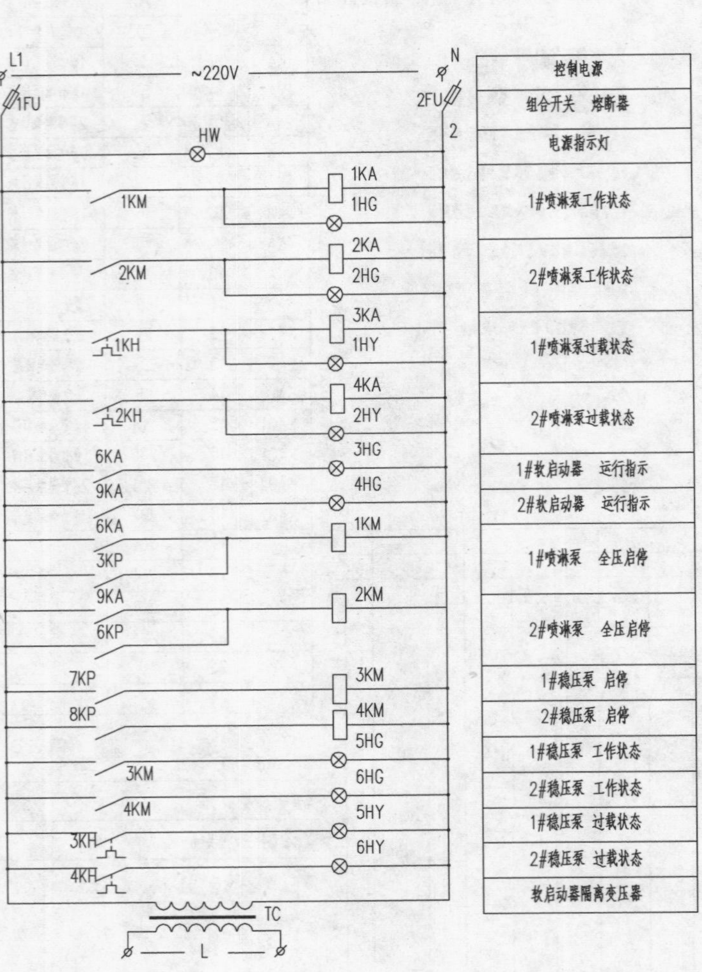

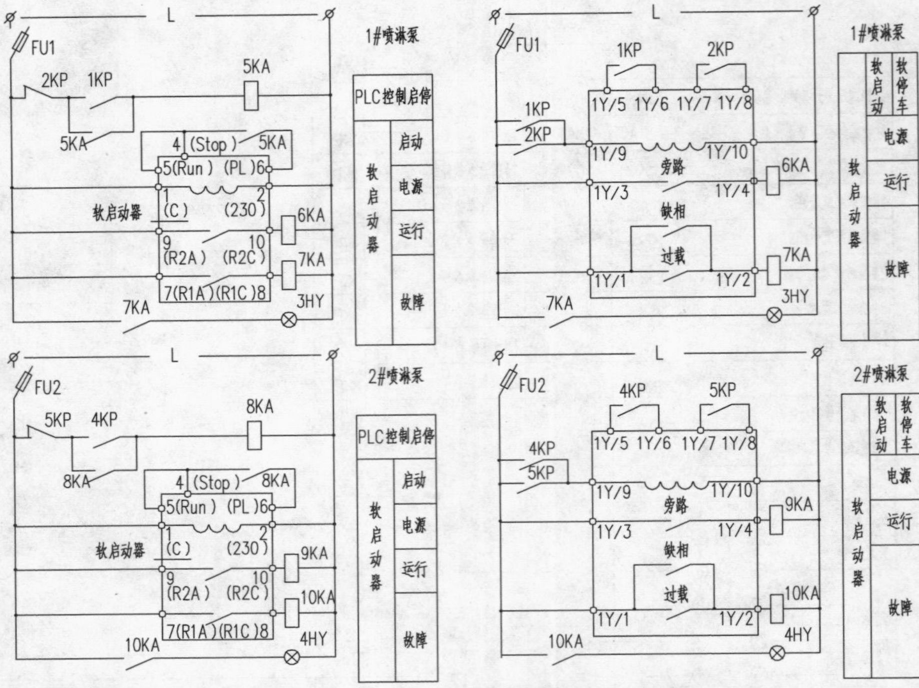

软启动器采用ABB有限公司 PSS系列/施耐德电气公司 ATS-46系列产品
（括号内端子编号为施耐德电气公司 ATS-46系列产品）

软启动器采用上海宏港电气研究所JQ-3系列产品

序号	符 号	名 称	型号及规格	单位	数量	备 注
14		软启动器	参见另表	台	2	
13	1~4KH	热继电器	参见另表	只	4	
12	1~2FL	低压熔断器	参见另表	只	2	
11	1~4KM	交流接触器	参见另表	只	4	
10	1~4QF	低压断路器	参见另表	只	4	
9	TC	隔离变压器	BK-25 ~220/220V	只	1	
8	SA1~3	转换开关	LW12-16-D0404	只	3	
7	1~10KA,1~8KP,KA	中间继电器	JZ11-26 ~220V	只	19	
6	1~4SF	启动按钮	K22-11P/G	只	4	带保护套
5	1~4SS	停止按钮	K22-11P/R	只	4	带保护套
4	1~6HY	绿色信号灯	K22-DP/G ~220V	只	6	
3	1~6HG	黄色信号灯	K22-DP/Y ~220V	只	6	
2	HW	白色信号灯	K22-DP/W ~220V	只	1	
1	1~3FU,FU1~2	熔断器开关	HG30-10/101 6A	只	5	
序号	符 号	名 称	型号及规格	单位	数量	备 注

注：参见图集号2001沪D701。

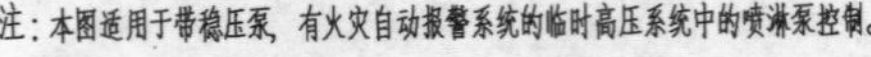
注：本图适用于带稳压泵，有火灾自动报警系统的临时高压系统中的喷淋泵控制。

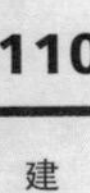

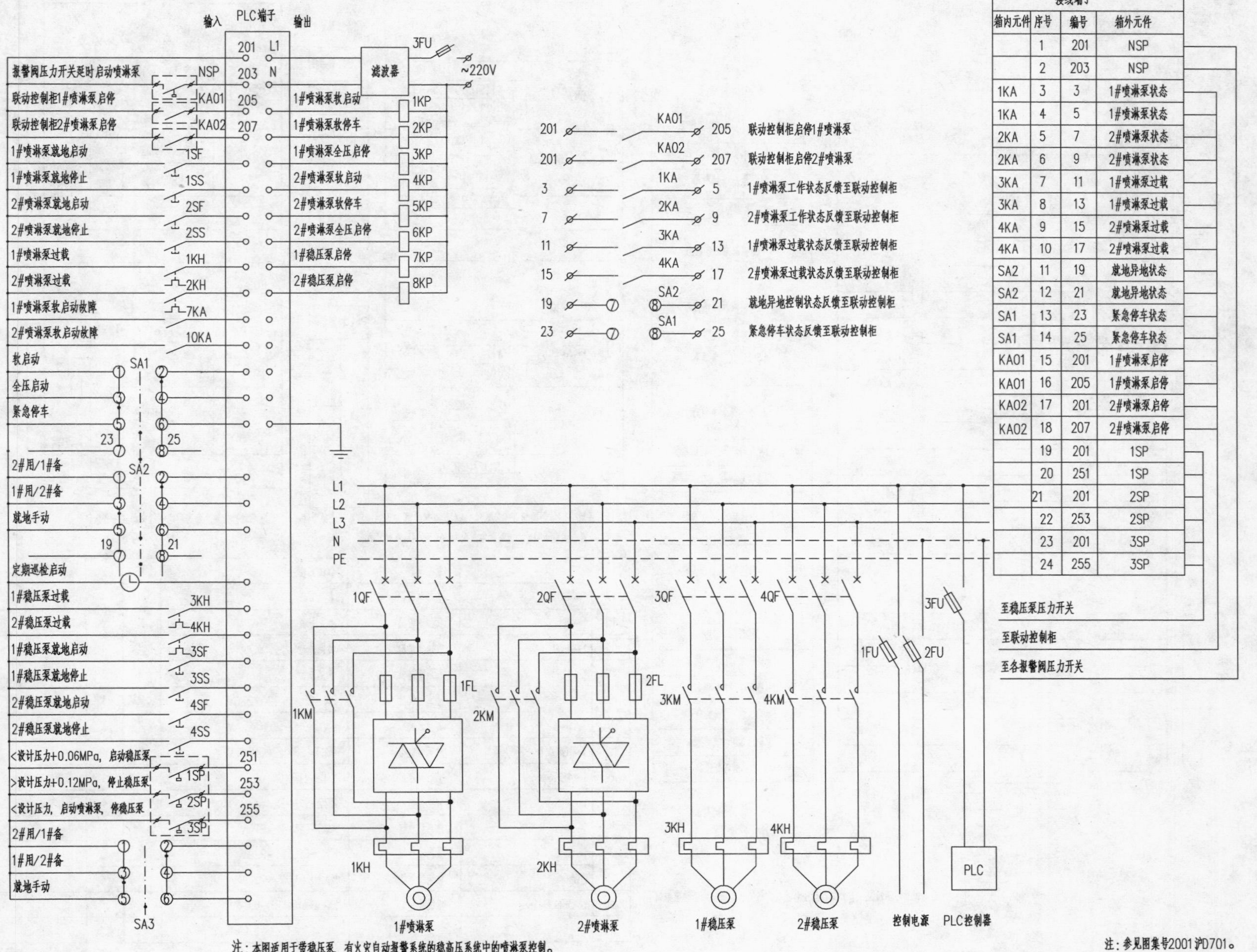

接线端子			
箱内元件	序号	编号	箱外元件
	1	201	NSP
	2	203	NSP
1KA	3	3	1#喷淋泵状态
1KA	4	5	1#喷淋泵状态
2KA	5	7	2#喷淋泵状态
2KA	6	9	2#喷淋泵状态
3KA	7	11	1#喷淋泵过载
3KA	8	13	1#喷淋泵过载
4KA	9	15	2#喷淋泵过载
4KA	10	17	2#喷淋泵过载
SA2	11	19	就地异地状态
SA2	12	21	就地异地状态
SA1	13	23	紧急停车状态
SA1	14	25	紧急停车状态
KA01	15	201	1#喷淋泵启停
KA01	16	205	1#喷淋泵启停
KA02	17	201	2#喷淋泵启停
KA02	18	207	2#喷淋泵启停
	19	201	1SP
	20	251	1SP
	21	201	2SP
	22	253	2SP
	23	201	3SP
	24	255	3SP

注：本图适用于带稳压泵，有火灾自动报警系统的稳高压系统中的喷淋泵控制。

注：参见图集号2001沪D701。

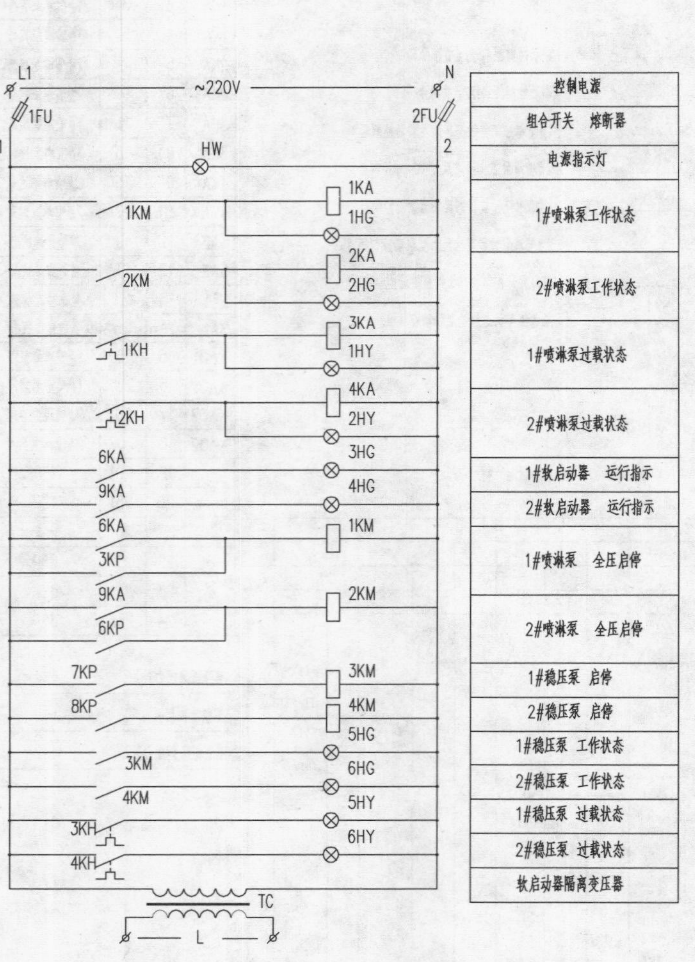

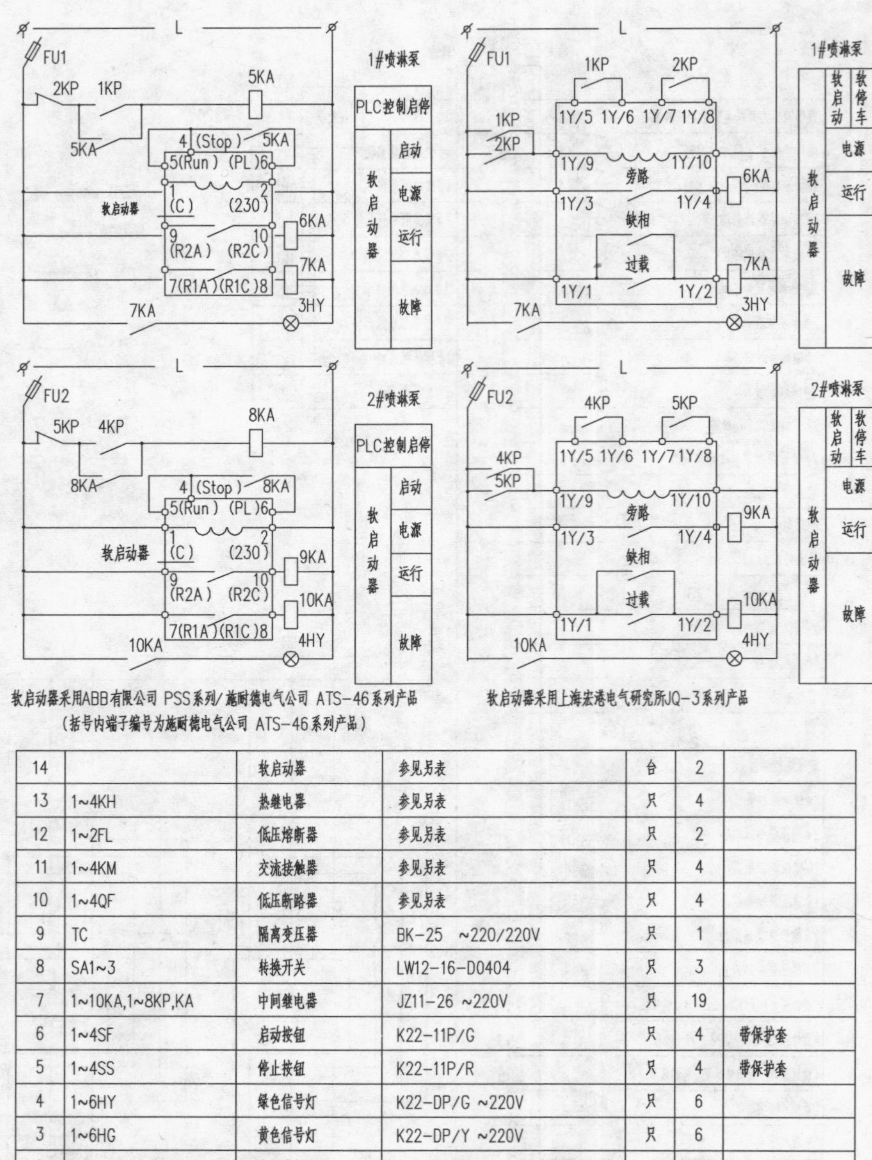

软启动器采用ABB有限公司 PSS系列/施耐德电气公司 ATS-46系列产品

（括号内端子编号为施耐德电气公司 ATS-46系列产品）

软启动器采用上海宏港电气研究所JQ-3系列产品

序号	符号	名称	型号及规格	单位	数量	备注
14		软启动器	参见另表	台	2	
13	1~4KH	热继电器	参见另表	只	4	
12	1~2FL	低压熔断器	参见另表	只	2	
11	1~4KM	交流接触器	参见另表	只	4	
10	1~4QF	低压断路器	参见另表	只	4	
9	TC	隔离变压器	BK-25 ~220/220V	只	1	
8	SA1~3	转换开关	LW12-16-D0404	只	3	
7	1~10KA,1~8KP,KA	中间继电器	JZ11-26 ~220V	只	19	
6	1~4SF	启动按钮	K22-11P/G	只	4	带保护套
5	1~4SS	停止按钮	K22-11P/R	只	4	带保护套
4	1~6HY	绿色信号灯	K22-DP/G ~220V	只	6	
3	1~6HG	黄色信号灯	K22-DP/Y ~220V	只	6	
2	HW	白色信号灯	K22-DP/W ~220V	只	1	
1	1~3FU,FU1~2	熔断器开关	HG30-10/101 6A	只	5	

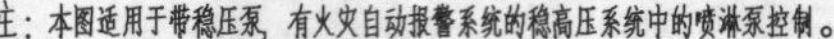
注：本图适用于带稳压泵，有火灾自动报警系统的稳高压系统中的喷淋泵控制。

注：参见图集号2001沪D701。

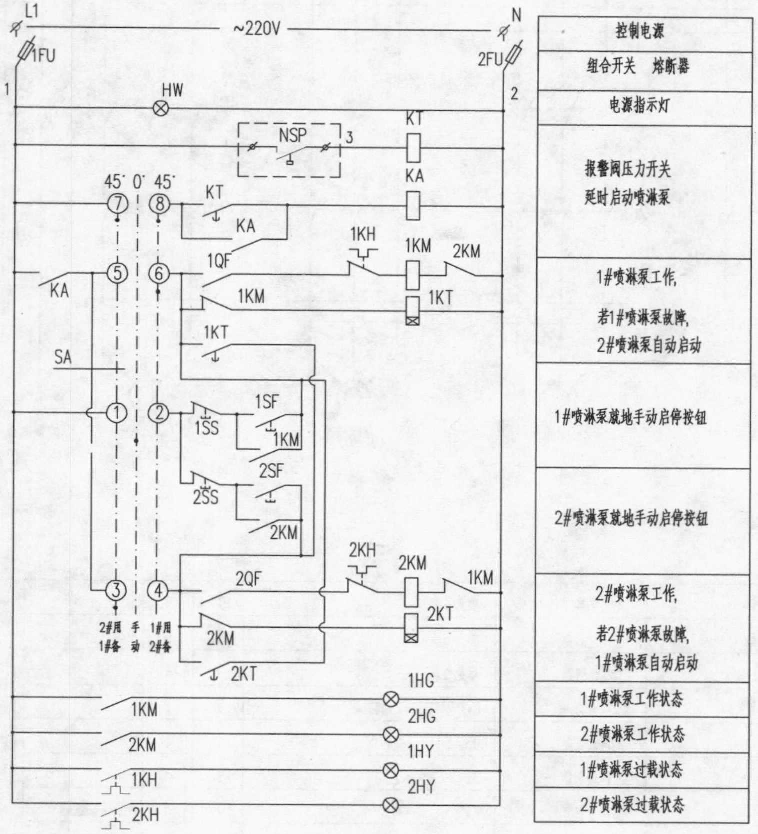
L1
~220V
N
1FU
2FU
1
2
HW
KT
NSP
3
KA
45° 0° 45°
⑦ ⑧
⑤ ⑥
① ②
③ ④
1QF
1KH
1KM
2KM
1KT
SA
1SF
1SS
2SF
2SS
2KH
2QF
2KT
2#用 1#备
手 动
1#用 2#备
1HG
2HG
1HY
2HY
1KH
2KH
控制电源
组合开关 熔断器
电源指示灯
报警阀压力开关
延时启动喷淋泵
1#喷淋泵工作,
若1#喷淋泵故障,
2#喷淋泵自动启动
1#喷淋泵就地手动启停按钮
2#喷淋泵就地手动启停按钮
2#喷淋泵工作,
若2#喷淋泵故障,
1#喷淋泵自动启动
1#喷淋泵工作状态
2#喷淋泵工作状态
1#喷淋泵过载状态
2#喷淋泵过载状态

接线端子			
箱内元件	序号	编号	箱外元件
1FU	1	1	NSP
KT	2	3	NSP
	3		
	4		

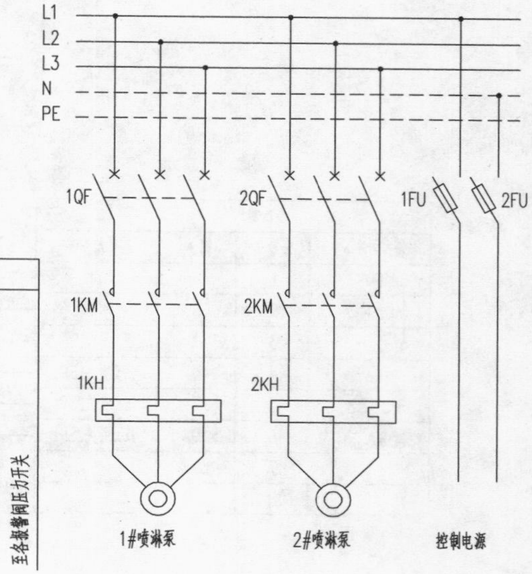
L1
L2
L3
N
PE
1QF
2QF
1FU
2FU
1KM
2KM
1KH
2KH
1#喷淋泵
2#喷淋泵
控制电源
至各报警阀压力开关

序号	符号	名称	型号及规格	单位	数量	备注
12	1~2KH	热继电器	参见另表	只	2	
11	1~2KM	交流接触器	参见另表	只	2	
10	1~2QF	低压断路器	参见另表	只	2	
9	SA	转换开关	LW12-16-D5411	只	1	
8	1~2KT,KT	时间继电器	JS23-11 ~220V	只	3	
7	KA	中间继电器	JZ11-26 ~220V	只	1	
6	1~2SF	启动按钮	K22-11P/G	只	2	带保护套
5	1~2SS	停止按钮	K22-11P/R	只	2	带保护套
4	1~2HG	绿色信号灯	K22-DP/G ~220V	只	2	
3	1~2HY	黄色信号灯	K22-DP/Y ~220V	只	2	
2	HW	白色信号灯	K22-DP/W ~220V	只	1	
1	1~2FU	熔断器开关	HG30-10/101 6A	只	2	

注：本图适用于无稳压泵、无火灾自动报警系统的临时高压系统中的喷淋泵控制。

注：参见图集号2001沪D701。

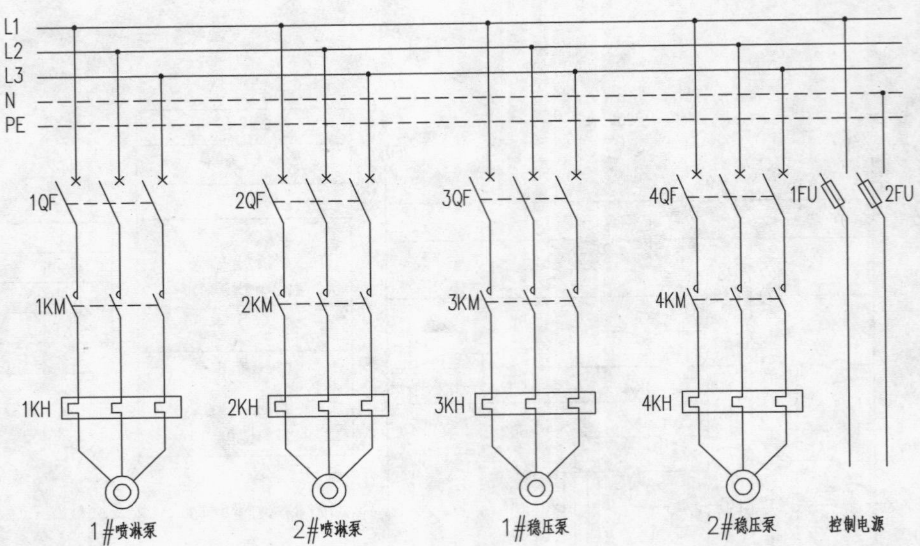

接线端子			
箱内元件	序号	编号	箱外元件
1FU	1	1	NSP
KT	2	3	NSP
	3	1	压力开关1SP
1KA	4	5	压力开关1SP
SA1—8	5	7	压力开关2SP
KA	6	9	压力开关2SP
	7		
	8		

至稳压泵压力开关

至报警阀压力开关

注：本图适用于带稳压泵、无火灾自动报警系统的临时高压系统中的喷淋泵控制。

序号	符号	名称	型号及规格	单位	数量	备注
12	1~4KH	热继电器	参见另表	只	4	
11	1~4KM	交流接触器	参见另表	只	4	
10	1~4QF	低压断路器	参见另表	只	4	
9	SA,SA1	转换开关	LW12-16-D5411	只	2	
8	1~4KT,KT	时间继电器	JS23-11 ~220V	只	5	
7	1~2KA,KA	中间继电器	JZ11-26 ~220V	只	3	
6	1~4SF	启动按钮	K22-11P/G	只	4	带保护套
5	1~4SS	停止按钮	K22-11P/R	只	4	带保护套
4	1~4HG	绿色信号灯	K22-DP/G ~220V	只	4	
3	1~4HY	黄色信号灯	K22-DP/Y ~220V	只	4	
2	HW	白色信号灯	K22-DP/W ~220V	只	1	
1	1~2FU	熔断器开关	HG30-10/101 6A	只	2	

注：参见图集号2001沪D701。

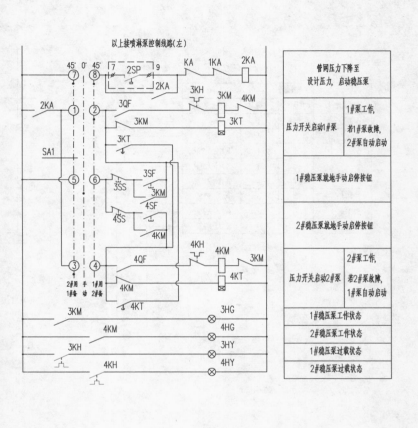

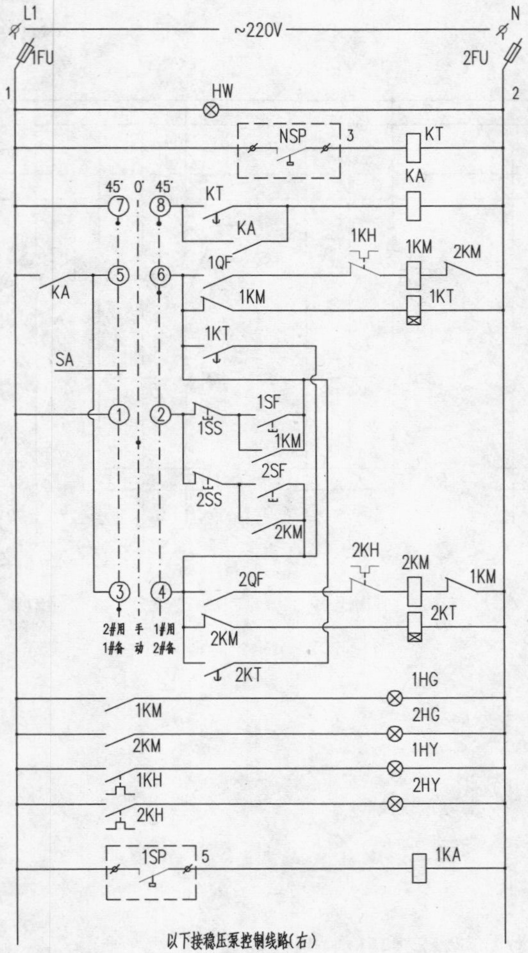

控制电源
组合开关　熔断器
电源指示灯
报警阀压力开关
延时启动喷淋泵
1#喷淋泵工作，若1#喷淋泵故障，2#喷淋泵自动启动
1#喷淋泵就地手动启停按钮
2#喷淋泵就地手动启停按钮
2#喷淋泵工作，若2#喷淋泵故障，1#喷淋泵自动启动
1#喷淋泵工作状态
2#喷淋泵工作状态
1#喷淋泵过载状态
2#喷淋泵过载状态
管网压力上升至设计压力+0.06MPa，停止稳压泵

以下接稳压泵控制线路(右)

以上接喷淋泵控制线路(左)

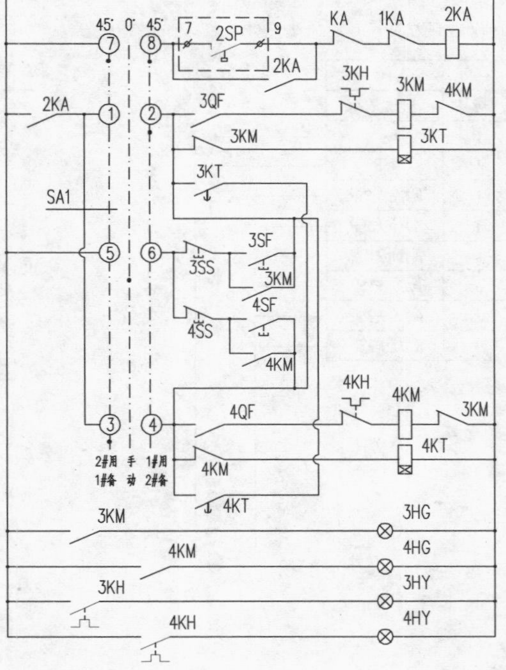

管网压力下降至设计压力，启动稳压泵	
压力开关启动1#泵	1#泵工作，若1#泵故障，2#泵自动启动
1#稳压泵就地手动启停按钮	
2#稳压泵就地手动启停按钮	
压力开关启动2#泵	2#泵工作，若2#泵故障，1#泵自动启动
1#稳压泵工作状态	
2#稳压泵工作状态	
1#稳压泵过载状态	
2#稳压泵过载状态	

注：本图适用于带稳压泵、无火灾自动报警系统的临时高压系统中的喷淋泵控制。

注：参见图集号2001沪D701。

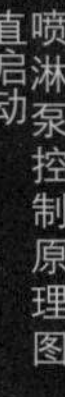

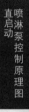

接线端子			
箱内元件	序号	编号	箱外元件
1FU	1	1	NSP
KT	2	3	NSP
	3	1	压力开关3SP
	4	3	压力开关3SP
	5	1	压力开关1SP
1KA	6	5	压力开关1SP
SA1—8	7	7	压力开关2SP
KA	8	9	压力开关2SP

至稳压泵压力开关

至各报警阀压力开关

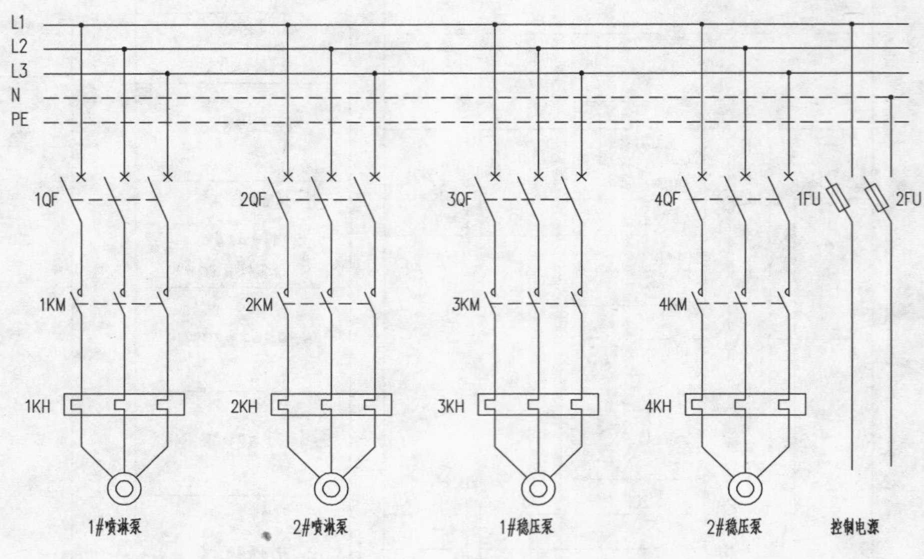

注：本图适用于带稳压泵，无火灾自动报警系统的稳高压系统中的喷淋泵控制。

注：参见图集号2001沪D701。

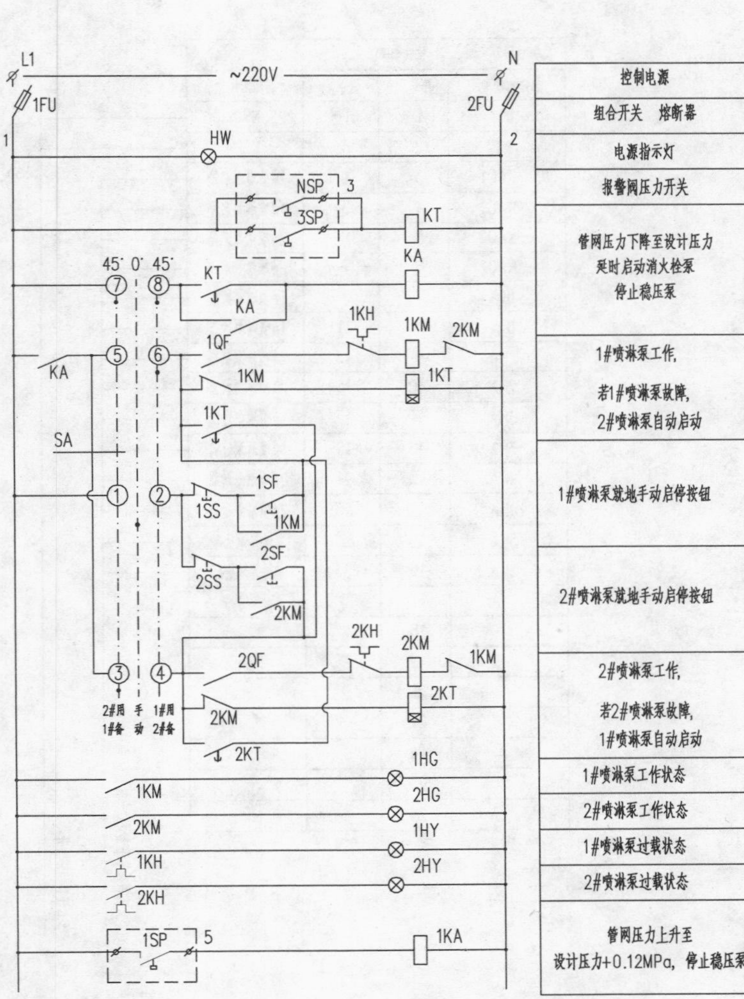

以下接稳压泵控制线路(右)

以上接喷淋泵控制线路(左)

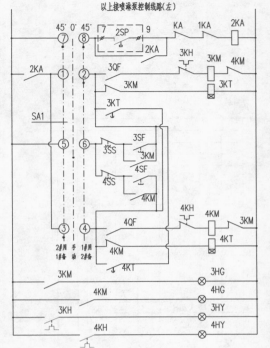

管网压力下降至设计压力+0.06MPa,启动稳压泵	
压力开关启动1#泵	1#泵工作,若1#泵故障,2#泵自动启动
1#稳压泵就地手动启停按钮	
2#稳压泵就地手动启停按钮	
压力开关启动2#泵	2#泵工作,若2#泵故障,1#泵自动启动
1#稳压泵工作状态	
2#稳压泵工作状态	
1#稳压泵过载状态	
2#稳压泵过载状态	

序号	符号	名称	型号及规格	单位	数量	备注
12	1~4KH	热继电器	参见另表	只	4	
11	1~4KM	交流接触器	参见另表	只	4	
10	1~4QF	低压断路器	参见另表	只	4	
9	SA,SA1	转换开关	LW12-16-D5411	只	2	
8	1~4KT,KT	时间继电器	JS23-11 ~220V	只	5	
7	1~2KA,KA	中间继电器	JZ11-26 ~220V	只	3	
6	1~4SF	启动按钮	K22-11P/G	只	4	带保护套
5	1~4SS	停止按钮	K22-11P/R	只	4	带保护套
4	1~4HG	绿色信号灯	K22-DP/G ~220V	只	4	
3	1~4HY	黄色信号灯	K22-DP/Y ~220V	只	4	
2	HW	白色信号灯	K22-DP/W ~220V	只	1	
1	1~2FU	熔断器开关	HG30-10/101 6A	只	2	

注:本图适用于带稳压泵、无火灾自动报警系统的稳高压系统中的喷淋泵控制。

注:参见图集号2001沪D701。

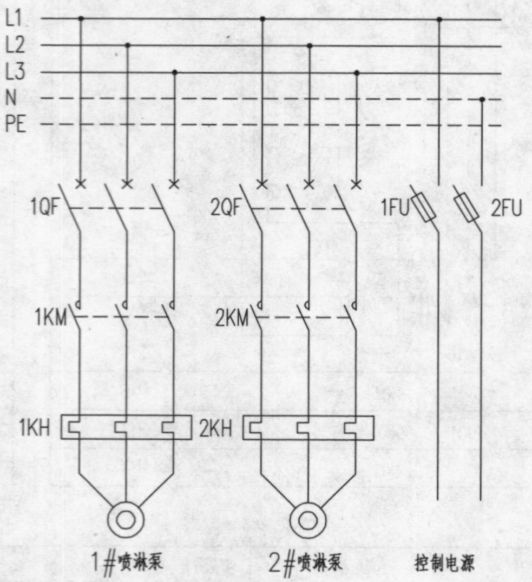

接线端子			
箱内元件	序号	编号	箱外元件
1FU	1	1	NSP
KT	2	3	NSP
KA01	3	1	1#喷淋泵启停
KA01	4	5	1#喷淋泵启停
KA02	5	1	2#喷淋泵启停
KA02	6	7	2#喷淋泵启停
1KA	7	9	1#喷淋泵状态
1KA	8	11	1#喷淋泵状态
2KA	9	13	2#喷淋泵状态
2KA	10	15	2#喷淋泵状态
3KA	11	17	1#喷淋泵过载
3KA	12	19	1#喷淋泵过载
4KA	13	21	2#喷淋泵过载
4KA	14	23	2#喷淋泵过载
5KA	15	25	就地异地状态
5KA	16	27	就地异地状态
	17		
	18		
	19		
	20		
	21		
	22		
	23		
	24		

至火灾自动报警系统联动控制柜

至各报警阀压力开关

注：本图适用于无稳压泵，有火灾自动报警系统的临时高压系统中的喷淋泵控制。

注：参见图集号2001沪D701。

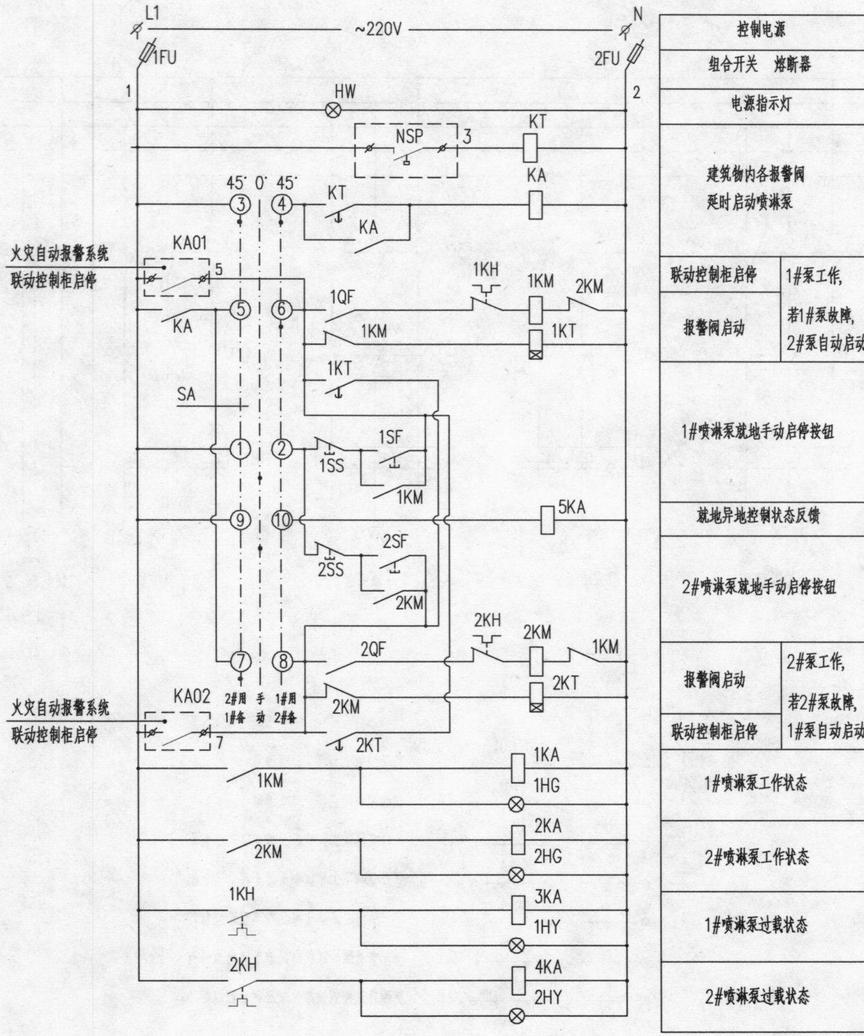

端子	触点	端子	说明
1	KA01	5	联动控制柜启停1#喷淋泵
1	KA02	7	联动控制柜启停2#喷淋泵
9	1KA	11	1#喷淋泵工作状态反馈至联动控制柜
13	2KA	15	2#喷淋泵工作状态反馈至联动控制柜
17	3KA	19	1#喷淋泵过载状态反馈至联动控制柜
21	4KA	23	2#喷淋泵过载状态反馈至联动控制柜
25	5KA	27	就地异地控制状态反馈至联动控制柜

序号	符号	名称	型号及规格	单位	数量	备注
12	1~2KH	热继电器	参见另表	只	2	
11	1~2KM	交流接触器	参见另表	只	2	
10	1~2QF	低压断路器	参见另表	只	2	
9	SA	转换开关	LW12-16-D0721	只	1	
8	1~2KT,KT	时间继电器	JS23-11 ~220V	只	3	
7	KA,1~5KA	中间继电器	JZ11-26 ~220V	只	6	
6	1~2SF	启动按钮	K22-11P/G	只	2	带保护套
5	1~2SS	停止按钮	K22-11P/R	只	2	带保护套
4	1~2HG	绿色信号灯	K22-DP/G ~220V	只	2	
3	1~2HY	黄色信号灯	K22-DP/Y ~220V	只	2	
2	HW	白色信号灯	K22-DP/W ~220V	只	1	
1	1~2FU	熔断器开关	HG30-10/101 6A	只	2	

注：本图适用于无稳压泵，有火灾自动报警系统的临时高压系统中的喷淋泵控制。

注：参见图集号2001沪D701。

接线端子			
箱内元件	序号	编号	箱外元件
1FU	1	1	NSP
KT	2	3	NSP
KA01	3	1	1#喷淋泵启停
KA01	4	5	1#喷淋泵启停
KA02	5	1	2#喷淋泵启停
KA02	6	7	2#喷淋泵启停
1KA	7	9	1#喷淋泵状态
1KA	8	11	1#喷淋泵状态
2KA	9	13	2#喷淋泵状态
2KA	10	15	2#喷淋泵状态
3KA	11	17	1#喷淋泵过载
3KA	12	19	1#喷淋泵过载
4KA	13	21	2#喷淋泵过载
4KA	14	23	2#喷淋泵过载
5KA	15	25	就地异地状态
5KA	16	27	就地异地状态
1FU	17	1	压力开关1SP
6KA	18	29	压力开关1SP
SA1—8	19	31	压力开关2SP
KA	20	33	压力开关2SP
	21		
	22		
	23		
	24		

至稳压泵压力开关
至联动控制柜
至各报警阀压力开关

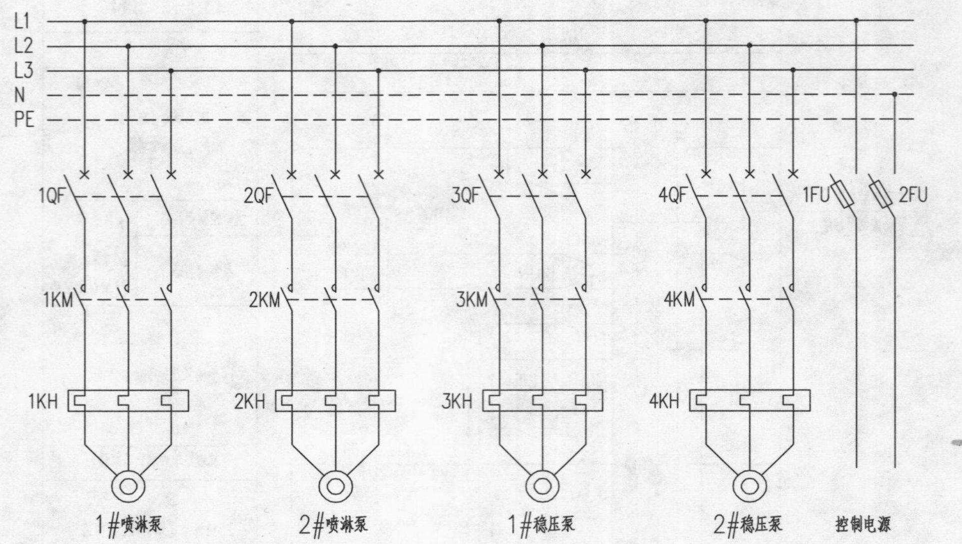

1	KA01	5	联动控制柜启停1#喷淋泵
1	KA02	7	联动控制柜启停2#喷淋泵
9	1KA	11	1#喷淋泵工作状态反馈至联动控制柜
13	2KA	15	2#喷淋泵工作状态反馈至联动控制柜
17	3KA	19	1#喷淋泵故障状态反馈至联动控制柜
21	4KA	23	2#喷淋泵故障状态反馈至联动控制柜
25	5KA	27	就地异地控制状态反馈至联动控制柜

注：本图适用于带稳压泵，有火灾自动报警系统的临时高压系统中的喷淋泵控制。

注：参见图集号2001沪D701。

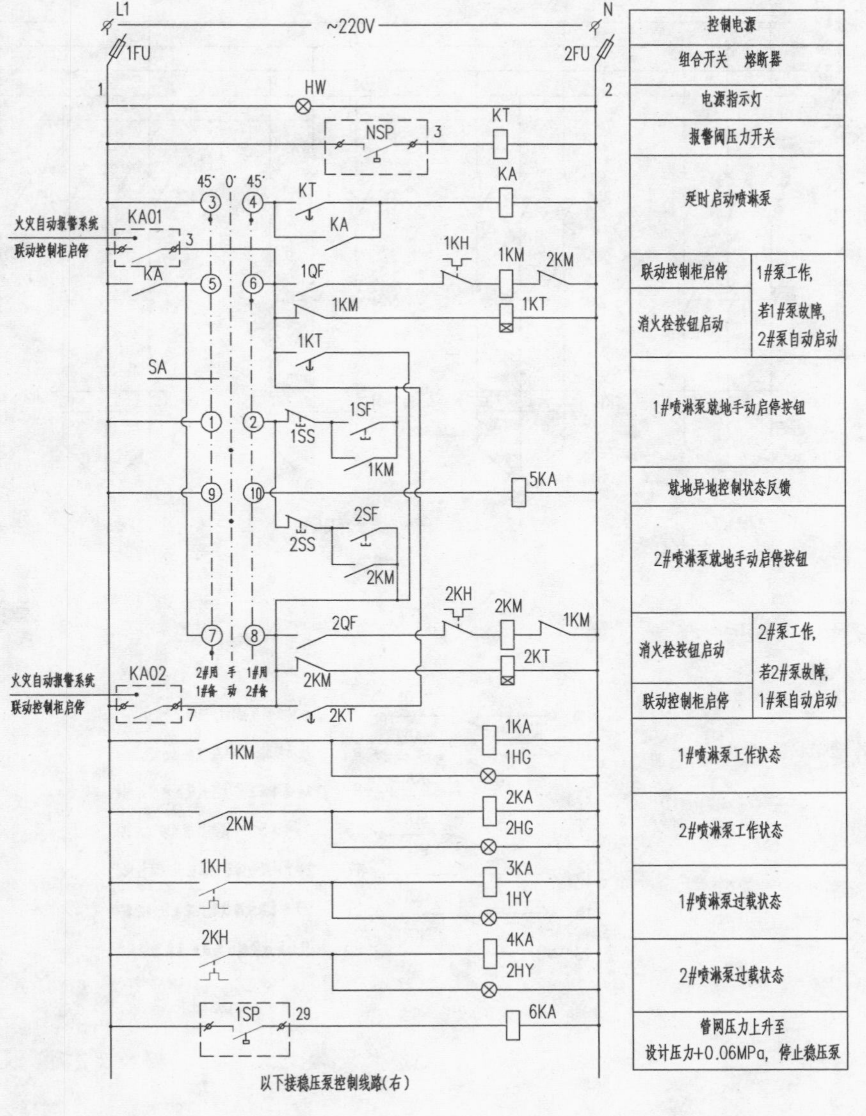

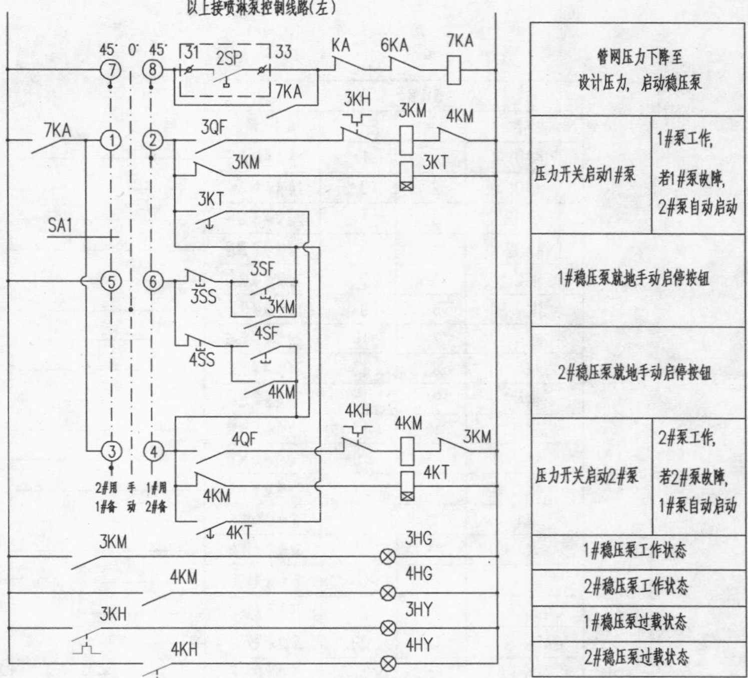

序号	符号	名称	型号及规格	单位	数量	备注
13	1~4KH	热继电器	参见另表	只	4	
12	1~4KM	交流接触器	参见另表	只	4	
11	1~4QF	低压断路器	参见另表	只	4	
10	SA1	转换开关	LW12-16-D5411	只	1	
9	SA	转换开关	LW12-16-D0721	只	1	
8	1~4KT,KT	时间继电器	JS23-11	只	5	
7	1~7KA,KA	中间继电器	JZ11-26 ~220V	只	8	
6	1~4SF	启动按钮	K22-11P/G	只	4	带保护套
5	1~4SS	停止按钮	K22-11P/R	只	4	带保护套
4	1~4HG	绿色信号灯	K22-DP/G ~220V	只	4	
3	1~4HY	黄色信号灯	K22-DP/Y ~220V	只	4	
2	HW	白色信号灯	K22-DP/W ~220V	只	1	
1	1~2FU	熔断器开关	HG30-10/101 6A	只	2	

注：本图适用于带稳压泵，有火灾自动报警系统的临时高压系统中的喷淋泵控制。

注：参见图集号2001沪D701。

接线端子			
箱内元件	序号	编号	箱外元件
KA01	1	1	1#喷淋泵启停
KA01	2	3	1#喷淋泵启停
KA02	3	1	2#喷淋泵启停
KA02	4	5	2#喷淋泵启停
1KA	5	7	1#喷淋泵状态
1KA	6	9	1#喷淋泵状态
2KA	7	11	2#喷淋泵状态
2KA	8	13	2#喷淋泵状态
3KA	9	15	1#喷淋泵过载
3KA	10	17	1#喷淋泵过载
4KA	11	19	2#喷淋泵过载
4KA	12	21	2#喷淋泵过载
5KA	13	23	就地异地状态
5KA	14	25	就地异地状态
1FU	15	1	压力开关1SP
6KA	16	27	压力开关1SP
SA1—8	17	29	压力开关2SP
KA	18	31	压力开关2SP
1FU	19	1	压力开关3SP
KT	20	33	压力开关3SP
	21	1	NSP
	22	33	NSP
	23		
	24		

至各报警阀压力开关
至稳压泵压力开关
至联动控制柜

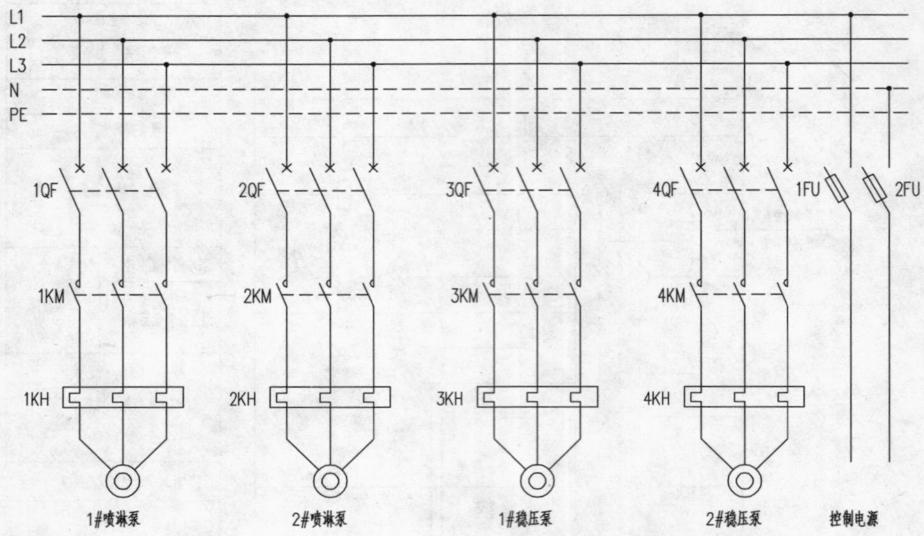

端子	触点	端子	说明
1	KA01	3	联动控制柜启停1#喷淋泵
1	KA02	5	联动控制柜启停2#喷淋泵
7	1KA	9	1#喷淋泵工作状态反馈至联动控制柜
11	2KA	13	2#喷淋泵工作状态反馈至联动控制柜
15	3KA	17	1#喷淋泵故障状态反馈至联动控制柜
19	4KA	21	2#喷淋泵故障状态反馈至联动控制柜
23	5KA	25	就地异地控制状态反馈至联动控制柜

注：本图适用于带稳压泵，有火灾自动报警系统的稳高压系统中的喷淋泵控制。

注：参见图集号2001沪D701。

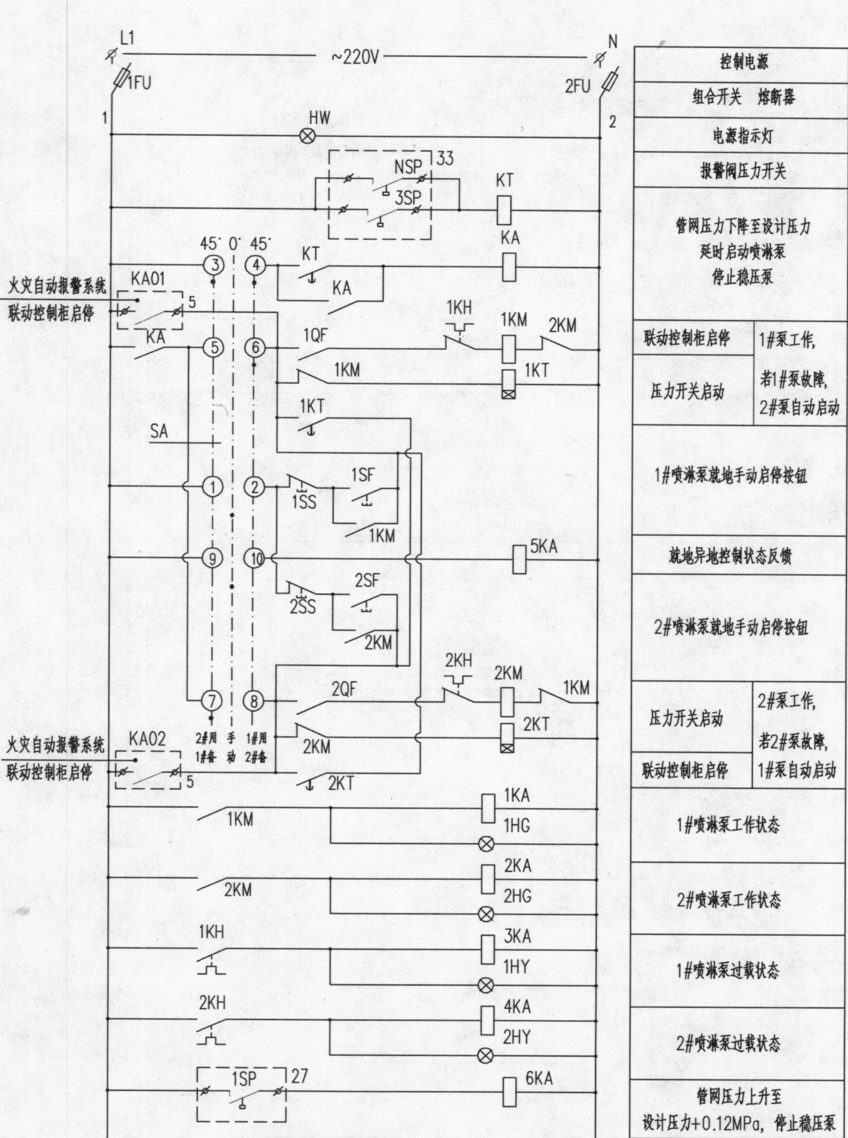

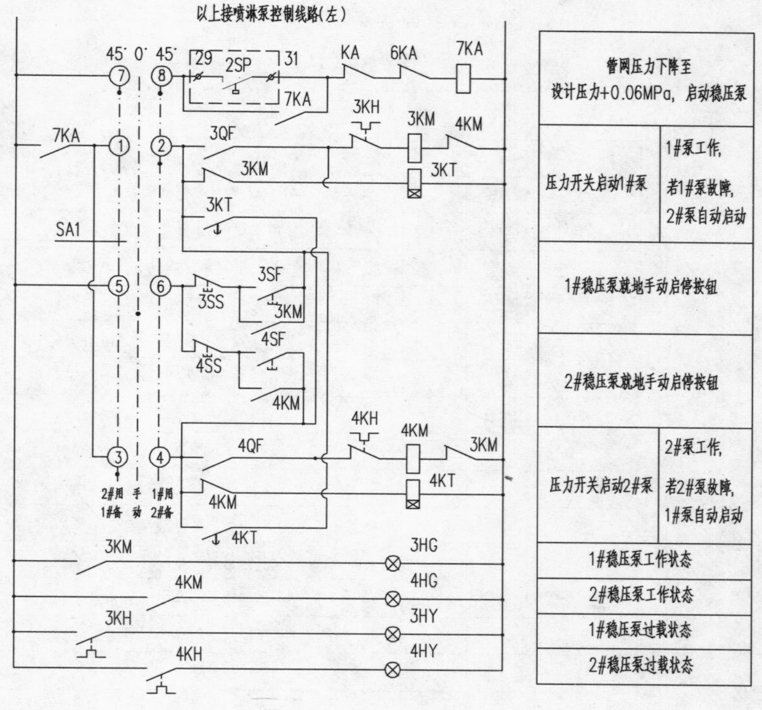

序号	符号	名称	型号及规格	单位	数量	备注
13	1~4KH	热继电器	参见另表	只	4	
12	1~4KM	交流接触器	参见另表	只	4	
11	1~4QF	低压断路器	参见另表	只	4	
10	SA1	转换开关	LW12-16-D5411	只	1	
9	SA	转换开关	LW12-16-D0721	只	1	
8	1~4KT,KT	时间继电器	JS23-11	只	5	
7	1~7KA,KA	中间继电器	JZ11-26 ~220V	只	8	
6	1~4SF	启动按钮	K22-11P/G	只	4	带保护套
5	1~4SS	停止按钮	K22-11P/R	只	4	带保护套
4	1~4HG	绿色信号灯	K22-DP/G ~220V	只	4	
3	1~4HY	黄色信号灯	K22-DP/Y ~220V	只	4	
2	HW	白色信号灯	K22-DP/W ~220V	只	1	
1	1~2FU	熔断器开关	HG30-10/101 6A	只	2	

注：本图适用于带稳压泵，有火灾自动报警系统的稳高压系统中的喷淋泵控制。

注：参见图集号2001沪D701。

图 例 表

图 例	名 称	图 例	名 称
	一、通信系统		
MDF	通信总配线架(柜)	ODF	综合布线光纤配线架(柜)
	室内电信电缆配线架		光缆符号 (系统图中用)
	室内明装电信配线箱 (n为编号)		光纤
	室内暗装电信配线箱 (n为编号)		大对数电缆
	室内暗装电信线缆过路箱 (n为编号)		
	室内暗装信息配线箱 (n为编号)		
	单口电话插座 (n为编号)		
	单口信息插座 (n为编号)		
	双口电话/信息插座 (n为编号)		
	双口电话插座 (n为编号)		
	双口信息插座 (n为编号)		
	单口信息插座 (n为编号)		
	双口信息插座 (n为编号)		
	单口信息插座 (n为编号)		
	双口信息插座 (n为编号)		
	话机旁带此符号者为墙机		
	综合配线架(系统图中用)		
LIU	光纤配线架(箱) (系统图中用)		
SWITCH	网络交换设备 (系统图中用)		
PABX n	数字程控用户交换机 (n为门数)		
	室外光缆交接箱 (n为编号)		
	室内光缆交接箱 (n为编号)		
	室外设备箱(带有源网络设备) (n为编号)		
	室内明装电信线缆过路箱 (n为编号)		
	室内暗装信息配线箱(楼层,带有源网络设备) (n为编号)		
	室内明装信息配线箱(楼层,带有源网络设备) (n为编号)		
MDF	综合布线总配线架(柜)		
IDF	综合布线中间配线箱(柜)		
FD	综合布线楼层配线箱(柜)		

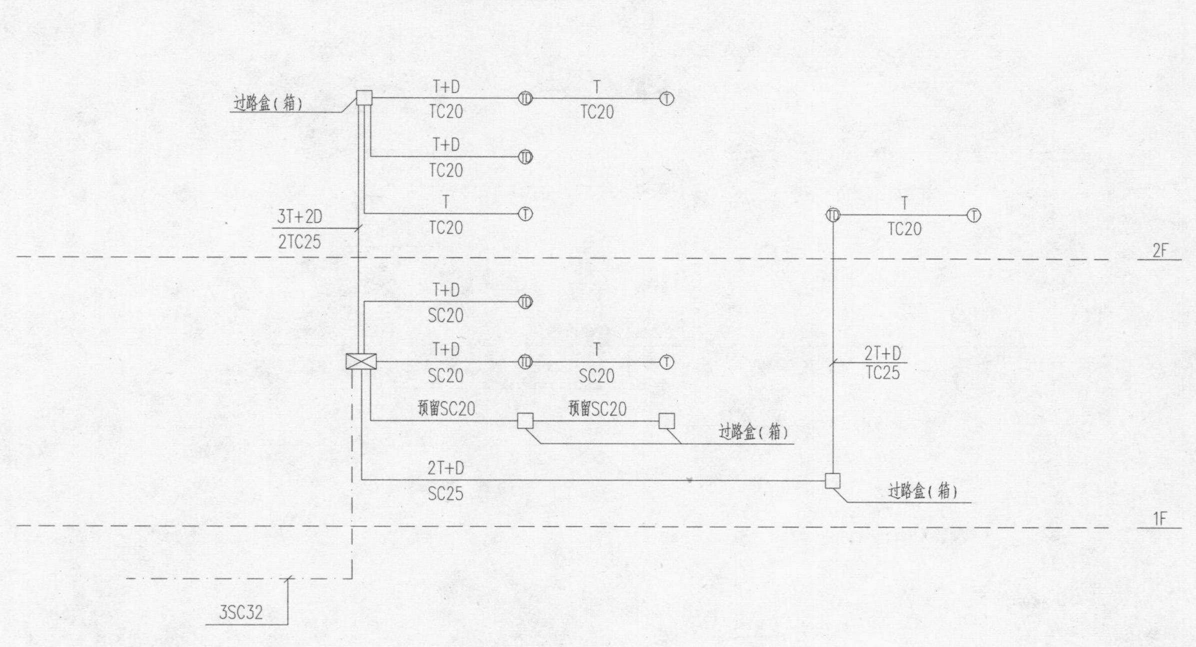

别墅通信系统图

说明:

1. 进线线缆规格应根据工程设计需要,由设计师确定。
2. 出线线管与终端规格、数量仅为示意。
3. 本工程应根据现行相关规范确定雷电防护措施。

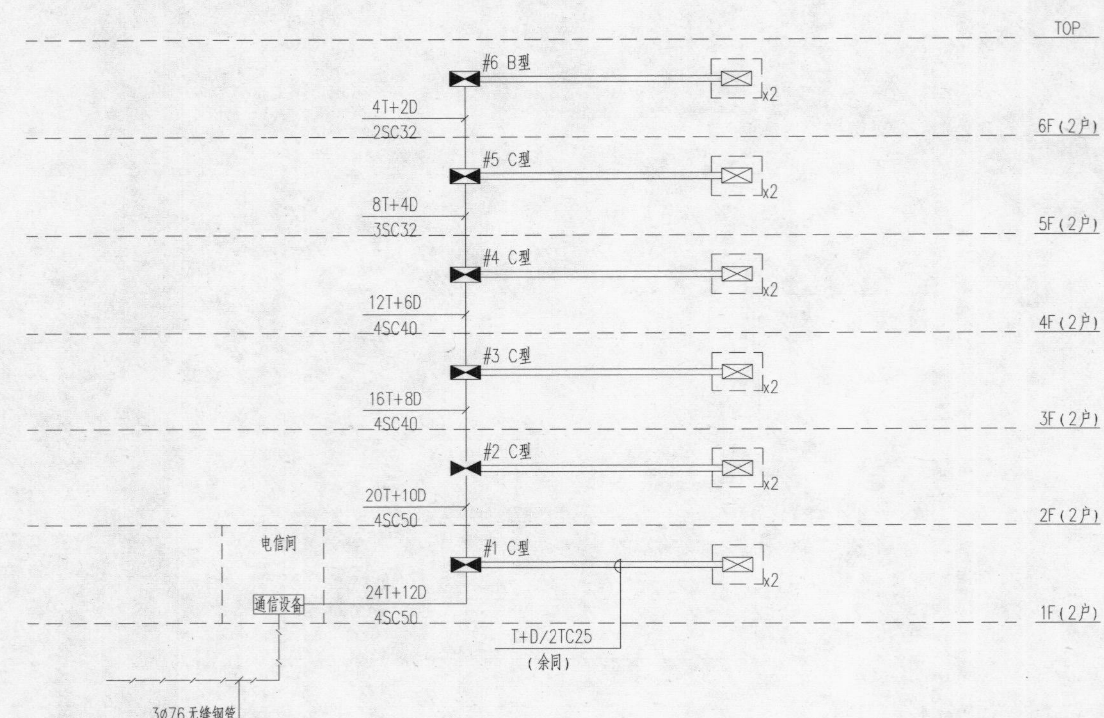

说明：

1. 分线箱规格：

C型电信分线箱箱内最小净尺寸为 500(高)x380(宽)x150(深)。

B型电信分线箱箱内最小净尺寸为 380(高)x250(宽)x130(深)。

2. 进线线缆规格应根据工程设计需要，由设计师确定。

3. 出线线管与终端规格、数量仅为示意。

4. 具体工程电信分线箱规格及布置方案须由设计师与电信管理部门协商并取得认可后方可实施。

5. 本工程应根据现行相关规范确定雷电防护措施。

6. 本图为单元层数6层、每层2户的系统示意图。

多层住宅通信系统图

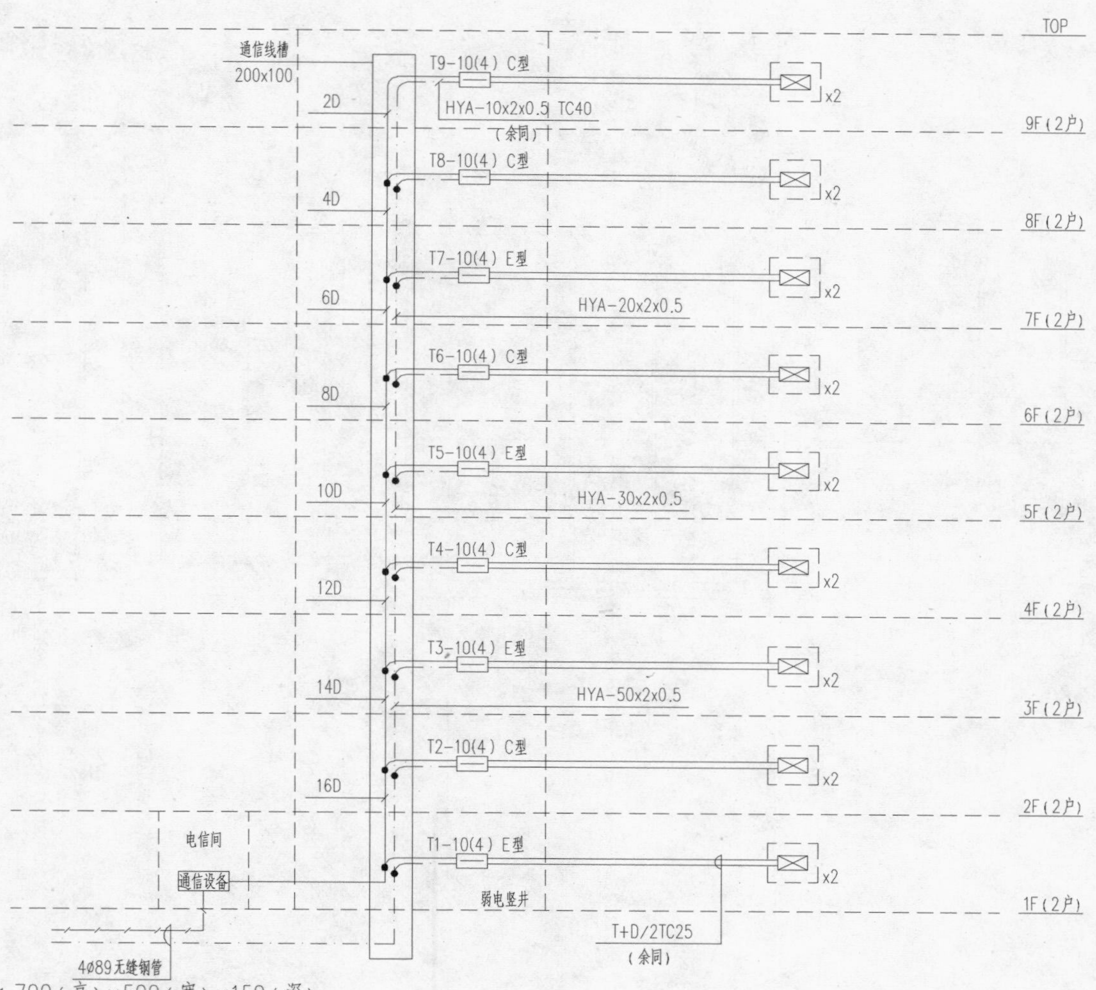

中高层住宅通信系统图

说明：

1. 分线箱规格：

   E型电信分线箱箱内最小净尺寸为 700（高）x500（宽）x150（深）。

   C型电信分线箱箱内最小净尺寸为 500（高）x380（宽）x150（深）。

2. 进线线缆规格应根据工程设计需要，由设计师确定。
3. 出线线管与终端规格、数量仅为示意。
4. 具体工程电信分线箱规格及布置方案须由设计师与电信管理部门协商并取得认可后方可实施。
5. 本工程应根据现行相关规范确定雷电防护措施。
6. 本图为单元层数9层、每层2户的系统示意图。

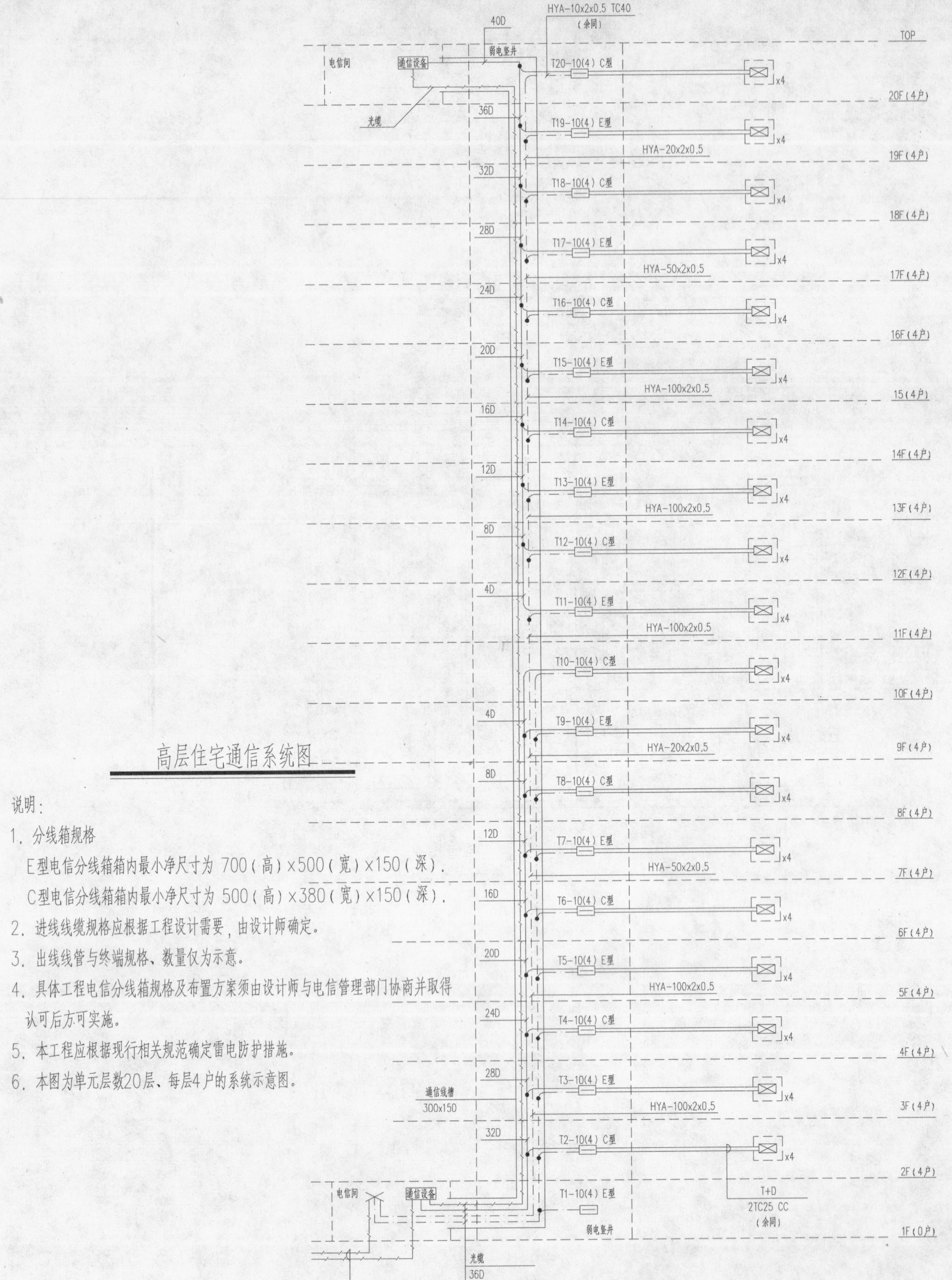

高层住宅通信系统图

说明：

1. 分线箱规格
   E型电信分线箱箱内最小净尺寸为 700（高）×500（宽）×150（深）.
   C型电信分线箱箱内最小净尺寸为 500（高）×380（宽）×150（深）.
2. 进线线缆规格应根据工程设计需要，由设计师确定。
3. 出线线管与终端规格、数量仅为示意。
4. 具体工程电信分线箱规格及布置方案须由设计师与电信管理部门协商并取得认可后方可实施。
5. 本工程应根据现行相关规范确定雷电防护措施。
6. 本图为单元层数20层、每层4户的系统示意图。

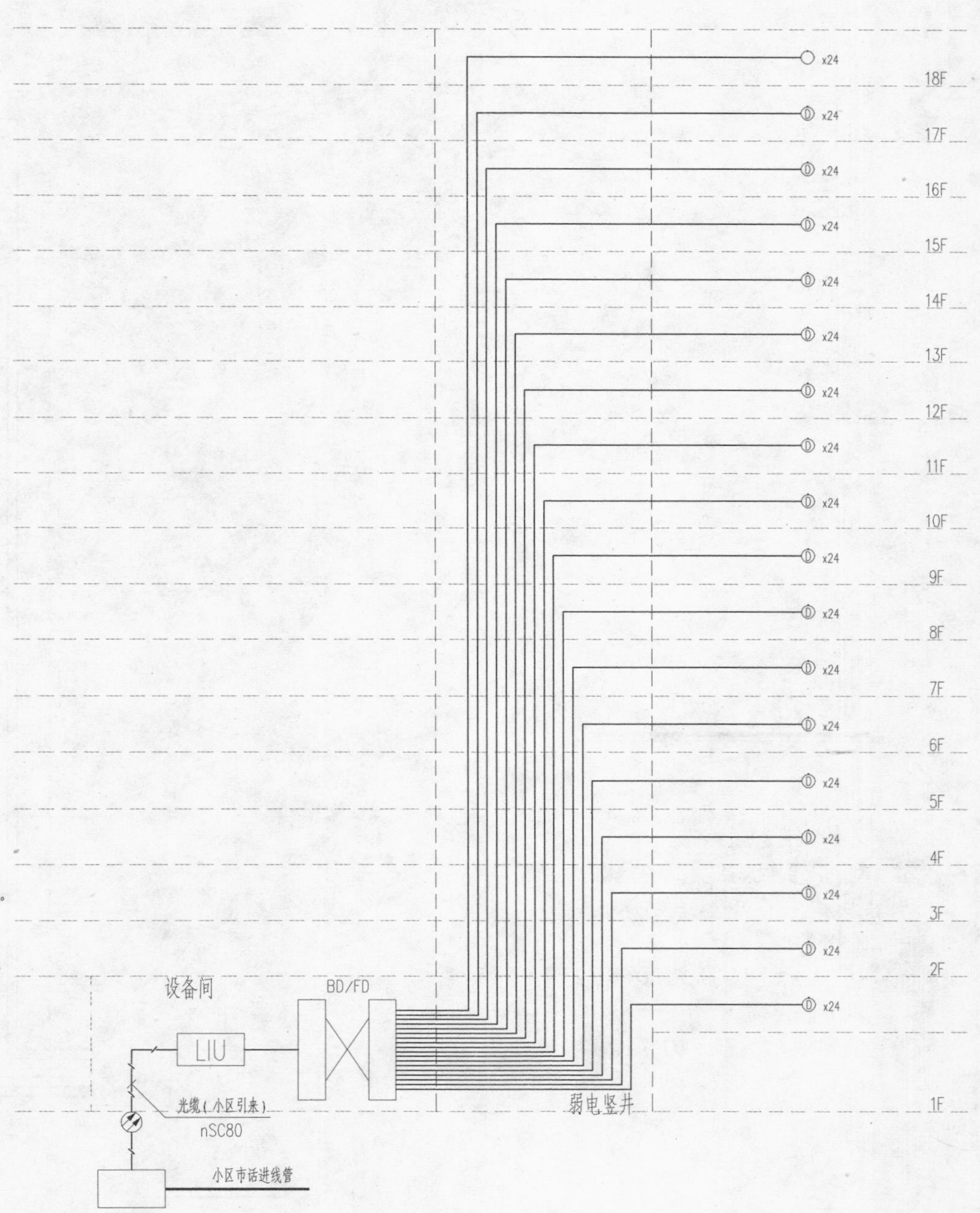

高层住宅综合布线系统图

说明：

1. 本系统图为18层单元、每层8户，每户提供3根4对对绞电缆。
2. 电缆在竖井内的敷设宜采用金属线槽。
3. n为2~6，由工程设计根据所需进线光缆及备用管数量确定。出线线管与终端规格、数量仅为示意。
4. 地下室及屋顶设备层数据配线由工程设计确定。
5. 本工程应根据现行相关规范确定雷电防护措施。

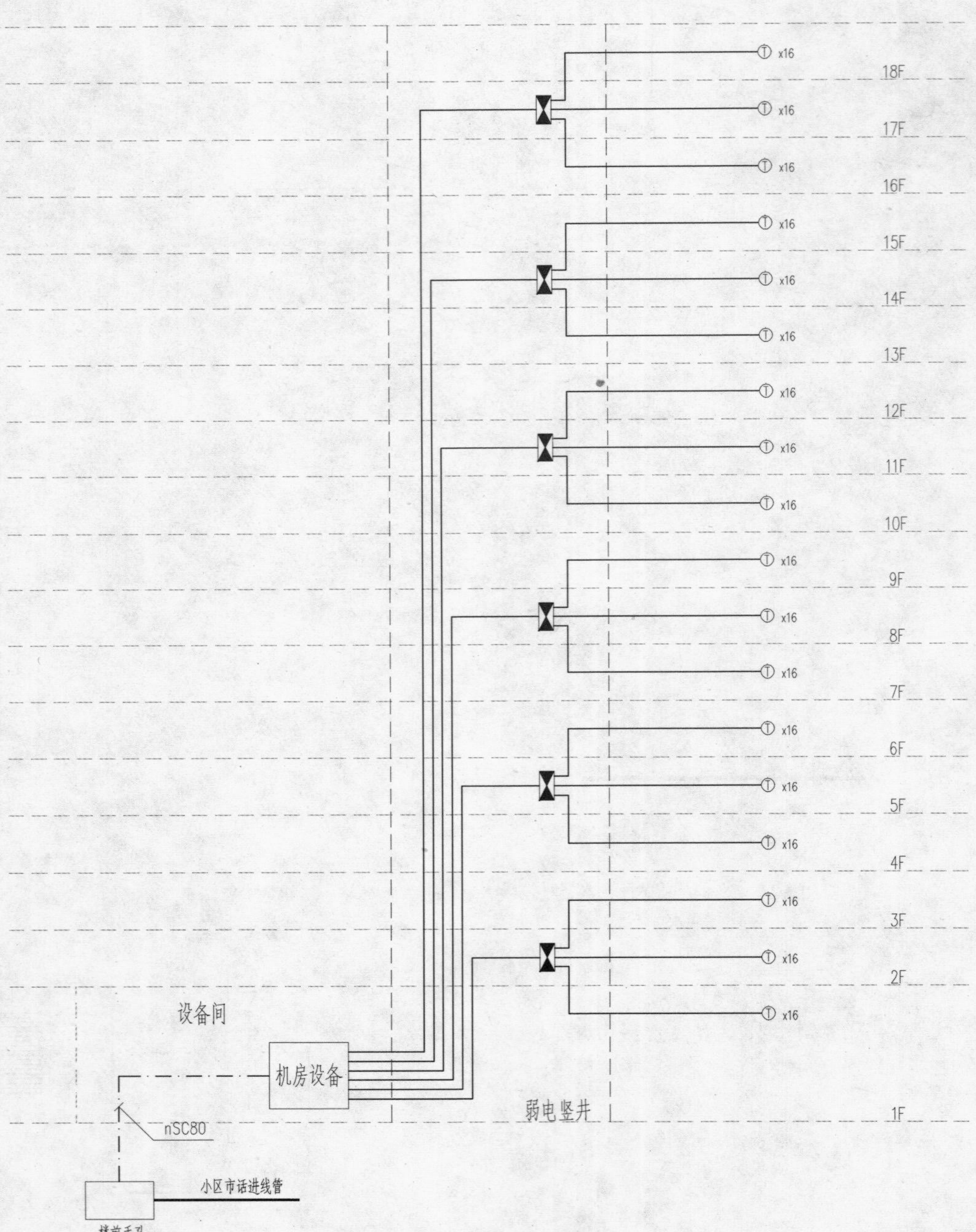

高层住宅电话配线系统图

说明：

1. 本图为专用市话配线方式系统。
2. 本系统图为18层单元每层8户，每户提供2对电话线。
3. 电话配线电缆及电话分线盒均安装在弱电竖井内，电缆在竖井内的敷设宜采用金属线槽。
4. n为2~6，由工程设计根据所需进线光缆数量及备用管数量确定。出线线管与终端规格、数量仅为示意。
5. 地下室及屋顶设备层数据配线由工程设计确定。
6. 本工程应根据现行相关规范确定雷电防护措施。

图例表

图例	名称	图例	名称
	二、火灾自动报警系统		
	接线端子箱	PLB	喷淋泵
FD	楼层显示器		电梯控制箱
	感烟探测器		
	感温探测器		
	防爆型感烟探测器		
	手动报警按钮		
	带火灾电话插孔的手动报警按钮		
	火灾电话插孔		
S R	红外光束感烟探测器（收、发）		
	可燃气体探测器		
	隔离模块		
S	信号模块		
C	控制模块		
MC	多线控制模块		
	吸顶式扬声器		
	火灾警铃		
	声光报警器		
	消防电话		
	消火栓启泵按钮		
	水流指示器		
	带监视信号的检修阀		
P	压力开关		
	湿式报警阀		
	正压风口		
	排烟风口		
	防火阀（70℃，150℃）		
280℃	防火阀（280℃）		
M	防火卷帘门		
XFB	消防泵		

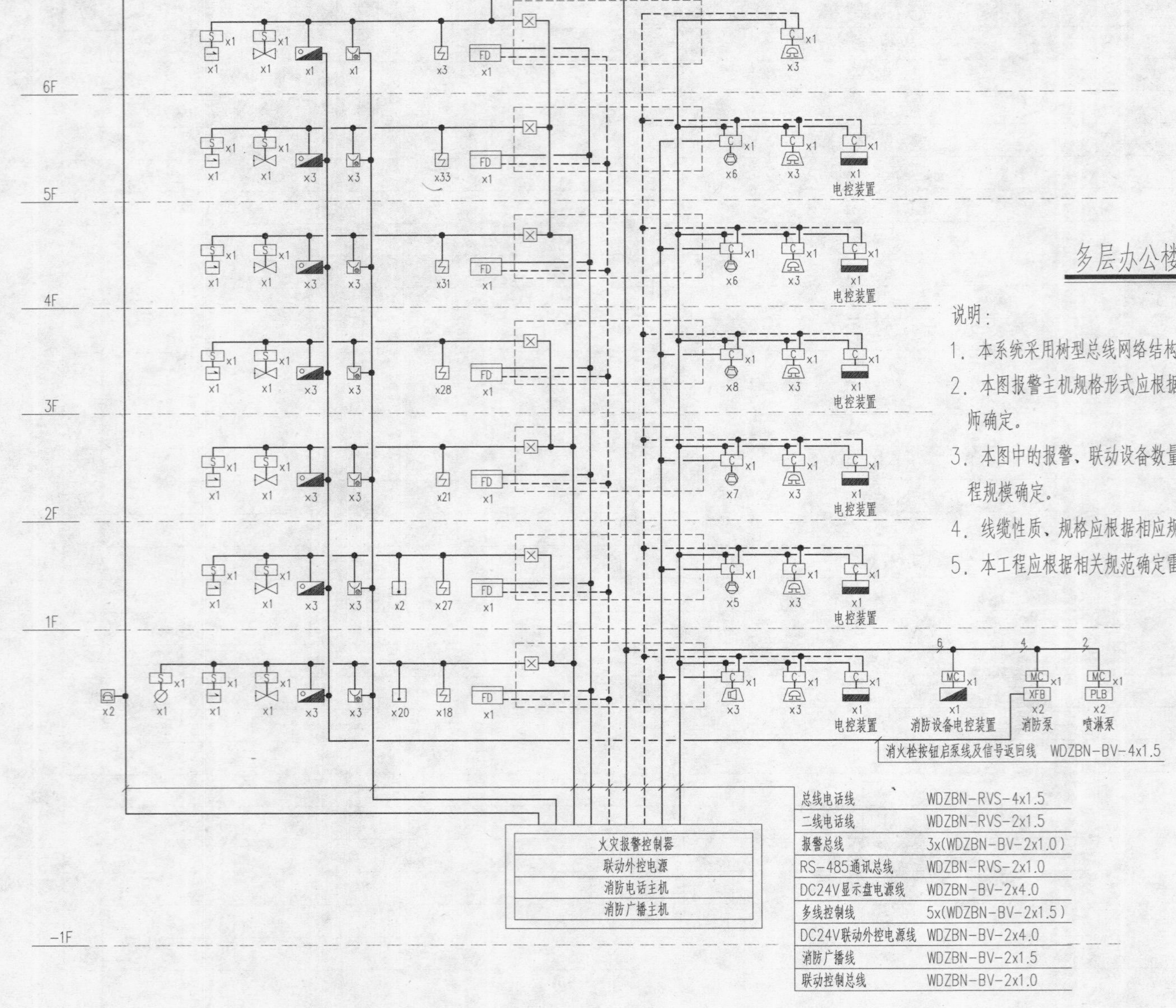

总线电话线	WDZBN-RVS-4x1.5
二线电话线	WDZBN-RVS-2x1.5
报警总线	3x(WDZBN-BV-2x1.0)
RS-485通讯总线	WDZBN-RVS-2x1.0
DC24V显示盘电源线	WDZBN-BV-2x4.0
多线控制线	5x(WDZBN-BV-2x1.5)
DC24V联动外控电源线	WDZBN-BV-2x4.0
消防广播线	WDZBN-BV-2x1.5
联动控制总线	WDZBN-BV-2x1.0

多层办公楼消防报警系统图

说明：

1. 本系统采用树型总线网络结构。
2. 本图报警主机规格形式应根据相关规范确定保护对象等级，由设计师确定。
3. 本图中的报警、联动设备数量及楼层层数仅为示意，须根据具体工程规模确定。
4. 线缆性质、规格应根据相应规范，由设计师确定。本图仅为示意。
5. 本工程应根据相关规范确定雷电防护措施。

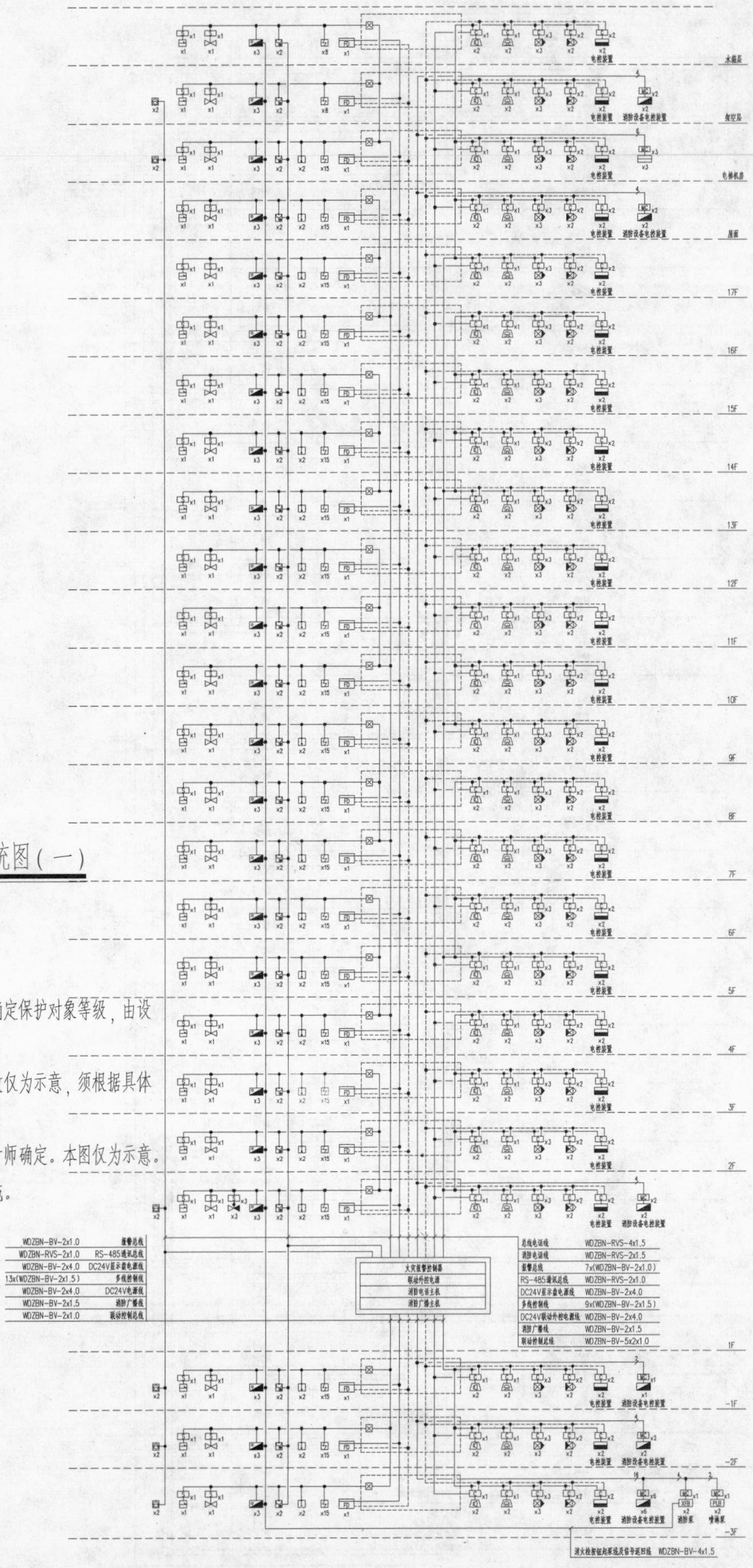

WDZBN-BV-2x1.0	报警总线
WDZBN-RVS-2x1.0	RS-485通讯总线
WDZBN-BV-2x4.0	DC24V显示盘电源线
13x(WDZBN-BV-2x1.5)	多线控制线
WDZBN-BV-2x4.0	DC24V电源线
WDZBN-BV-2x1.5	消防广播线
WDZBN-BV-2x1.0	联动控制总线

火灾报警控制器
联动外控电源
消防电话主机
消防广播主机

总线电话线	WDZBN-RVS-4x1.5
消防电话线	WDZBN-RVS-2x1.5
报警总线	7x(WDZBN-BV-2x1.0)
RS-485通讯总线	WDZBN-RVS-2x1.0
DC24V显示盘电源线	WDZBN-BV-2x4.0
多线控制线	9x(WDZBN-BV-2x1.5)
DC24V联动外控电源线	WDZBN-BV-2x4.0
消防广播线	WDZBN-BV-2x1.5
联动控制总线	WDZBN-BV-5x2x1.0

消火栓按钮起泵线及信号返回线 WDZBN-BV-4x1.5

高层办公楼消防报警系统图(一)

说明：

1. 本系统采用树型总线网络结构。
2. 本图报警主机规格形式应根据相关规范确定保护对象等级，由设计师确定。
3. 本图中的报警、联动设备数量及楼层层数仅为示意，须根据具体工程规模确定。
4. 线缆性质、规格应根据相应规范，由设计师确定。本图仅为示意。
5. 本工程应根据相关规范确定雷电防护措施。

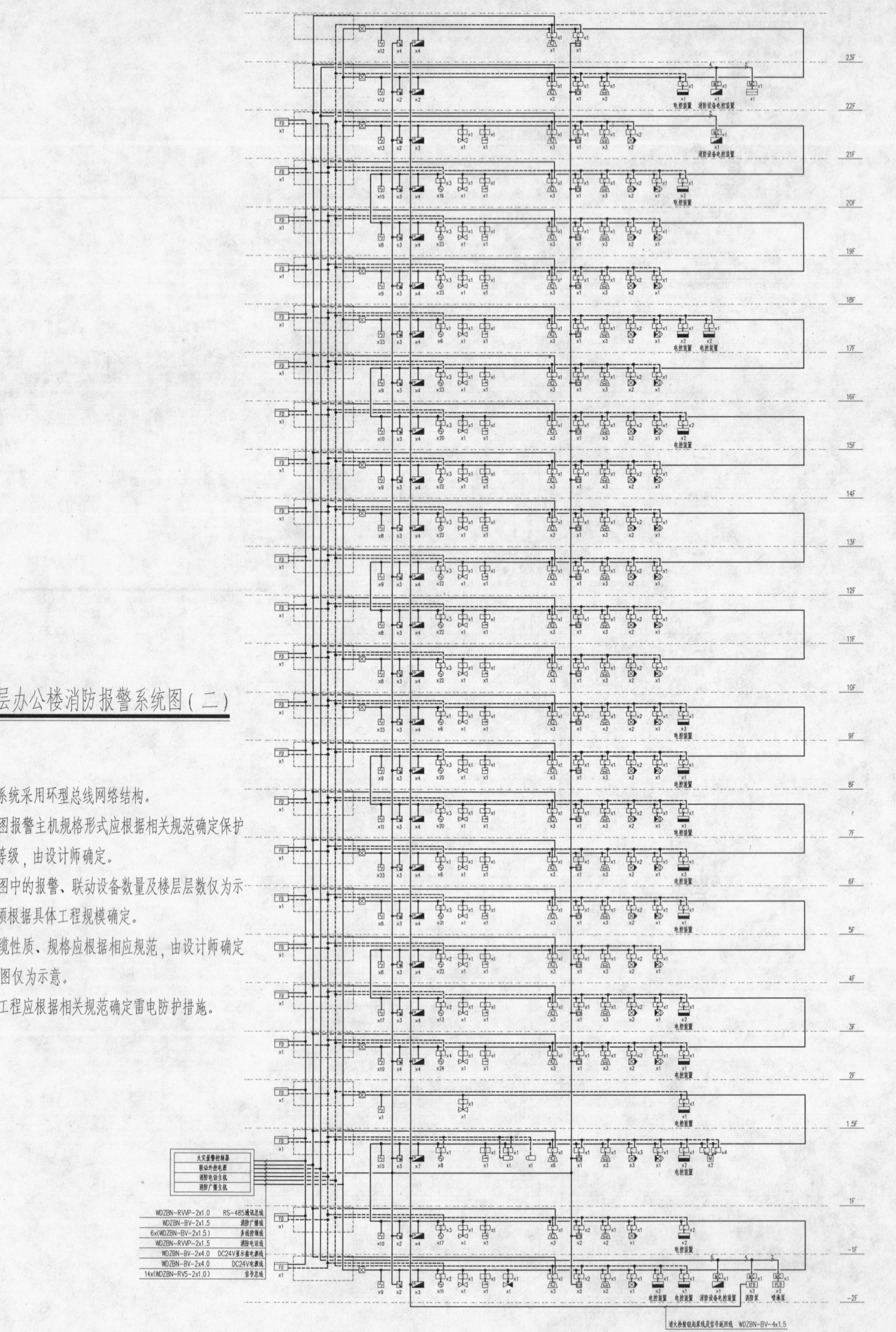

高层办公楼消防报警系统图（二）

说明：

1. 本系统采用环型总线网络结构。
2. 本图报警主机规格形式应根据相关规范确定保护对象等级，由设计师确定。
3. 本图中的报警、联动设备数量及楼层层数仅为示意，须根据具体工程规模确定。
4. 线缆性质、规格应根据相应规范，由设计师确定本图仅为示意。
5. 本工程应根据相关规范确定雷电防护措施。

图 例 表

图 例	名 称	图 例	名 称
	三、安全技术防范系统	C	室外云台彩色摄像机
HAS	访客对讲管理机（带报警功能）	H	室内吸顶装一体化半球形黑白摄像机
H	楼层访客对讲分接箱	C	室内吸顶装一体化半球形彩色摄像机
H/A	楼层访客对讲及安保分接箱	H	室内(外)一体化球形黑白摄像机
A	楼层安保分接箱	C	室内(外)一体化球形彩色摄像机
VIE	可视访客对讲主机		玻璃破碎探测器
	访客对讲电源箱	Tx M Rx	周界遮挡式微波报警探测器
V	可视访客对讲分机要求带紧急报警按钮	Tx IR Rx	周界主动红外报警探测器
EL	访客对讲电锁	GT	巡更按钮
	读卡器		过路盒
E	出门开启按钮		计算机及打印机
KP	住户报警系统控制键盘		监视器
	接地端子板		彩色监视器
	紧急按钮开关		紧急按钮开关
	磁控开关		录像机
R	吸顶装红外探测器	(X)	图像画面分隔器
R/M	吸顶装红外、微波双鉴探测器	DEC	解码器
IR	挂壁明装红外幕帘探测器		计算机
R/M	挂壁明装红外、微波双鉴探测器		
IR	挂壁明装红外探测器		
G	吸顶装易燃气体探测器		
CCTV	安保监控主控设备		
CCTVf	安保监控副控设备		
H	室内固定黑白摄像机		
C	室内固定彩色摄像机		
H	电梯轿厢内黑白广角摄像机		
C	电梯轿厢内彩色广角摄像机		
H	室外固定黑白摄像机		
C	室外固定彩色摄像机		
H	室外云台黑白摄像机		

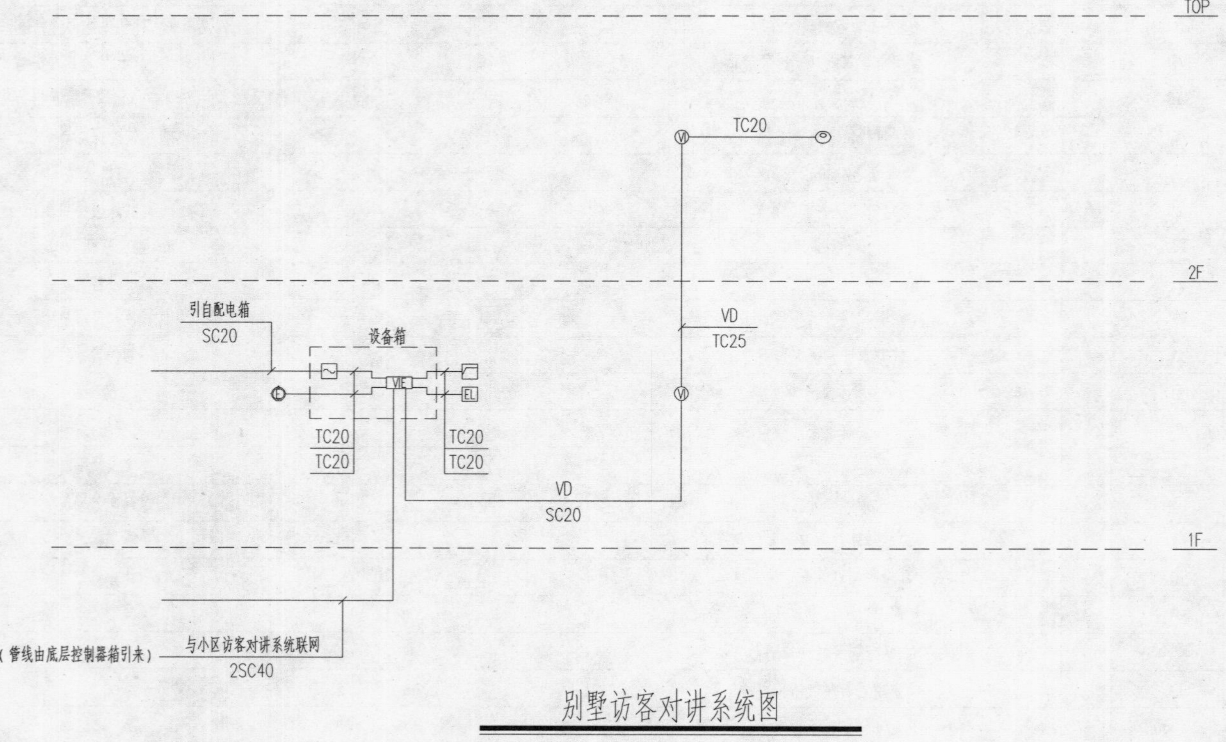

别墅访客对讲系统图

说明：

1. VD表示可视访客对讲电缆，电缆型号根据所选设备由设计师确定。出线线管与终端规格、数量仅为示意。
2. 对讲电源、可视电源、备用电源均安装在底层弱电间。
3. 本工程应根据现行相关规范确定雷电防护措施。

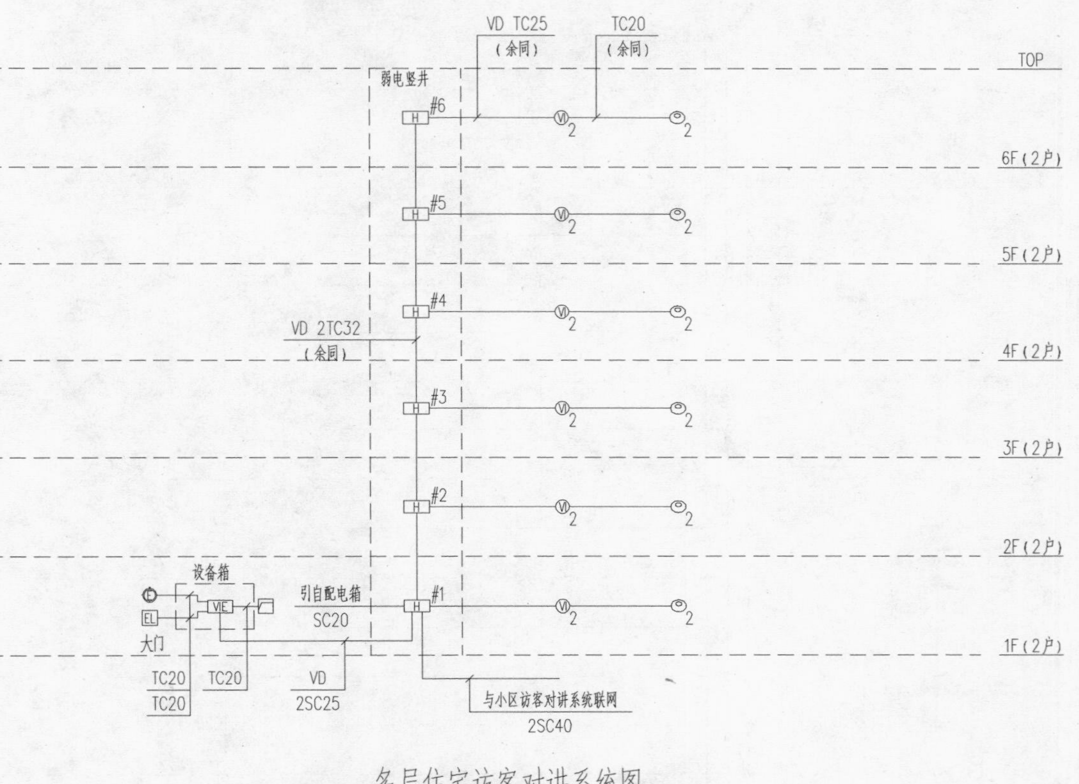

多层住宅访客对讲系统图

说明:

1. VD表示可视访客对讲电缆，电缆型号根据所选设备而定。出线线管与终端规格、数量仅为示意。
2. 对讲电源、可视电源、备用电源均安装在底层弱电间。
3. 本工程楼层与每层户数等仅为示意。
4. 本工程应根据现行相关规范确定雷电防护措施。

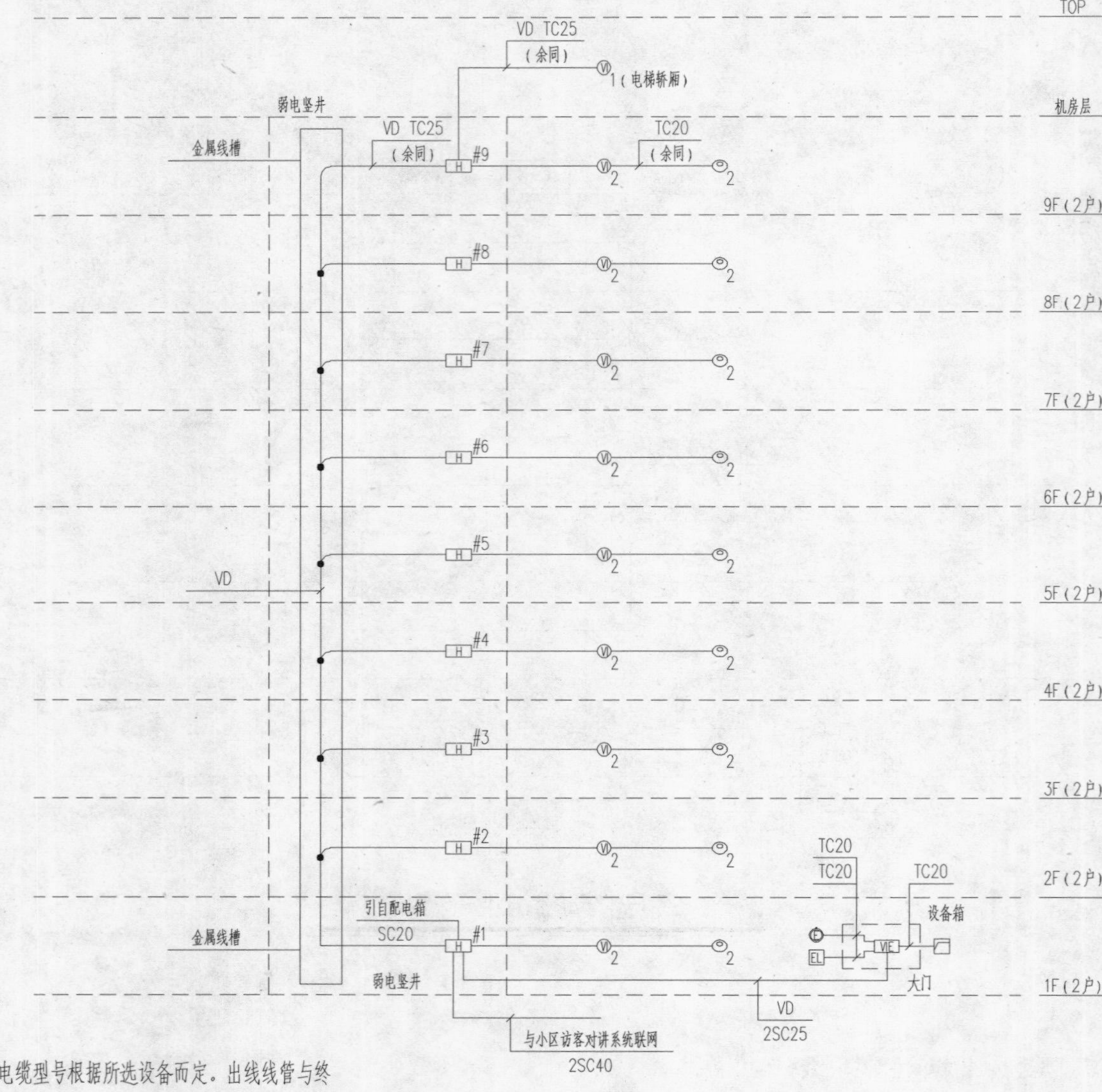

说明:

1. VD表示可视访客对讲电缆,电缆型号根据所选设备而定。出线线管与终端规格、数量仅为示意。
2. 对讲电源、可视电源、备用电源均安装在底层弱电间。
3. 本工程楼层与每层户数等仅为示意。
4. 本工程应根据现行相关规范确定雷电防护措施。

中高层住宅访客对讲系统图

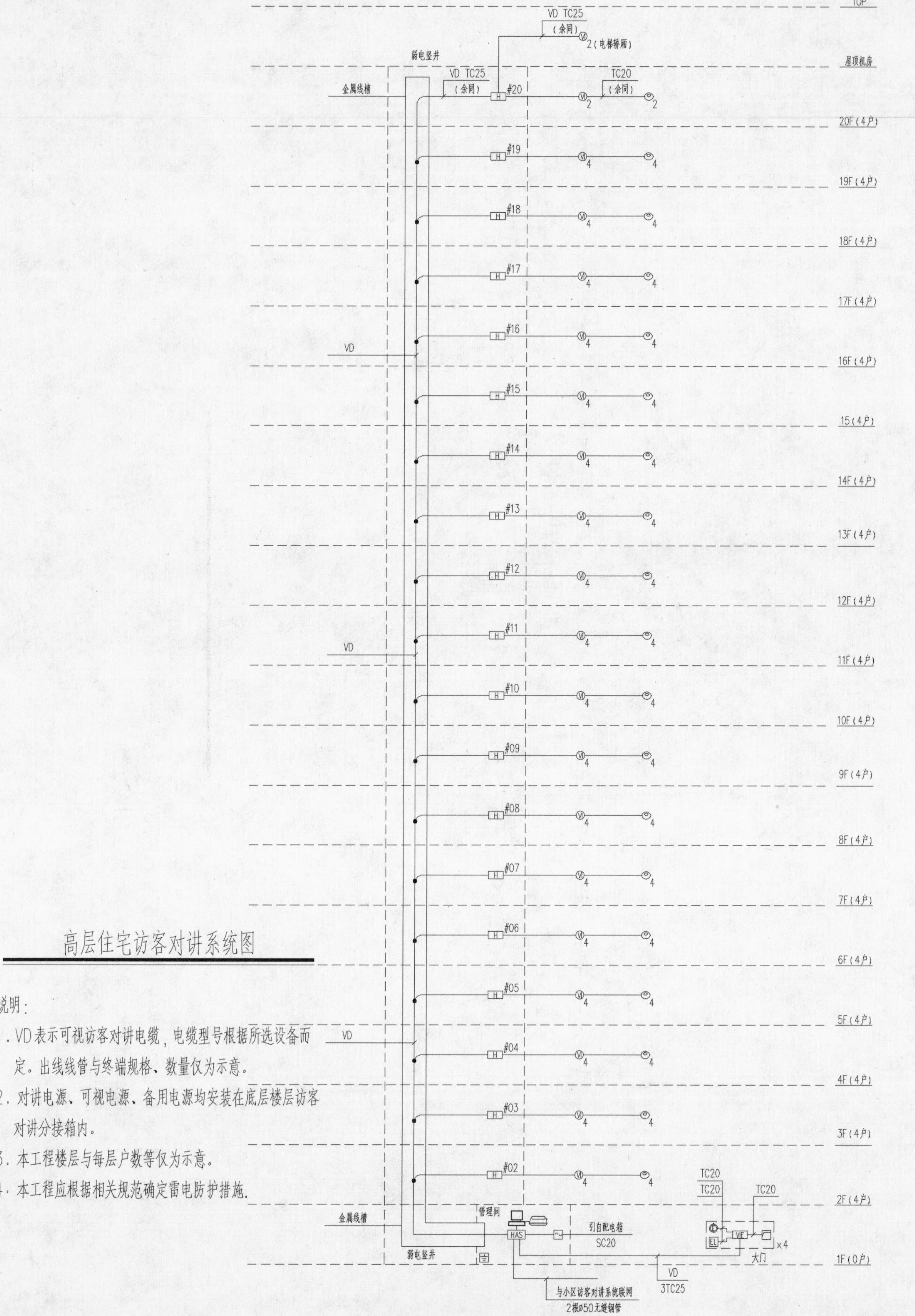

高层住宅访客对讲系统图

说明：

1．VD表示可视访客对讲电缆，电缆型号根据所选设备而定。出线线管与终端规格、数量仅为示意。

2．对讲电源、可视电源、备用电源均安装在底层楼层访客对讲分接箱内。

3．本工程楼层与每层户数等仅为示意。

4．本工程应根据相关规范确定雷电防护措施。

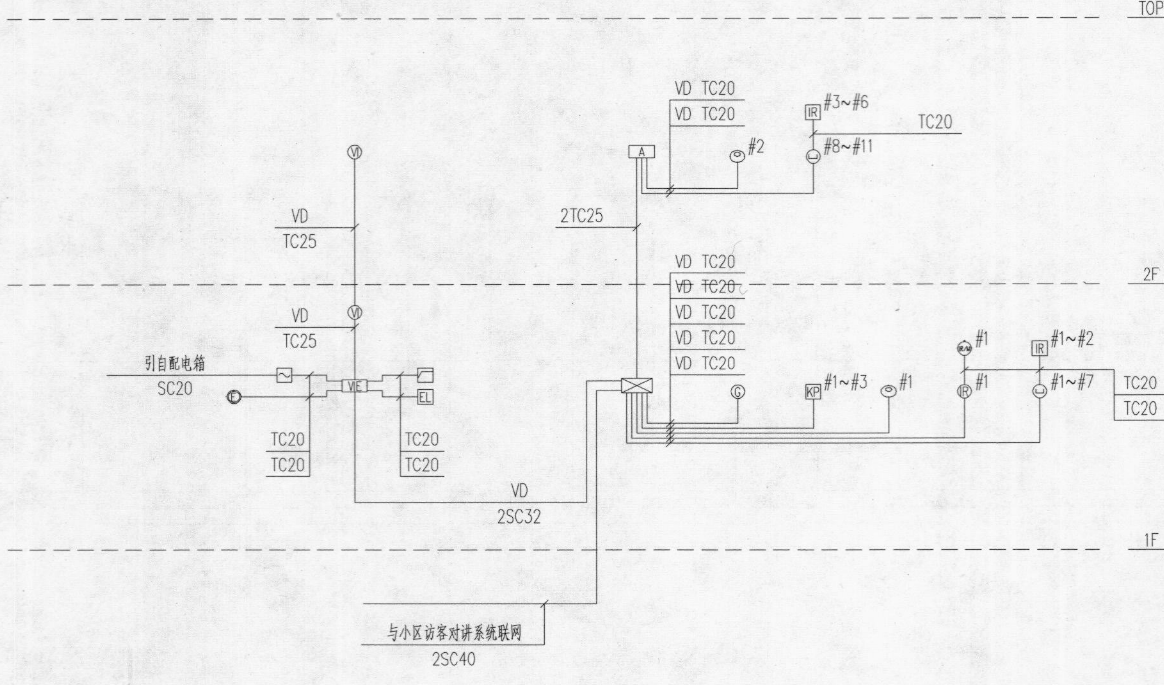

别墅访客对讲及安全技术防范系统图

说明:

1. VD表示可视访客对讲电缆，电缆型号根据所选设备而定。出线线管与终端规格、数量仅为示意。
2. 对讲电源、可视电源、备用电源均安装在底层楼层访客对讲分接箱内。
3. 本工程楼层与每层户数等仅为示意。
4. 本工程应根据现行相关规范确定雷电防护措施。

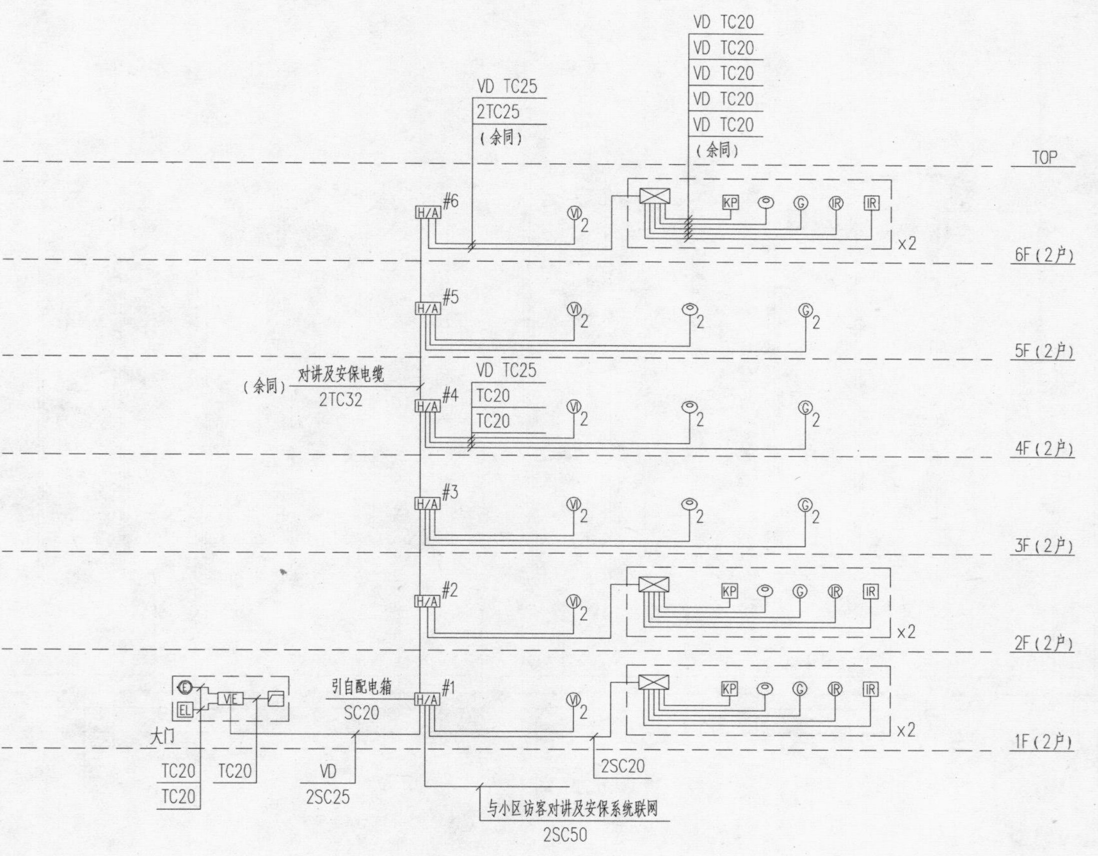

多层住宅访客对讲及安全技术防范系统图

说明：

1. VD表示可视访客对讲电缆，电缆型号根据所选设备而定。出线线管与终端规格、数量仅为示意。
2. 对讲电源、可视电源、备用电源均安装在底层楼层访客对讲及安保分接箱内。
3. 安保设备在系统图中仅表示分路关系，具体数量及埋管详见平面图。
4. 住宅内红外探测器采用吸顶式或挂壁式由设计师确定。
5. 本工程楼层与每层户数等仅为示意。
6. 本工程应根据现行相关规范确定雷电防护措施。

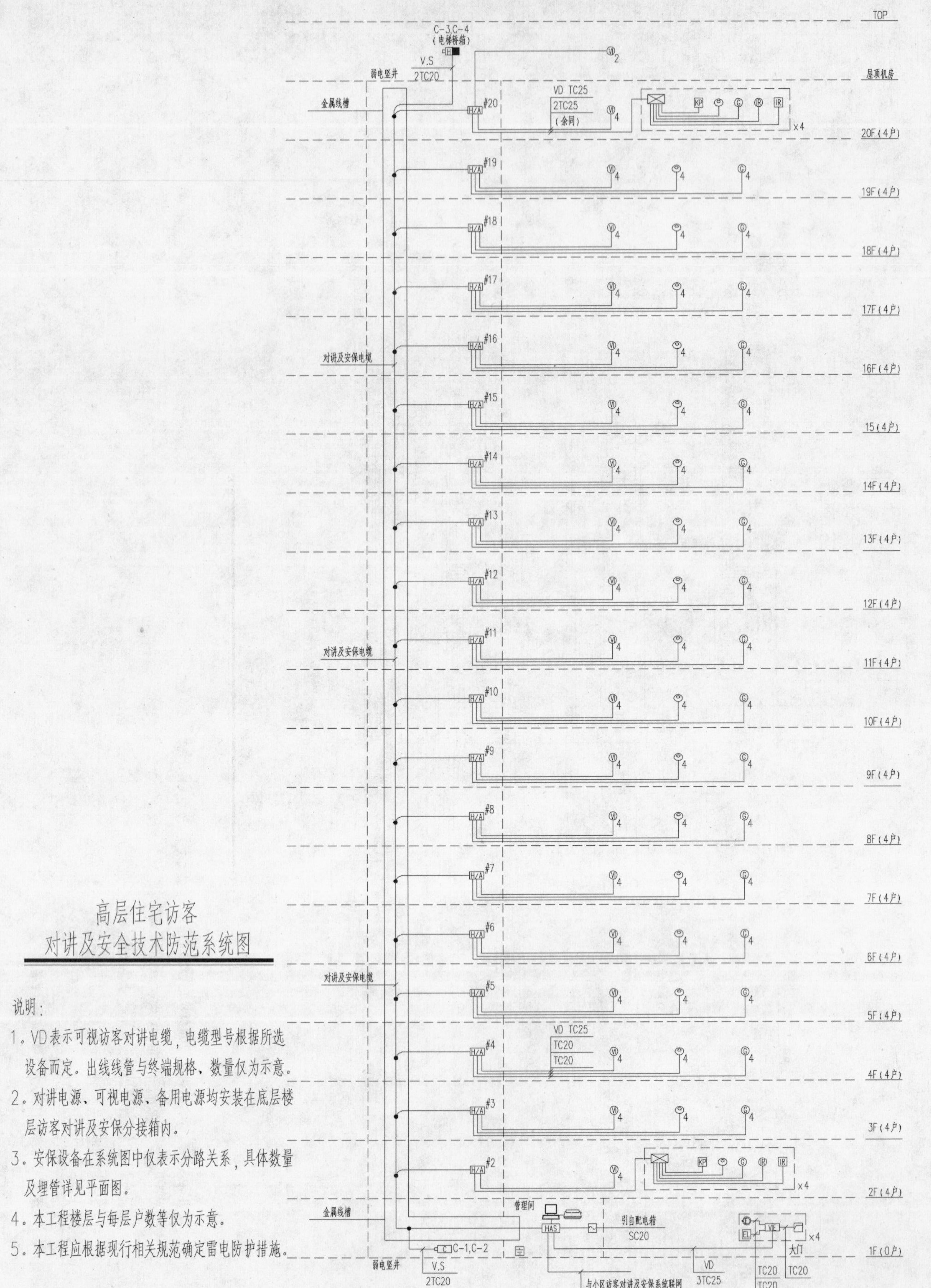

高层住宅访客对讲及安全技术防范系统图

说明:

1. VD表示可视访客对讲电缆，电缆型号根据所选设备而定。出线线管与终端规格、数量仅为示意。
2. 对讲电源、可视电源、备用电源均安装在底层楼层访客对讲及安保分接箱内。
3. 安保设备在系统图中仅表示分路关系，具体数量及埋管详见平面图。
4. 本工程楼层与每层户数等仅为示意。
5. 本工程应根据现行相关规范确定雷电防护措施。

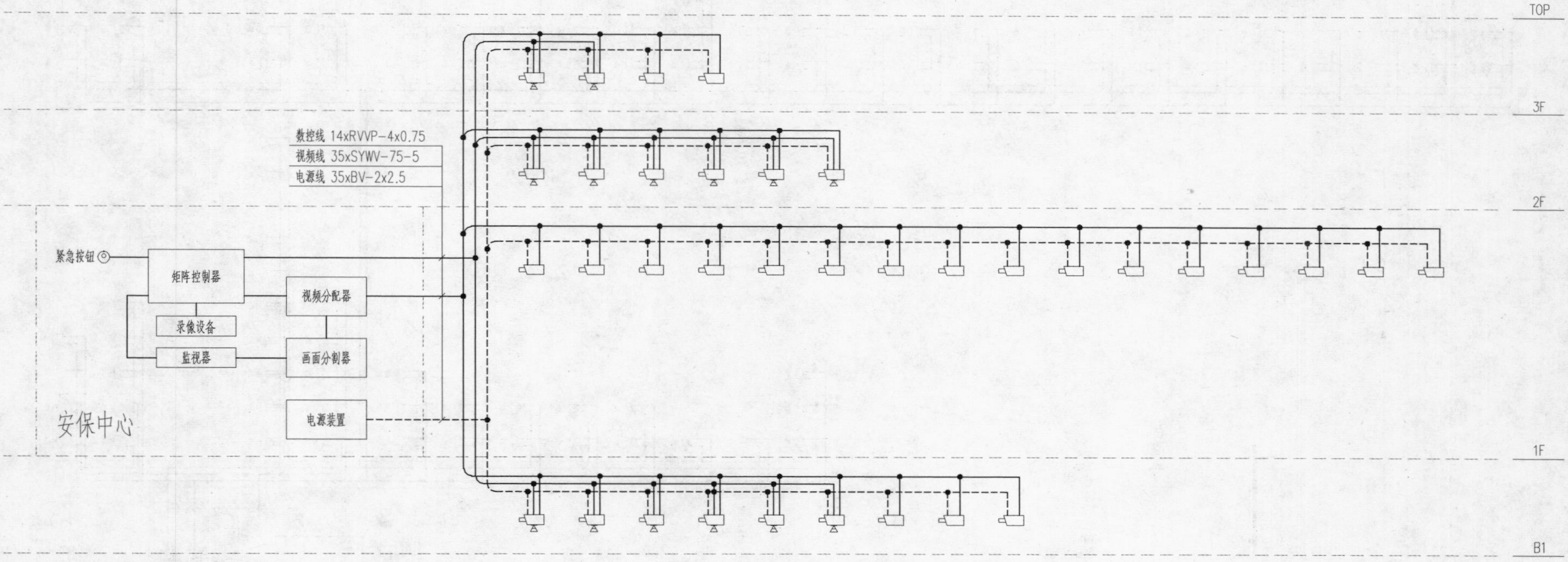

多层办公楼闭路电视监控系统图

说明：

1．本系统设备构成及数量仅为示意，实际工程设计中须征询业主及主管部门意见后，方可实施。

2．机房主机设备选型及参数根据工程需要由设计师确定。

3．本系统应根据工程需要及相关规范确定雷电防护措施。

高层办公楼闭路电视监控系统图

说明：

1. 本系统设备构成及数量仅为示意，实际工程设计中须征询业主及主管部门意见后，方可实施。
2. 机房主机设备选型及参数根据工程需要由设计师确定。
3. 本系统应根据工程需要及相关规范确定雷电防护措施。

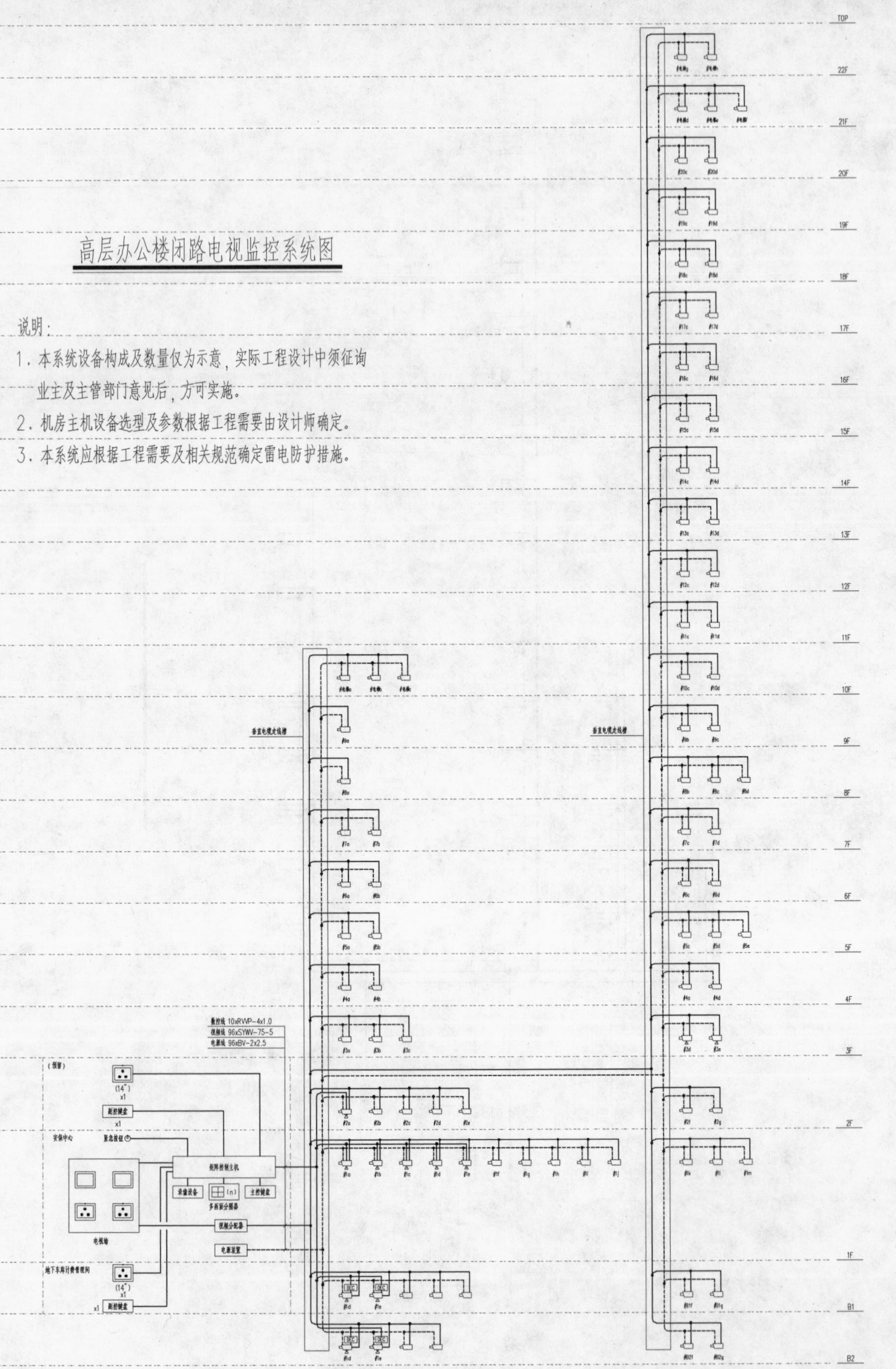

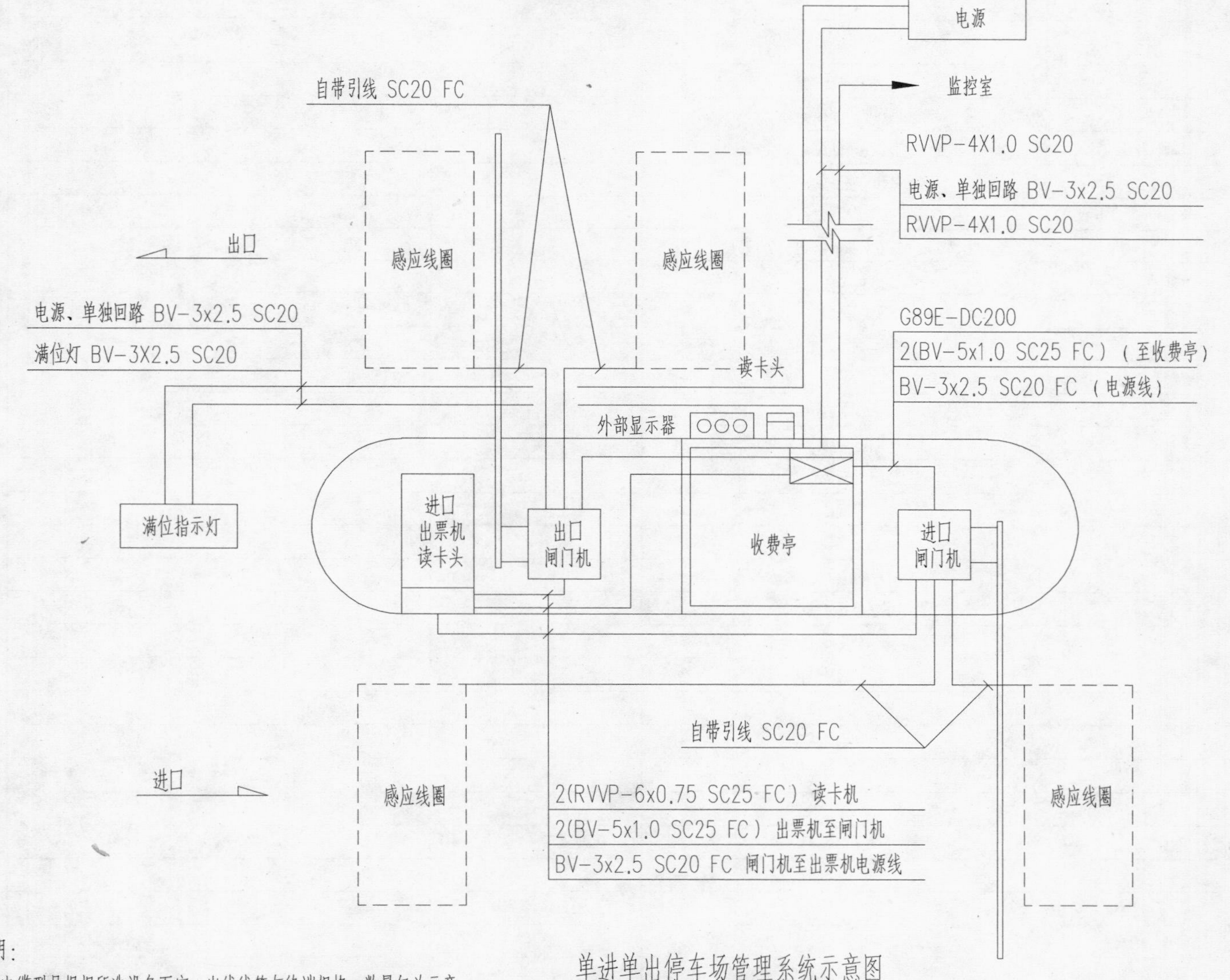

说明：

1. 电缆型号根据所选设备而定。出线线管与终端规格、数量仅为示意。

单进单出停车场管理系统示意图

图例表

图例	名称	图例	名称
	四、有线电视系统		
	电视电缆分接箱		
	电视电缆分接箱		
	电视终端出线盒		
	光工作站		
	电视终端出线盒（系统图中简化图例）		
	放大器		
	过电型二分配器		
	二分配器		
	三分配器		
	四分配器		
	过电型一分配器		
	一分支器		
	二分支器		
	四分支器		
	75欧姆终端负载电阻		
	卫星接收天线		
	六分支器		
	过电型二分配器		

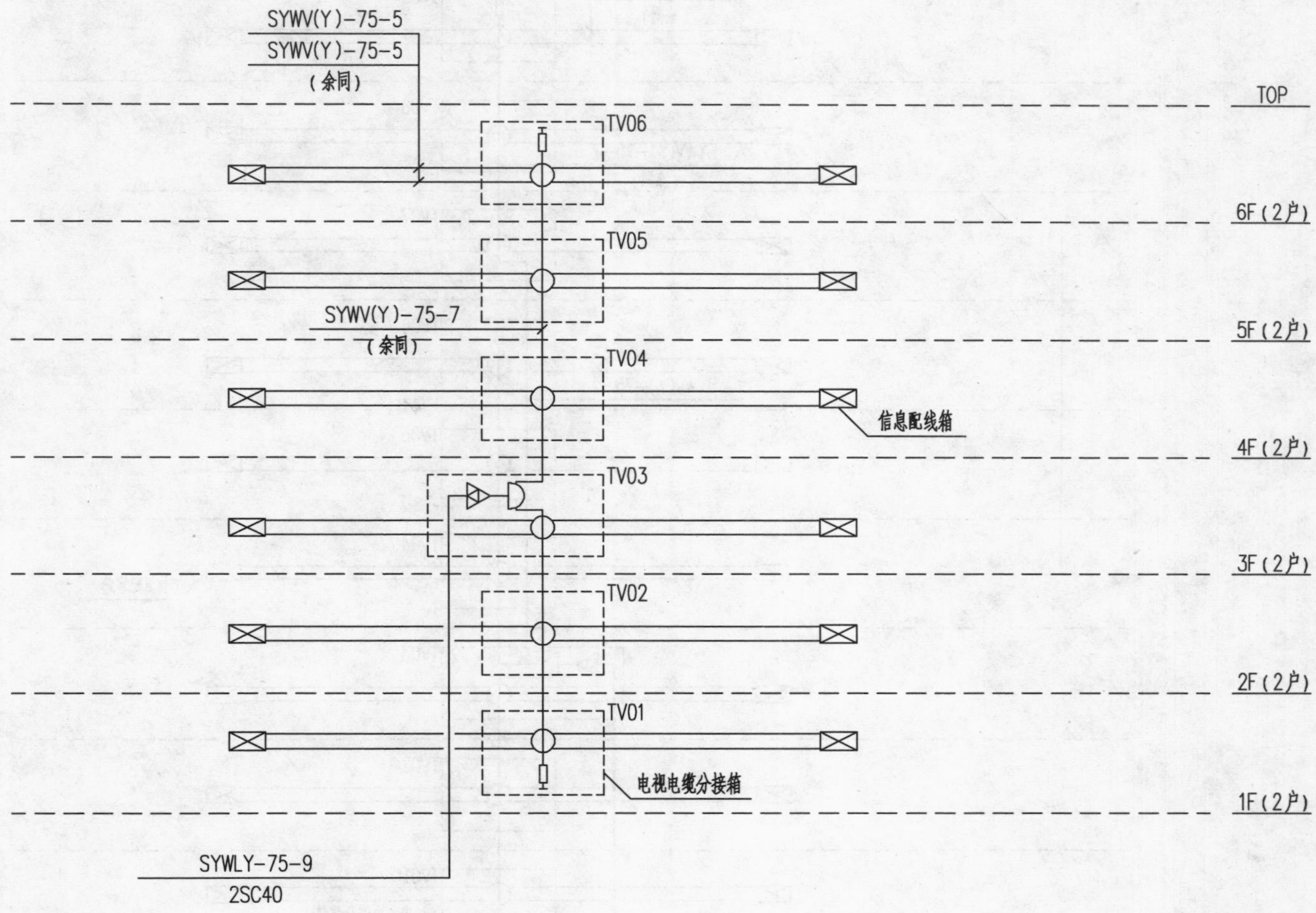

多层住宅有线电视系统图

说明：

1. 电视分接箱由厂家提供220×220×100型暗装铁箱.
2. 电视终端电平设计值应满足68±3dBμV(上海地方标准).
3. 本系统应根据工程需要及相关规范确定雷电防护措施.
4. 本系统楼层及每层户数等仅为示意.

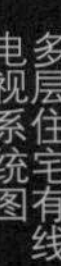

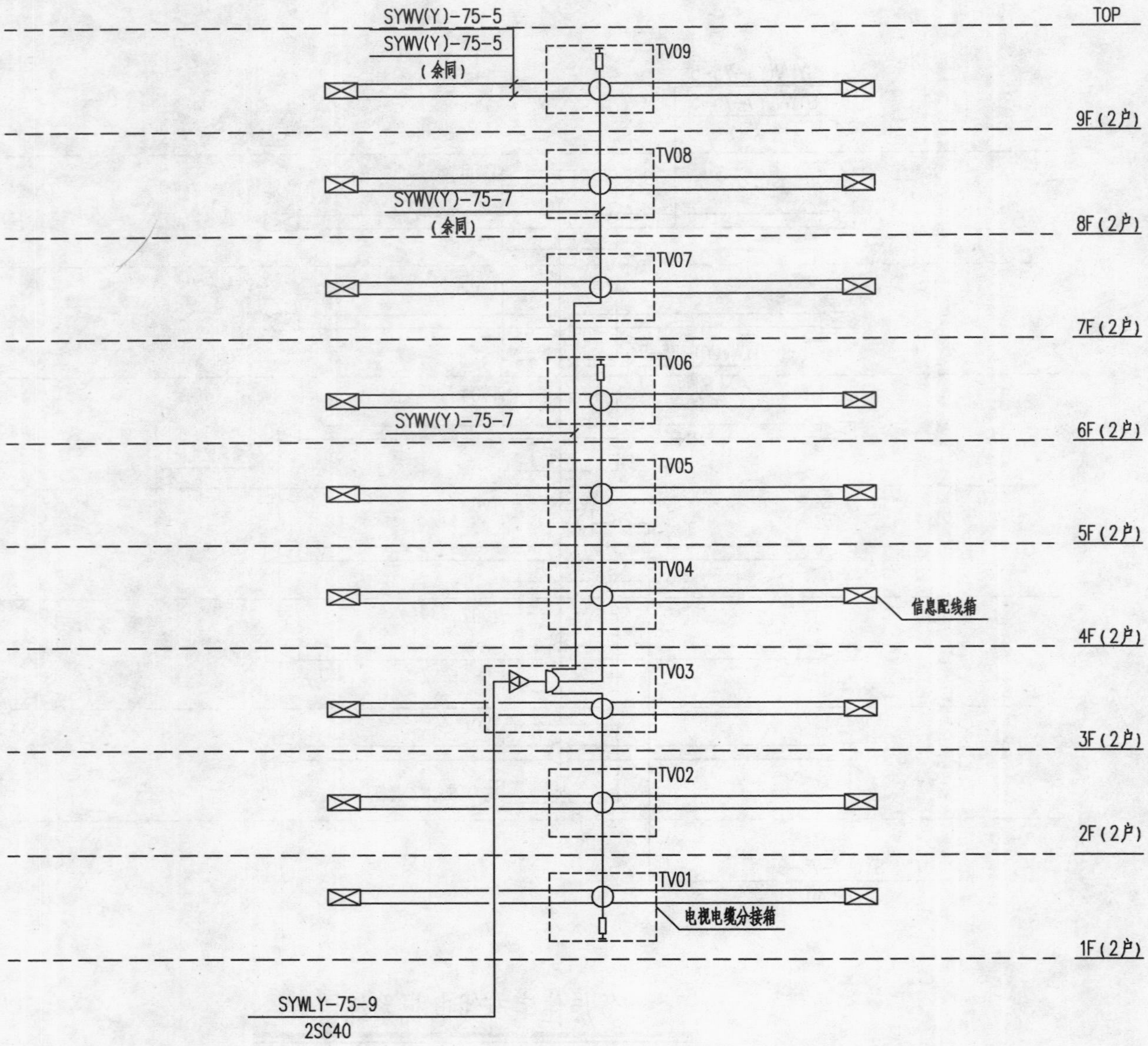

中高层住宅有线电视系统图

说明：

1. 电视分接箱由厂家提供，TV03采用450×350×150型明装铁箱，其余均采用220×220×100型明装铁箱。
2. 电视终端电平设计值应满足68±3dBμV（上海地方标准）。
3. 本系统应根据工程需要及相关规范确定雷电防护措施。
4. 本系统楼层及每层户数等仅为示意。

TV20
SYWV(Y)-75-7
(余同)
20F(2户)
TV19
19F(2户)
TV18
18F(2户)
TV17
信息配线箱
17F(2户)
TV16
16F(2户)
TV15
15(2户)
TV14
电视电缆分接箱
14F(2户)
TV13
13F(2户)
TV12
12F(2户)
TV11
11F(2户)
TV10
10F(2户)
TV09
9F(2户)
TV08
8F(2户)
TV07
信息配线箱
7F(2户)
TV06
6F(2户)
TV05
5F(2户)
SYWV(Y)-75-7
(余同)
TV04
4F(2户)
TV03
3F(2户)
TV02
2F(2户)
TV01
SYWV(Y)-75-5
1F(0户)
电视电缆分接箱
SYWLY-75-9
2SC40
地下室

高层住宅有线电视系统图

说明：

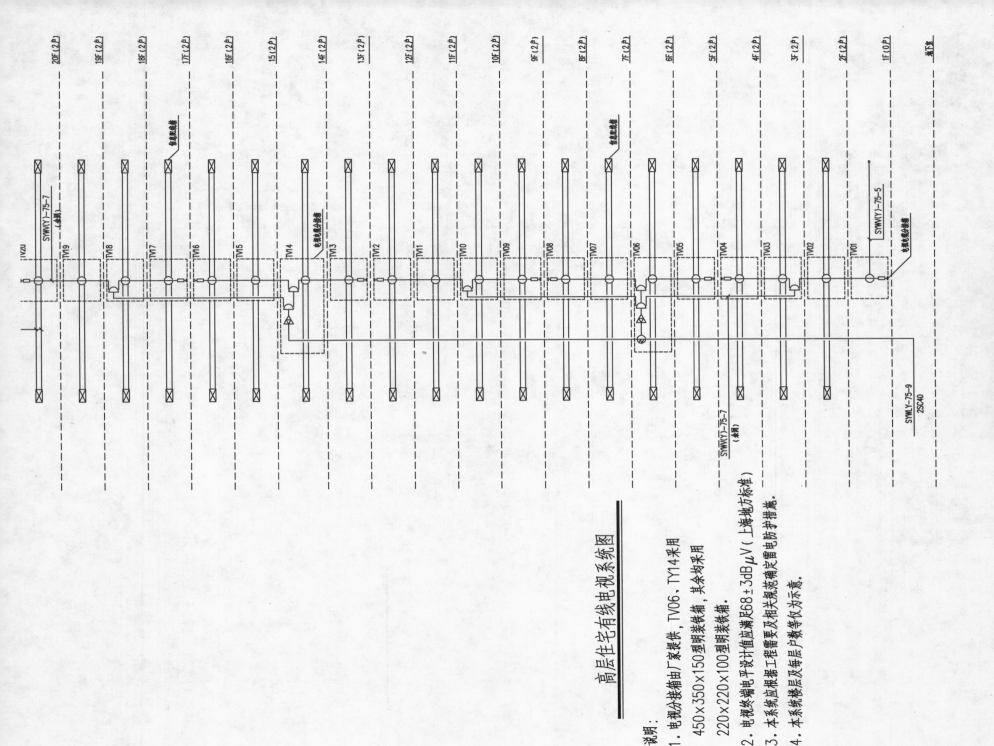

1. 电视分接箱由厂家提供，TV06、TY14采用450×350×150型明装铁箱，其余均采用220×220×100型明装铁箱.
2. 电视终端电平设计值应满足68±3dBμV（上海地方标准）
3. 本系统应根据工程需要及相关规范确定雷电防护措施.
4. 本系统楼层及每层户数等仅为示意.

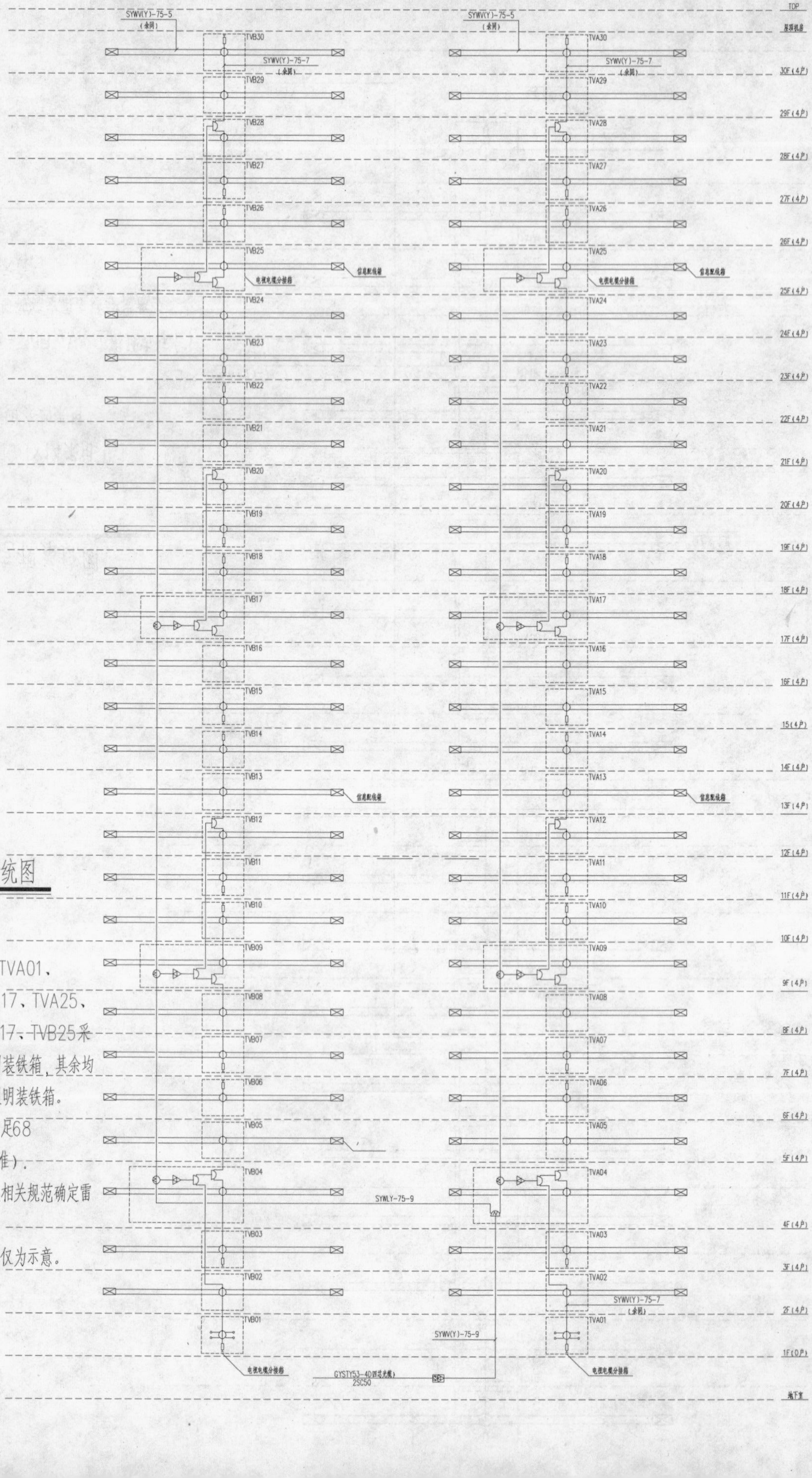

30层有线电视系统图

说明：

1. 电视分接箱由厂家提供，TVA01、TVA04、TVA09、TVA17、TVA25、TVB04、TVB09、TVB17、TVB25采用450×350×150型明装铁箱，其余均采用220×220×100型明装铁箱。
2. 电视终端电平设计值应满足68±3dBμV（上海地方标准）。
3. 本系统应根据工程需要及相关规范确定雷电防护措施。
4. 本系统楼层及每层户数等仅为示意。

图 例 表

图 例	名 称	图 例	名 称
	五、广播、扩声及会议系统		
	麦克风		
	扬声器		
	高音号筒式扬声器		
	明挂号角扬声器		
	明挂双向号角扬声器		
	室外防水扬声器及立柱支架		
	室外防水声柱及立柱支架		
	吸顶扬声器		
	明挂广播音箱		
	嵌装广播音箱		
	明挂声柱		
	音箱		
	录音机		
CD	激光唱机		
AM/FM	调幅调频收音头		
PAS/F	广播音响分控设备		
PAS	广播音响主控设备		
PA	广播楼层分接箱		
	扩音机		
	多区域呼叫站		
	音量控制开关		
	吸顶防水音响		
	音频分配器		
	麦克风		
	天线		

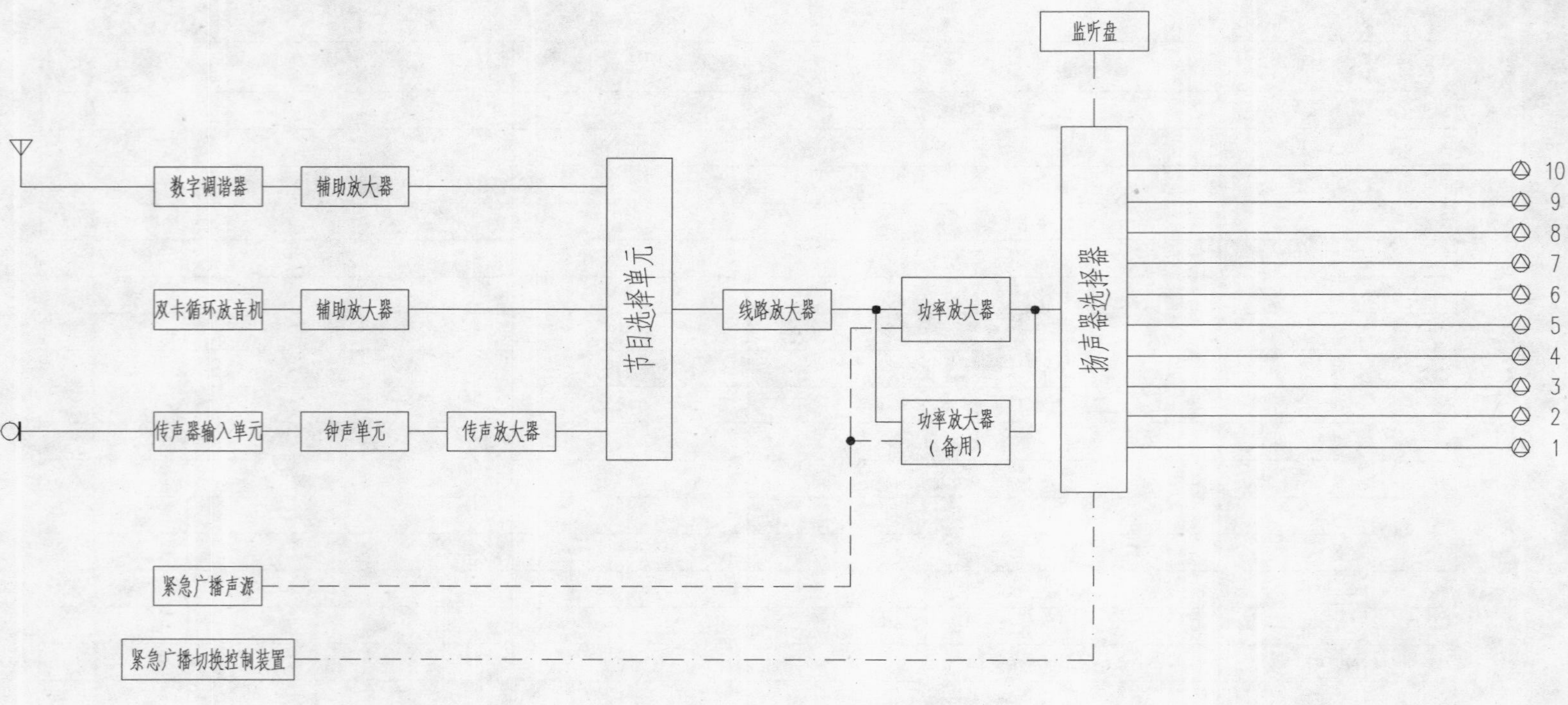

办公楼广播音响系统示意图

说明：

1．遥控传声器置于消防控制室。在出现火灾情况下，对所需要报警的场所进行火灾应急广播，系统自动切断正常播音信号。

2．具有分区、全呼广播及多种优先权功能，系统依需要可进行扩展或压缩。

3．本系统输出扬声器为定压式。

4．本系统为功能示意图。

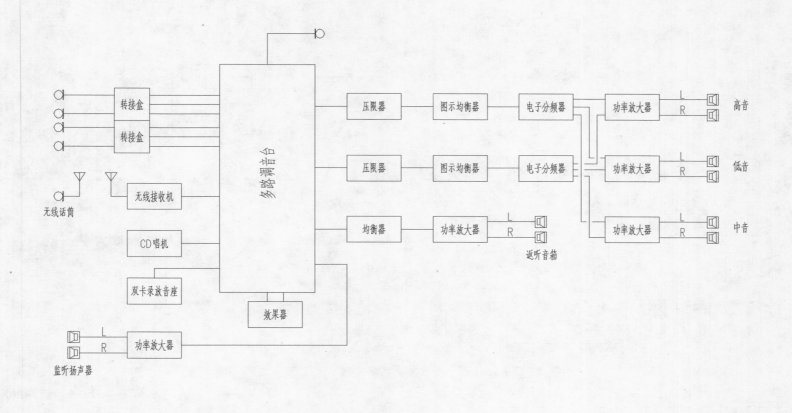

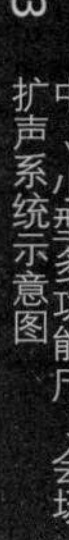

转接盒
转接盒
无线话筒
无线接收机
CD唱机
双卡录放音座
多路调音台
效果器
功率放大器
监听扬声器
压限器
图示均衡器
电子分频器
功率放大器
高音
压限器
图示均衡器
电子分频器
功率放大器
低音
均衡器
功率放大器
返听音箱
功率放大器
中音
L
R

中、小型多功能厅、会场扩声系统示意图

说明：

1。系统适用于中、小型多功能厅、会议厅扩声系统、多功能厅会议厅。

2。本系统输出扬声器为定压式。

3。本系统功能及参数设定均为示意。

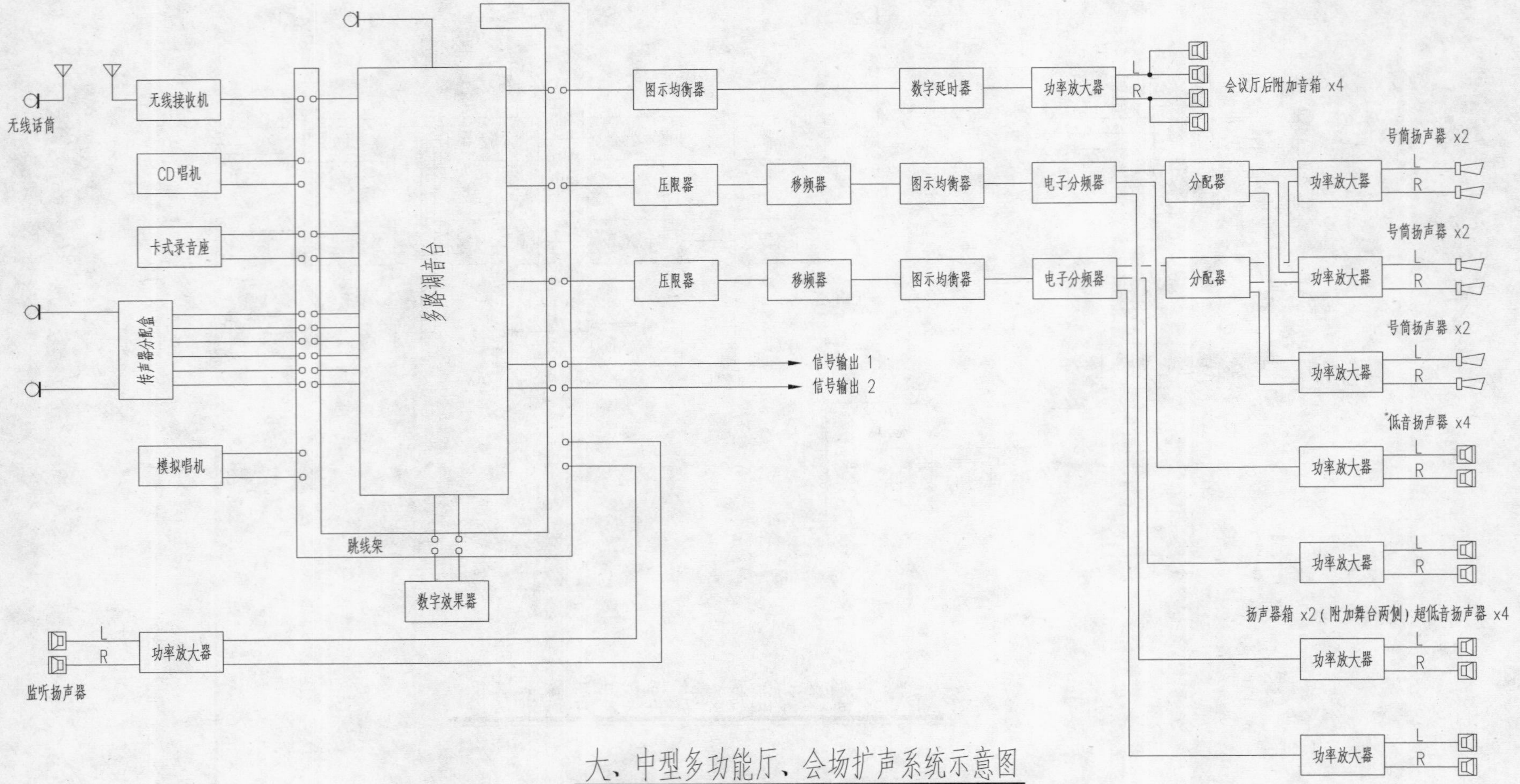

无线话筒
无线接收机
CD唱机
卡式录音座
传声器分配盒
模拟唱机
多路调音台
跳线架
数字效果器
图示均衡器
数字延时器
功率放大器
L
R
会议厅后附加音箱 x4
压限器
移频器
图示均衡器
电子分频器
分配器
功率放大器
号筒扬声器 x2
压限器
移频器
图示均衡器
电子分频器
分配器
功率放大器
号筒扬声器 x2
功率放大器
号筒扬声器 x2
信号输出 1
信号输出 2
低音扬声器 x4
功率放大器
功率放大器
扬声器箱 x2（附加舞台两侧）超低音扬声器 x4
功率放大器
功率放大器
功率放大器
监听扬声器

大、中型多功能厅、会场扩声系统示意图

说明：

1. 本系统适用于较大型多功能厅、会议厅扩声系统、多功能厅、会议厅。
2. 本系统输出扬声器为定压式。
3. 本系统功能及参数设定均为示意。

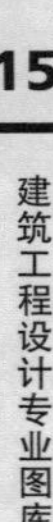

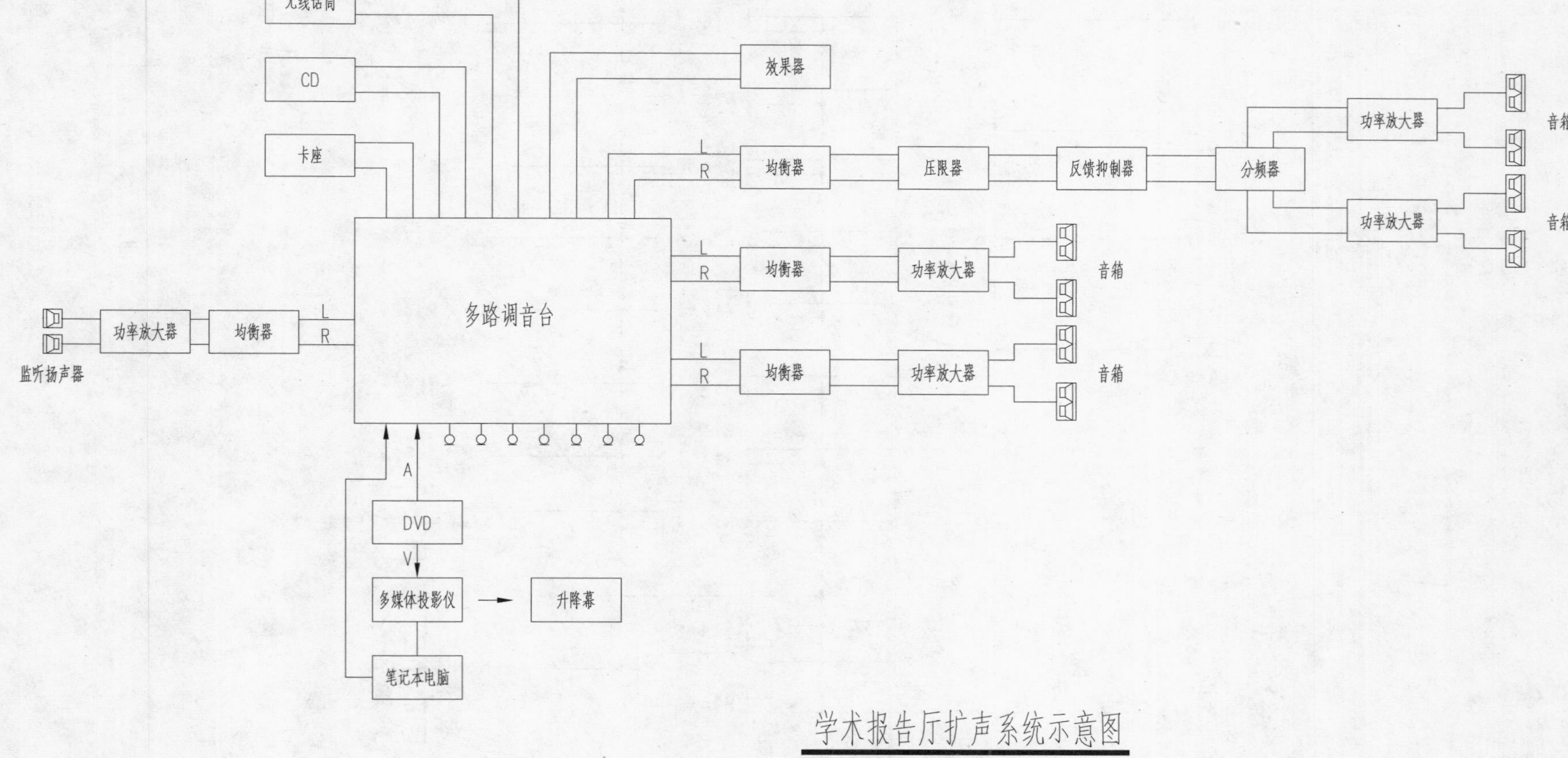

学术报告厅扩声系统示意图

说明：

1. 本系统适用于学术报告厅、多功能厅，报告厅。
2. 本系统输出扬声器为定压式。
3. 本系统功能及参数设定均为示意。

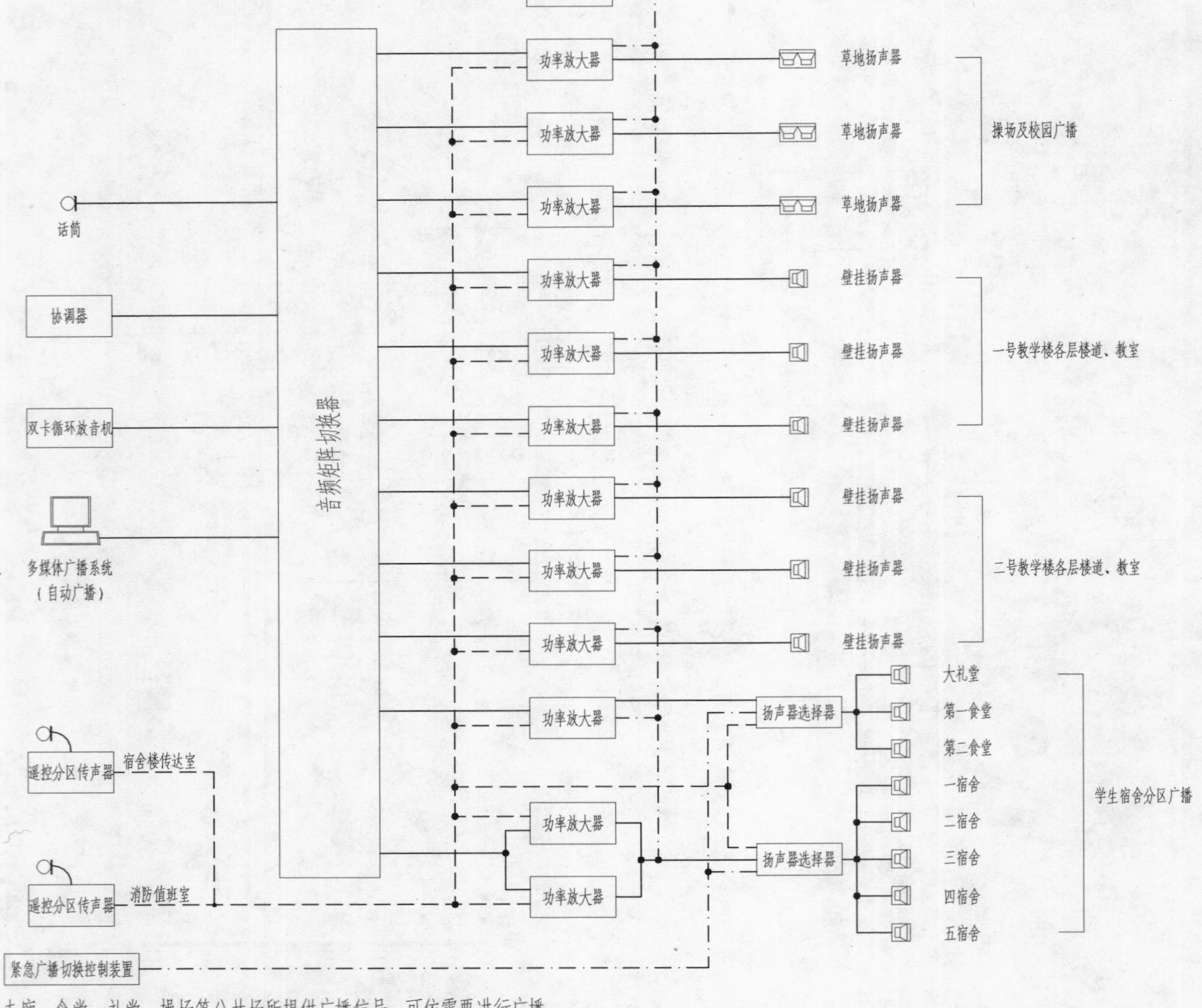

说明：

1. 对各教室、各办公室、走廊、食堂、礼堂、操场等公共场所提供广播信号，可依需要进行广播。
2. 为操场提供会议、广播操等信号。
3. 用于全校范围内的广播找人，发布通知、通告、开会等。
4. 具有遥控分区、全呼广播、监听各区等多种功能。
5. 对各区域由消防值班室的遥控传声器，进行火灾应急广播享有最高优先权。
6. 多媒体广播系统可以定时播放，具有编辑功能。

多媒体校园广播系统示意图

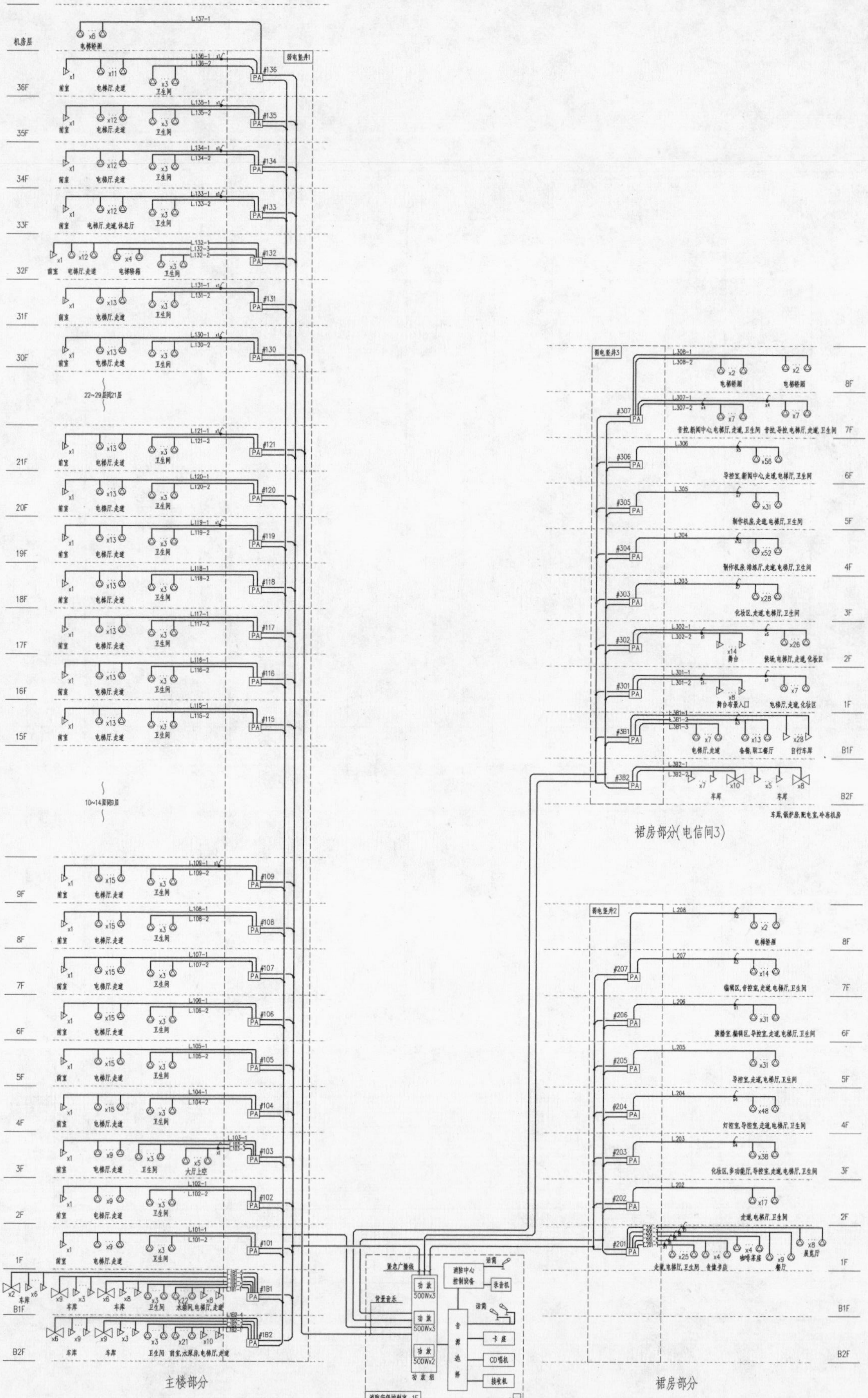

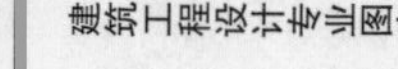

裙房部分

裙房部分(电信间3)

主楼部分

业务及火灾应急广播系统图

图例表

图例	名称	图例	名称
	六、建筑设备监控系统		

设备名称 Equipment	设备位置 Location	数量 Qty	管径	模拟量输出 DO					模拟量输出 AO					数字量输入 DI								模拟量输入 AI												总计
空调机组系统 新风机组系统				设备启停控制	风门开关控制	加湿阀控制	加热器开关控制	阀门开关控制	调节阀控制	压差旁通阀控制	排风风门控制	新风风门控制	回风风门控制	状态表示	故障报警	自动或手动状态显示	空气过滤网报警	高低液位开关	风机压差开关状态	霜冻报警	风门开关状态	回温温度	回风湿度	回风二氧化碳量	送风温度	送风湿度	环境温度	环境湿度	新风温度	新风湿度	室外温度	室外湿度	空气压差	总数：
空调新风机组				1	2	3	4	5	6	7	8	9	10	11	12	13	14	15	16	17	18	19	20	21	22	23	24	25	26	27	28	29	30	
空调机（一）																																		
......																																		
空调机（n）																																		
转轮式热交换器																																		
新风机组																																		
库房温湿度																																		
新风机组																																		
恒温横湿机组																																		
裱糊室温湿表																																		
修复设备间温湿表																																		
档案晾干室温湿表																																		
服务器房温湿表																																		
珍品展厅温湿表																																		
复印室温湿表																																		
胶片库温湿表																																		
缩微室温湿表																																		
库房温湿表																																		
其他仪器室及重要房间温湿表																																		
室外温湿表																																		
阅览室温湿表																																		
环境温湿表																																		
小计																																		

项目：

设备名称	设备位置	数量	数字量输出					模拟量输出						数字量输入								模拟量输入												总计
Equipment	Location	Qty	DO					AO						DI								AI												
送排风机系统			设备启停控制	风机双速控制	风门开关控制	加热器开关控制	阀门开关控制	调节阀控制	压差旁通阀控制	加湿器控制	排风风门控制	新风风门控制	回风风门控制	状态表示	故障报警	自动或手动状态显示	空气过滤网报警	高低液位开关	风机压差开关状态	霜冻报警	风门开关状态	回风温度	回风湿度	送风温度	送风湿度	新风温度	新风湿度	回风二氧化碳量	相应区域一氧化碳量	相应区域二氧化碳量	室外温度	室外湿度	空气压差	总数：
送排风机			1	2	3	4	5	6	7	8	9	10	11	12	13	14	15	16	17	18	19	20	21	22	23	24	25	26	27	28	29	30	31	
排烟风机（一）																																		
……																																		
排烟风机（n）																																		
排风机（一）																																		
……																																		
排风机（n）																																		
车库一氧化碳、二氧化碳浓度监测																																		
小计																																		

项目：

设备名称	设备位置	数量	管径	控制点						风机盘管控制器	总计
Equipment	Location	Qty									
风机盘管系统				设备启停控制	状态表示	故障报警	温度采样	三速开关调节	阀门开关控制		总数：
风机盘管				1	2	3	4	5	6		
风机盘管（一）											
……											
风机盘管（n）											
合计											

项目：

设备名称	设备位置	数量	管径	数字量输出					模拟量输出							数字量输入										模拟量输入									通讯接口	总计
Equipment	Location	Qty		DO					AO							DI										AI									GATEWAY	
冷热源系统				设备启停控制	阀门开关控制	风门开关控制	加湿器开关控制	冷热信号点	制冷阀控制	加热阀控制	蒸汽阀控制	旁通阀控制	变频控制	回风风门控制	频率输出	状态表示	故障报警	自动或手动状态显示	水过滤器淤塞报警	高低液位开关	超限液位开关	水流开关状态显示	水泵压差状态	水过滤器压差报警状态	阀门开闭状态	油位	水箱温度	蒸汽流量	蒸汽压力	水管流量	供水温度	回水温度	供水压力	水管压差		总数：
冷热源系统设备				1	2	3	4	5	6	7	8	9	10	11	12	13	14	15	16	17	18	19	20	21	22	23	24	25	26	27	28	29	30	31		
1. 冷源系统																																				
离心式冷水机组																																				
螺杆式冷水机组																																				
冷冻水一次泵																																				
冷冻水系统																																				
冷水回水总管																																				
冷热水切换阀																																				
冷冻水二次泵变频器																																				
冷却水泵																																				
冷却水系统																																				
水箱补水泵																																				
隔膜式水箱																																				
冷却塔																																				
冷却塔																																				
2. 热源系统																																				
热水锅炉																																				
板式热交换器																																				
热水系统																																				
热水一次泵																																				
热水循环泵																																				
热水二次泵																																				
冷热水切换阀																																				
热水二次水系统																																				
热水回水总管																																				
软化水系统																																				
净化水系统																																				
膨胀水箱补水泵																																				
隔膜式水箱																																				
小计																																				

项目：

设备名称 Equipment	设备位置 Location	数量 Qty	数字量输出 DO					模拟量输出 AO						数字量输入 DI										模拟量输入 AI									总计
给排水系统			设备启停控制	阀门开关控制	风门开关控制	加湿器开关控制	冷热信号点	制冷阀控制	加热阀控制	蒸汽阀控制	旁通阀控制	变频控制	回风风门控制	状态表示	故障报警	自动或手动状态显示	水过滤器淤塞报警	高低液位开关	超限液位开关	水流开关状态显示	霜冻报警	用电量	阀门开闭状态	液位	水箱温度	变频泵频率	给水压力	蒸汽流量	水管流量	供水温度	回水温度	水管压差	总数：
给排水系统			1	2	3	4	5	6	7	8	9	10	11	12	13	14	15	16	17	18	19	20	21	22	23	24	25	26	27	28	29	30	
地下水池																																	
生活给水泵																																	
变频给水泵变频器																																	
废水井																																	
隔油井																																	
污水井																																	
潜水泵																																	
生活水箱																																	
生活稳压泵																																	
消火栓泵																																	
喷淋泵																																	
喷淋稳压泵																																	
小计																																	

项目：

设备名称 Equipment	设备位置 Location	数量 Qty	数字量输出 DO					模拟量输出 AO						数字量输入 DI										模拟量输入 AI									通讯接口 GATEWAY	总计
变配电系统			设备启停控制	阀门开关控制	风门开关控制	加湿器开关控制	冷热信号点	制冷阀控制	加热阀控制	蒸汽阀控制	旁通阀控制	新风风门控制	回风风门控制	状态表示	故障报警	开关状态	自动或手动状态显示	过流报警	低电压报警	第一段温升报警	用电量	电梯楼层显示信号	变压器高温报警	变压器温度	照度	电流	电压	无功功率	功率因素	有功功率	频率	有功电度		总数：
变配电及照明系统			1	2	3	4	5	6	7	8	9	10	11	12	13	14	15	16	17	18	19	20	21	22	23	24	25	26	27	28	29	30		
高压进线																																		
计量柜																																		
高压出线																																		
变压器																																		
低压重要出线回路																																		
低压进线																																		
低压联络开关																																		
柴油发电机																																		
公共照明（一）																																		
。。。。。。																																		
公共照明（n）																																		
展厅照明系统																																		
办公照明系统																																		
电梯																																		
小计